U0321838

普通高等教育“十三五”规划教材

Access数据库技术与应用实训

黄志丹　周　颖
罗　旭　安晓飞　编著

科学出版社
北　京

内容简介

本书是《Access 数据库技术与应用》（安晓飞，罗旭，周颖，黄志丹，科学出版社）的配套教材。全书分为两篇：实验篇和考试篇。实验篇共分为 7 章，每章与主教材对应，按照课堂教学内容和全国计算机等级考试操作题型精心设计实例，并详细介绍了上机操作步骤，强调理论与实践相结合，重视学生应用能力的培养。考试篇归纳了近年来全国计算机等级考试二级 Access 数据库程序设计真题中的选择题。全书最后附有全国计算机等级考试二级 Access 数据库程序设计考试大纲（2016 年版）、样题及参考答案。

本书内容丰富、实用性强，可作为高等院校非计算机专业 Access 程序设计课程的辅助教材，也可作为全国计算机等级考试二级 Access 考试的复习用书。

图书在版编目(CIP)数据

Access 数据库技术与应用实训/黄志丹等编著. —北京：科学出版社，2018

（普通高等教育“十三五”规划教材）

ISBN 978-7-03-056472-6

Ⅰ. ①A… Ⅱ. ①黄… Ⅲ. ①关系数据库系统－高等学校－教材 Ⅳ. ①TP311.138

中国版本图书馆 CIP 数据核字（2018）第 019993 号

责任编辑：宋　丽　袁星星／责任校对：王万红

责任印制：吕春珉／封面设计：东方人华平面设计部

科学出版社 出版

北京东黄城根北街 16 号

邮政编码：100717

http://www.sciencep.com

三河市良远印务有限公司印刷

科学出版社发行　各地新华书店经销

*

2018 年 1 月第　一　版　开本：787×1092　1/16

2020 年 1 月第三次印刷　印张：14 3/4

字数：345 000

定价：39.00 元

（如有印装质量问题，我社负责调换〈良远〉）

销售部电话 010-62136230　编辑部电话 010-62135397-2047

前　言

数据库技术是一门研究数据管理的技术，主要研究高效存储、使用和管理数据的方法。随着信息技术和网络技术的发展，数据库技术在各个领域得到广泛应用。Access 2010是微软公司发布的Office办公软件中的一个重要组成部分，主要用于数据库管理。Access 2010采用可视化、面向对象的程序设计方法，大大简化了应用系统的开发过程。Access 2010提供了表生成器、查询生成器、宏生成器和报表设计器等可视化的操作工具，以及数据库向导、表向导、查询向导、窗体向导、报表向导等多种向导，可以方便用户更加高效、便捷地完成各种中小型数据库系统的开发和管理工作。

本书知识体系结构合理，内容深度适宜，突出应用。考虑到高校学生参加全国计算机等级考试的需要，本书内容覆盖了全国计算机等级考试大纲二级Access数据库程序设计规定的内容。全书主要分为实验篇和考试篇，实验篇除了验证性实验外，还设计了部分综合性实验。考试篇归纳了近年来全国计算机等级考试二级Access数据库程序设计真题中的选择题。本书内容符合全国计算机等级考试二级Access数据库程序设计考试大纲的要求，重点突出，实例丰富。

本书由黄志丹、周颖、罗旭、安晓飞编著。具体分工如下：实验篇和考试篇的第1章、第4章、附录1和附录2由黄志丹编写，第2章、第3章由安晓飞编写，第5章、第6章由周颖编写，第7章由罗旭编写，全书由黄志丹统稿。

为方便教师教学和学生学习，本书提供配套的实验素材和程序源代码，若有需要请与编者（anxiaofei2004@163.com）联系。

由于编者水平有限，经验不够丰富，书中难免有疏漏和不足之处，敬请广大读者批评指正。

编　者

2017年11月

目　录

实 验 篇

考 试 篇

实 验 篇

实验 1　数据库基础操作

任务 1.1　自定义快速访问工具栏

1. 任务要求

将“关闭数据库”按钮添加到快速访问工具栏中。

2. 操作步骤

（1）选择“开始”→“所有程序”→“Microsoft Office”→“Microsoft Access 2010”命令，启动 Access 后，选择“文件”→“选项”命令，弹出“Access 选项”对话框。

（2）在左侧的窗格中选择“快速访问工具栏”选项，如图 1-1 所示。

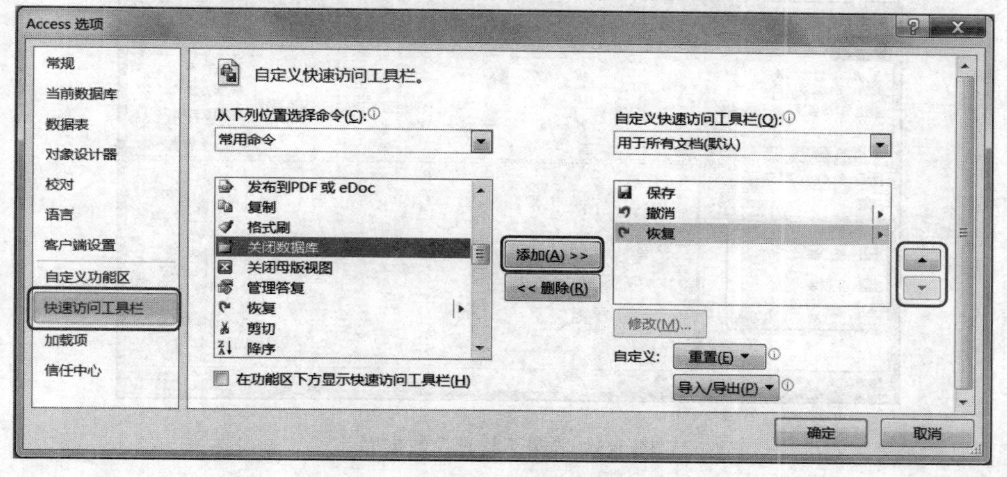

图 1-1　自定义“快速访问工具栏”

（3）在“从下列位置选择命令”下拉列表中选择“常用命令”选项，在命令列表框中选择“关闭数据库”选项，然后单击“添加”按钮，将其添加到右侧的列表框中。

（4）通过最右侧的“上移”和“下移”按钮，可以调整快速访问工具栏中各个命令按钮的排列顺序。

（5）单击“确定”按钮，关闭“Access 选项”对话框，此时的快速访问工具栏增加了“关闭数据库”按钮，如图 1-2 所示。

图 1-2　快速访问工具栏

说明：单击“快速访问工具栏”中的“自定义快速访问工具栏”按钮，在打开的下拉列表中选择“其他命令”选项，也会弹出“Access 选项”对话框，并定位到“快速访问工具栏”选项。

任务 1.2　更改当前数据库的文档窗口选项

1. 任务要求

将“员工管理”数据库的选项卡式文档窗口更改为重叠窗口。

2. 操作步骤

（1）启动 Access 后，选择“文件”→“打开”命令，在弹出的“打开”对话框中选择“员工管理”数据库。打开数据库后，在左侧的导航窗格中会显示所有数据表，如图 1-3 所示。

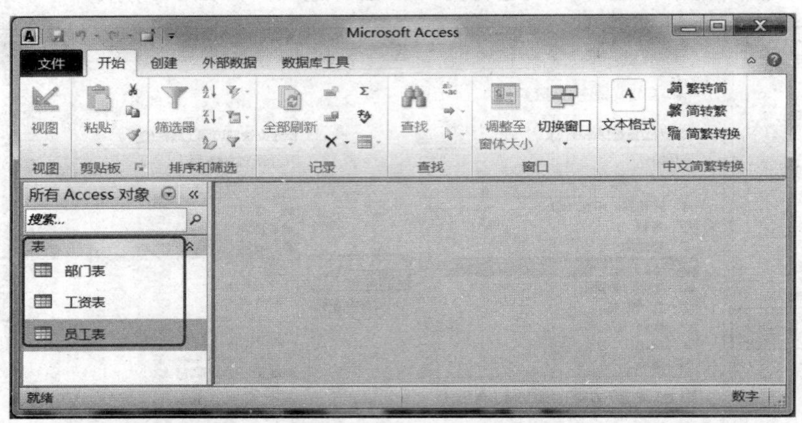

图 1-3　“员工管理”数据库

（2）在导航窗格中分别双击每个数据表，打开的文档窗口样式为选项卡式文档，如图 1-4 所示。

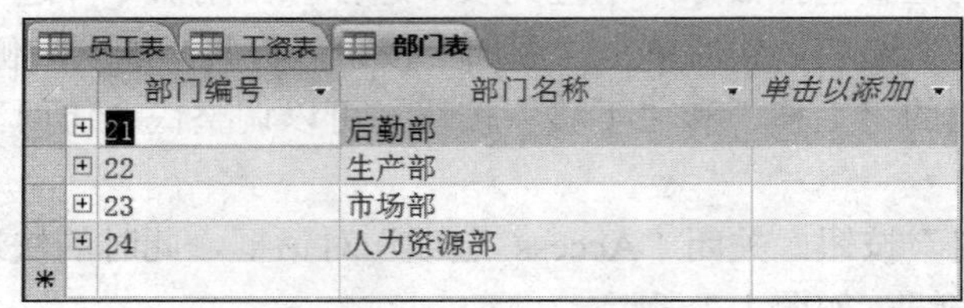

	部门编号	部门名称	单击以添加
⊞	21	后勤部	
⊞	22	生产部	
⊞	23	市场部	
⊞	24	人力资源部	
*			

图 1-4　选项卡式文档窗口

（3）选择“文件”→“选项”命令，弹出“Access 选项”对话框。在左侧的窗格中选择“当前数据库”选项，在右侧的窗格中选中“重叠窗口”单选按钮，设置如图 1-5 所示。

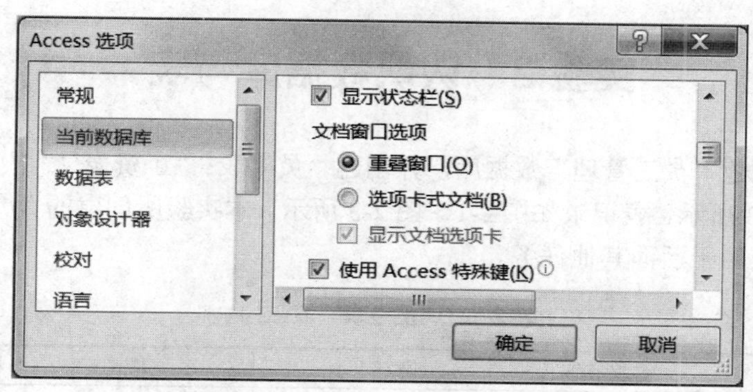

图 1-5　设置当前数据库的文档窗口选项

（4）单击“确定”按钮，系统弹出一个提示框，如图 1-6 所示，单击“确定”按钮。

图 1-6　提示框

（5）选择“文件”→“关闭数据库”命令，再选择“文件”→“打开”命令，重新打开“员工管理”数据库，在导航窗格中分别双击每个数据表，打开的文档窗口样式为重叠窗口，如图 1-7 所示。

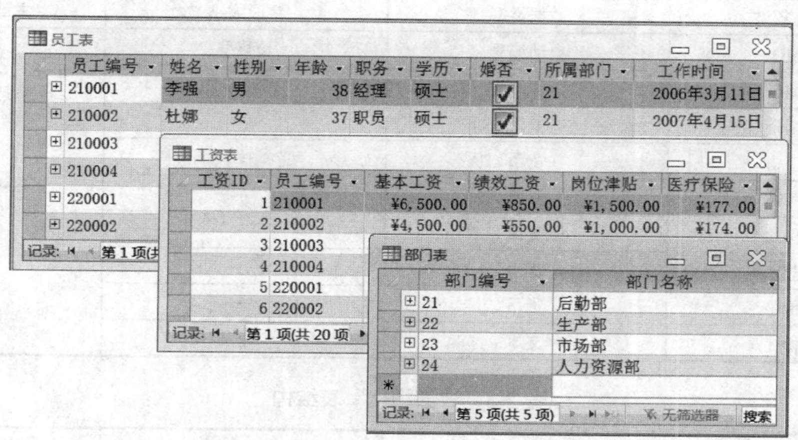

图 1-7　重叠窗口

实验 2　认识数据库与表

本实验将创建“员工管理”数据库，并创建“员工表”“工资表”“部门表”，表结构如表 2-1～表 2-3 所示，表记录如图 2-1～图 2-3 所示。本实验所创建的“员工管理”数据库及各表均可应用于后面其他任务。

表 2-1　“员工表”表结构

字段名	数据类型	字段大小	格式	主键字段
员工编号	文本	6	—	员工编号
姓名	文本	4	—	
性别	文本	1	—	
年龄	数字	整型	—	
职务	文本	5	—	
学历	文本	3	—	
婚否	是/否	—	是/否	
所属部门	文本	2	—	
工作时间	日期/时间	—	长日期	
电话	文本	13	—	
照片	OLE 对象	—	—	

表 2-2　“工资表”表结构

字段名	数据类型	字段大小	主键字段
工资 ID	自动编号	长整型	工资 ID
员工编号	文本	6	
基本工资	货币	—	
绩效工资	货币	—	
岗位津贴	货币	—	
医疗保险	货币	—	
公积金	货币	—	
养老保险	货币	—	
月份	文本	2	

表 2-3　“部门表”表结构

字段名	数据类型	字段大小	主键字段
部门编号	文本	2	部门编号
部门名称	文本	10	

员工表

员工编号	姓名	性别	年龄	职务	学历	婚否	所属部门	工作时间	电话	照片
210001	李强	男	38	经理	硕士	☑	21	2006年3月11日	31532255-4531	Bitmap Image
210002	杜娜	女	37	职员	硕士	☑	21	2007年4月15日	31532255-4531	Bitmap Image
210003	王宝芬	女	35	职员	本科	☑	21	2012年5月16日	31532255-4531	Bitmap Image
210004	王成钢	男	35	职员	博士	☐	21	2011年1月5日	31532255-4531	Bitmap Image
220001	陈好	女	44	经理	本科	☑	22	1997年6月5日	31532255-3355	Bitmap Image
220002	苏家强	男	37	主管	硕士	☑	22	2007年5月9日	31532255-3355	Bitmap Image
220003	王福民	男	40	顾问	硕士	☑	22	2001年9月5日	31532255-3355	
220004	董小红	女	33	职员	硕士	☑	22	2011年8月9日	31532255-3355	
220005	张娜	女	32	职员	硕士	☐	22	2011年6月18日	31532255-3355	
220006	张梦研	女	29	职员	硕士	☐	22	2014年3月14日	31532255-3355	
220007	王刚	男	25	职员	硕士	☐	22	2016年9月8日	31532255-3355	
230001	张小强	男	59	经理	本科	☑	23	1982年9月9日	31532255-3381	
230002	金钢鑫	男	41	主管,	本科	☑	23	1998年5月6日	31532255-3381	
230003	高强	男	39	职员	专科	☑	23	1999年3月5日	31532255-3381	
230004	程金鑫	男	27	职员	本科	☐	23	2015年1月3日	31532255-3381	
230005	李小红	女	30	职员	博士	☐	23	2014年3月14日	31532255-3381	
230006	郭薇薇	女	29	职员	硕士	☑	23	2014年7月5日	31532255-3381	
240001	王刚	男	26	职员	硕士	☐	24	2016年1月5日	31532255-4522	
240002	赵薇	女	29	职员	本科	☑	24	2012年7月5日	31532255-4522	
240003	吴晓军	男	31	主管	博士	☑	24	2013年5月18日	31532255-4522	

记录: 第 1 项(共 20 项　无筛选器　搜索

图 2-1　“员工表”记录

工资表

工资ID	员工编号	基本工资	绩效工资	岗位津贴	医疗保险	公积金	养老保险	月份
1	210001	¥6.500.00	¥850.00	¥1.500.00	¥177.00	¥885.00	¥708.00	1
2	210002	¥4,500.00	¥550.00	¥1,000.00	¥174.00	¥870.00	¥696.00	1
3	210003	¥4,000.00	¥400.00	¥900.00	¥168.00	¥840.00	¥672.00	1
4	210004	¥4,600.00	¥500.00	¥1,000.00	¥168.00	¥840.00	¥672.00	1
5	220001	¥6,000.00	¥900.00	¥1,500.00	¥149.00	¥745.00	¥596.00	1
6	220002	¥5,500.00	¥750.00	¥1,200.00	¥144.00	¥720.00	¥576.00	1
7	220003	¥6,500.00	¥800.00	¥1,400.00	¥138.00	¥690.00	¥552.00	1
8	220004	¥4,500.00	¥650.00	¥1,000.00	¥121.00	¥605.00	¥484.00	1
9	220005	¥4,400.00	¥550.00	¥1,000.00	¥122.00	¥610.00	¥488.00	1
10	220006	¥4,300.00	¥600.00	¥900.00	¥123.00	¥615.00	¥492.00	1
11	220007	¥4,300.00	¥550.00	¥900.00	¥119.00	¥595.00	¥476.00	1
12	230001	¥6,000.00	¥900.00	¥1,500.00	¥113.00	¥565.00	¥452.00	1
13	230002	¥5,300.00	¥700.00	¥1,200.00	¥120.00	¥600.00	¥480.00	1
14	230003	¥3,800.00	¥400.00	¥800.00	¥116.00	¥580.00	¥464.00	1
15	230004	¥4,200.00	¥600.00	¥900.00	¥113.00	¥565.00	¥452.00	1
16	230005	¥4,400.00	¥600.00	¥1,000.00	¥115.00	¥575.00	¥460.00	1
17	230006	¥4,300.00	¥450.00	¥900.00	¥114.00	¥570.00	¥456.00	1
18	240001	¥4,300.00	¥450.00	¥900.00	¥112.00	¥560.00	¥448.00	1
19	240002	¥4,200.00	¥500.00	¥900.00	¥106.00	¥530.00	¥424.00	1
20	240003	¥5,000.00	¥700.00	¥1,200.00	¥100.00	¥500.00	¥400.00	1

记录: 第 1 项(共 20 项　无筛选器　搜索

图 2-2　“工资表”记录

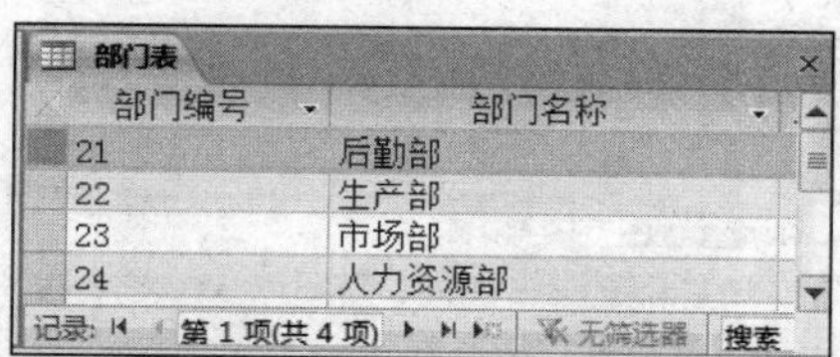

部门表

部门编号	部门名称
21	后勤部
22	生产部
23	市场部
24	人力资源部

记录: 第 1 项(共 4 项)　无筛选器　搜索

图 2-3　“部门表”记录

任务 2.1　创建数据库

1. 任务要求

在 D 盘中以自己的学号命名的文件夹下创建“员工管理”数据库。

2. 操作步骤

（1）新建文件夹。在 D 盘建立以自己学号命名的文件夹。

（2）新建空数据库。启动 Access 后，选择“文件”→“新建”命令，在“可用模板”中单击“空数据库”按钮，如图 2-4 所示。

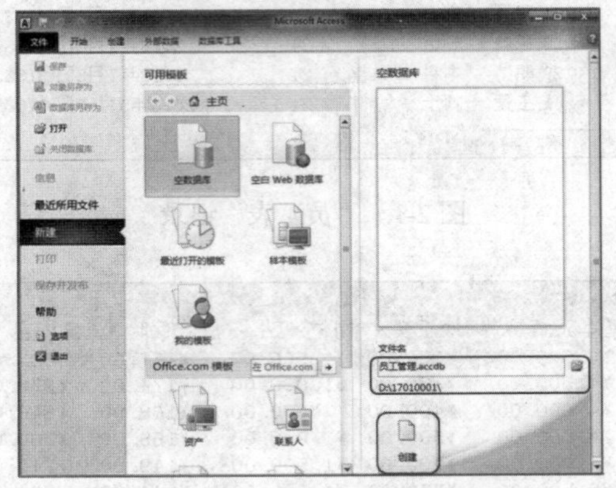

图 2-4　单击“空数据库”按钮

（3）确定数据库名称和保存位置。在右侧窗格中输入文件名“员工管理.accdb”。单击“浏览到某个位置来存放数据库”按钮，弹出“文件新建数据库”对话框，如图 2-5 所示，设置文件的保存位置为 D 盘中以自己学号命名的文件夹。单击“确定”按钮，返回图 2-4 所示的窗口。

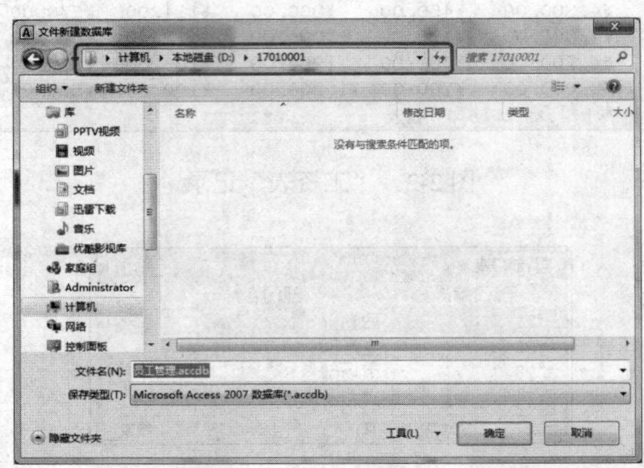

图 2-5　“文件新建数据库”对话框

（4）进入数据库窗口。单击图 2-4 右侧窗格下方的“创建”按钮，即可创建“员工管理”数据库，同时系统进入数据库窗口，并自动创建了数据表“表 1”，如图 2-6 所示。

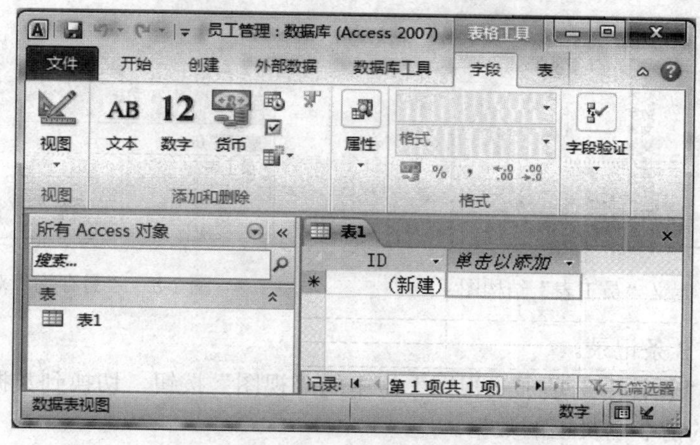

图 2-6　“员工管理”数据库窗口

（5）关闭表。单击表 1 右侧的“关闭”按钮，即可关闭表 1，完成空数据库“员工管理”的创建。

任务 2.2　使用设计视图创建表

1. 任务要求

1）使用设计视图在“员工管理”数据库中创建如表 2-1 所示的“员工表”表结构。

2）向“员工表”中输入如图 2-1 所示的前 3 名员工的记录。

2. 操作步骤

1）创建“员工表”表结构。

（1）打开表设计视图。打开“员工管理”数据库，单击“创建”选项卡“表格”组中的“表设计”按钮，打开表设计视图。

（2）定义员工编号字段。单击“字段名称”列第 1 行，输入“员工编号”；在“数据类型”列的下拉列表中选择“文本”选项；在“说明”列输入“主键”；在下面的“字段属性”区，将“字段大小”修改为 6。

（3）定义姓名等字段。重复步骤（2），按照表 2-1 所列的字段名称和数据类型等信息，定义表中其他字段，结果如图 2-7 所示。

（4）设置主键。单击“员工编号”左侧的字段选定器，单击“设计”选项卡“工具”组中的“主键”按钮，将其设置为“员工表”的主键。

说明： 主键是表中能够唯一标识记录的一个字段或多个字段的组合。Access 中的每个表通常都需要设置主键，如果未设置主键，系统会在保存表结构时给出提示。

（5）保存表。单击快速访问工具栏中的“保存”按钮，弹出“另存为”对话框，如图 2-8 所示。输入表名称为“员工表”，单击“确定”按钮。

表1

字段名称	数据类型	说明
员工编号	文本	主键
姓名	文本	
性别	文本	
年龄	数字	
职务	文本	
学历	文本	
婚否	是/否	
所属部门	文本	
工作时间	日期/时间	
电话	文本	
照片	OLE 对象	

图 2-7　定义“员工表”结构图

图 2-8　“另存为”对话框

2）输入前 3 条记录。

（1）单击“设计”选项卡“视图”组中的“视图”按钮，切换到数据表视图，输入如图 2-1 所示的前 3 名员工的数据。

提示：可以在“视图”组中的“视图”下拉列表中选择“设计视图”或“数据表视图”选项，以进行视图的切换。

（2）输入“婚否”字段值时，选中复选框，显示“√”，表示已婚。

（3）输入“工作时间”字段值时，将光标定位到该字段可直接输入，也可以单击字段右侧的日期选择器，打开“日历”控件，在日历中进行选择。

（4）插入照片时，右击要插入照片的单元格，在弹出的快捷菜单中选择“插入对象”命令，弹出“Microsoft Access”对话框，如图 2-9 所示。在“对象类型”列表框中选择“Bitmap Image”选项，单击“确定”按钮，弹出“位图图像”窗口，如图 2-10 所示。单击“主页”选项卡“剪贴板”组中的“粘贴”下拉按钮，在打开的下拉列表中选择“粘贴来源”选项，弹出“粘贴来源”对话框，如图 2-11 所示。找到并选中图片文件，单击“打开”按钮，图片即粘贴到“位图图像”窗口，适当调整图像或画布的大小，结果如图 2-12 所示。关闭“位图图像”窗口，完成照片的插入，字段值位置显示“Bitmap Image”。

（5）单击“保存”按钮，保存表。

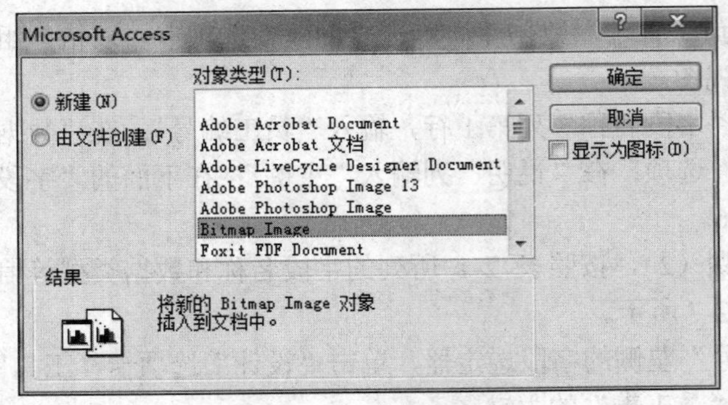

图 2-9　选择对象类型

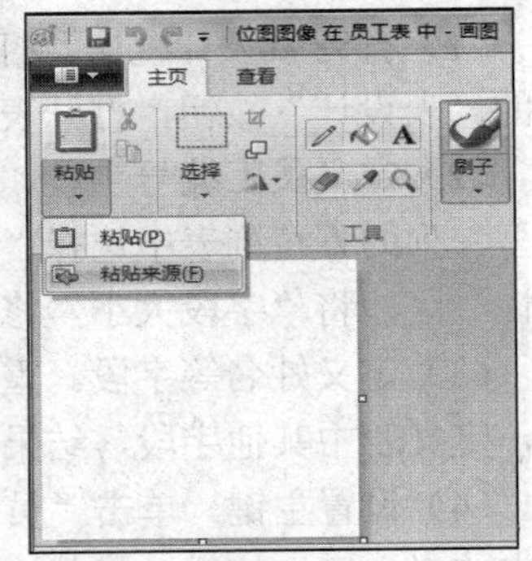

图 2-10　“位图图像”窗口

图 2-11　“粘贴来源”对话框

图 2-12　图像粘贴结果

任务 2.3　修改表结构、设置字段属性

1. 任务要求

在“员工管理”数据库的“员工表”中完成如下操作。

1）设置“员工编号”字段为“必需”字段，即在输入记录时，该字段必须输入。

2）设置“姓名”字段不允许为空字符串，即在输入记录时，该字段不允许输入空字符串（即""）。

3）设置“工作时间”字段的标题为“参加工作时间”，即在浏览表记录时，该字段的列标题显示为“参加工作时间”。

4）设置“职务”字段的默认值为“职员”，即在输入记录时，该字段值默认输入“职员”。

5）设置“电话”字段的输入掩码，使前 9 位固定为“31532255-”，后 4 位为任意数字。

6）设置“性别”字段的有效性规则，性别只允许输入“男”或“女”，设置有效性文本为“性别只能输入男或女”。

7）使用查阅向导为“学历”字段建立列表，列表中显示“博士”“硕士”“本科”“专科”。

8）继续输入如图 2-1 所示的“员工表”中的记录。

2. 操作步骤

打开“员工管理”数据库，在导航窗格中右击“员工表”，在弹出的快捷菜单中选择“设计视图”命令，即可打开“员工表”的设计视图。完成下面操作。

1）设置“必需”字段。

单击“员工编号”字段，在“字段属性”区中将“必需”属性设置为“是”。

2）设置“允许空字符串”属性。

单击“姓名”字段，在“字段属性”区中将“允许空字符串”属性设置为“否”。

3）设置“标题”属性。

单击“工作时间”字段，在“字段属性”区中将“标题”属性设置为“参加工作时间”。

4）设置“默认值”属性。

单击“职务”字段，在“字段属性”区中将“默认值”属性设置为“职员”。

5）设置“输入掩码”属性。

单击“电话”字段，在“字段属性”区中将“输入掩码”属性设置为“"31532255-"0000”。

6）设置“有效性规则”和“有效性文本”属性。

单击“性别”字段，在“字段属性”区中将“有效性规则”属性设置为“"男" Or "女"”，“有效性文本”属性设置为“性别只能输入男或女”。

7）使用查阅向导建立列表。

（1）在“学历”字段的“数据类型”下拉列表中选择“查阅向导”选项，弹出“查阅向导”第 1 个对话框，确定查阅字段获取其数值的方式，如图 2-13 所示，选中“自行键入所需的值”单选按钮。

（2）单击“下一步”按钮，弹出“查阅向导”第 2 个对话框，确定查阅字段中显示的值，如图 2-14 所示，依次输入“博士”“硕士”“本科”“专科”。

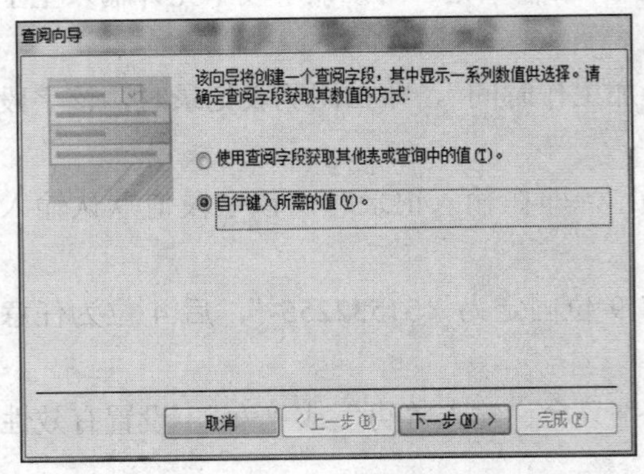

图 2-13　确定查阅字段获取其数值的方式

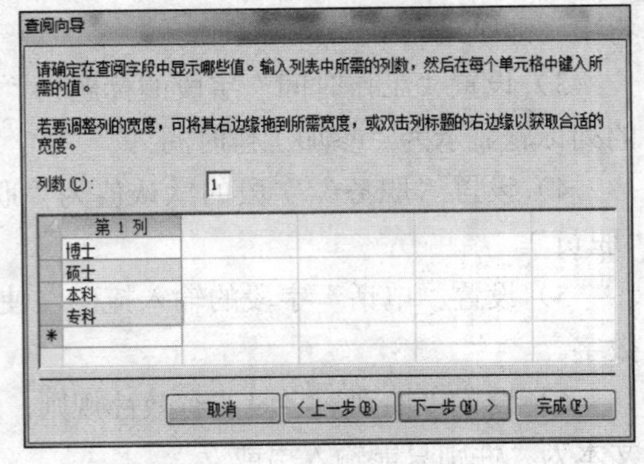

图 2-14　列表设置结果

（3）单击“下一步”按钮，弹出“查阅向导”第 3 个对话框，在“请为查阅字段指定标签”文本框中输入字段标签，如图 2-15 所示。本任务采用默认值，单击“完成”按钮。

（4）单击“保存”按钮，弹出确认使用新规则提示框，如图 2-16 所示，单击“是”按钮。

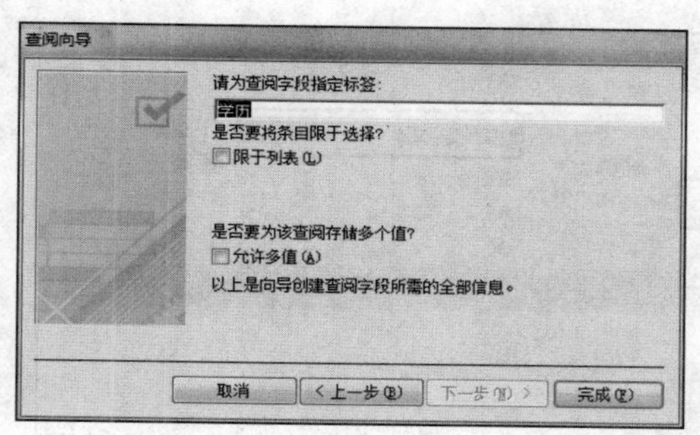

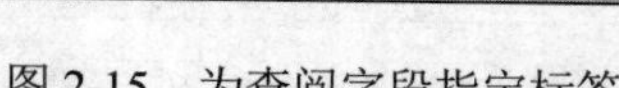
图 2-15 为查阅字段指定标签

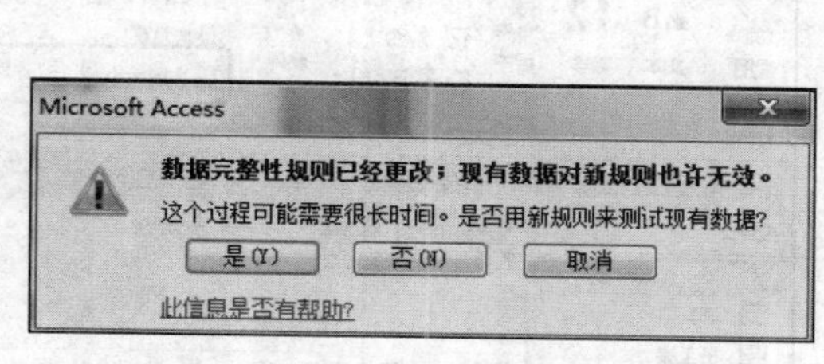

图 2-16 确认使用新规则提示框

8）完成“员工表”记录的输入。

单击“设计”选项卡“视图”组中的“视图”按钮，在数据表视图中继续输入如图 2-1 所示的“员工表”记录。

任务 2.4 使用数据表视图创建表

1. 任务要求

使用数据表视图在“员工管理”数据库中创建“部门表”，并输入数据，表结构如表 2-3 所示，表记录如图 2-3 所示。

2. 操作步骤

（1）打开“员工管理”数据库，单击“创建”选项卡“表格”组中的“表”按钮，自动创建“表 1”，并以数据表视图方式打开，如图 2-6 所示。

（2）单击“ID”字段列，单击“字段”选项卡“属性”组中的“名称和标题”按钮，弹出“输入字段属性”对话框，如图 2-17 所示。在“名称”文本框中输入“部门编号”，单击“确定”按钮。

图 2-17 “输入字段属性”对话框

说明：在“ID”字段列建立的字段默认是一个数据类型为“自动编号”的主键。

（3）单击“部门编号”字段列，选择“字段”选项卡，在“格式”组中的“数据类型”下拉列表中选择“文本”选项；在“属性”组中的“字段大小”文本框中输入“2”，如图 2-18 所示。

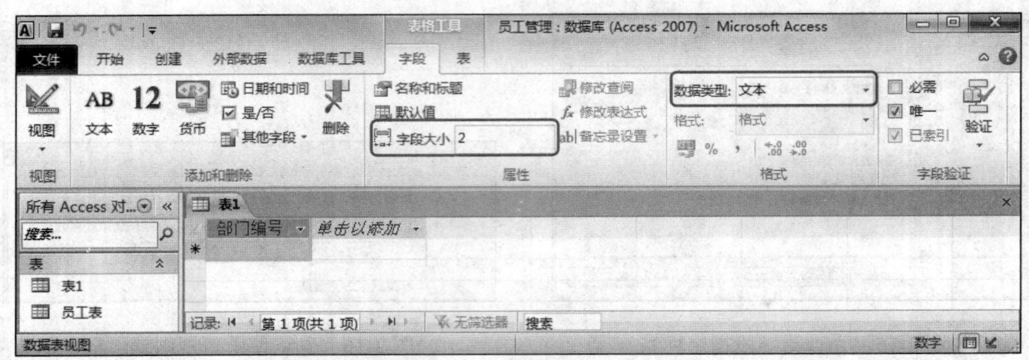

图 2-18　字段名称及属性设置结果

（4）单击“单击以添加”列字段选定器，在打开的下拉列表中选择“文本”选项，系统自动添加一个“文本”类型的字段，默认名为“字段 1”。将“字段 1”修改为“部门名称”；选中“部门名称”字段列，将“字段大小”修改为“10”。

（5）按图 2-3 所示输入记录。

（6）单击“保存”按钮，弹出“另存为”对话框，输入表名称为“部门表”，单击“确定”按钮。

任务 2.5　导入、导出数据

1. 任务要求

1）在“员工管理”数据库中，创建如表 2-2 所示的“工资表”表结构。

2）将“工资表.xlsx”中的数据导入已经创建的“工资表”中。

3）将“员工表”数据导出到 Excel 文件“职员表.xlsx”中，导出时包含格式和布局。

2. 操作步骤

1）创建表结构。

（1）打开“员工管理”数据库，创建如表 2-2 所示的“工资表”表结构。操作方法同任务 2.2 创建“员工表”表结构。

（2）保存并关闭表。

2）导入表记录。

（1）在“员工管理”数据库中，单击“外部数据”选项卡“导入并链接”组中的“Excel”按钮，弹出“获取外部数据-Excel 电子表格”第 1 个对话框，如图 2-19 所示。

（2）单击“浏览”按钮，弹出“打开”对话框，如图 2-20 所示。选中要导入的“工资表.xlsx”文件，单击“打开”按钮，返回图 2-19 所示对话框。

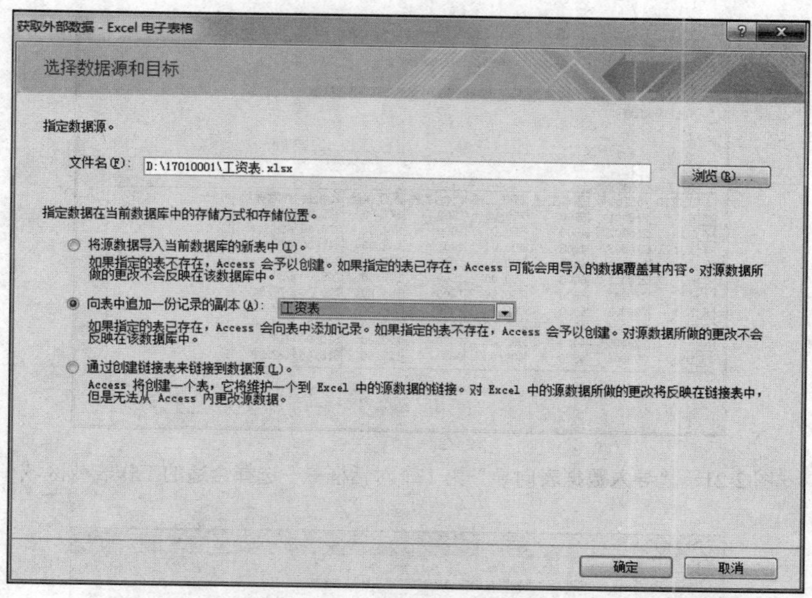

图 2-19　“获取外部数据-Excel 电子表格”对话框——选择数据源和目标

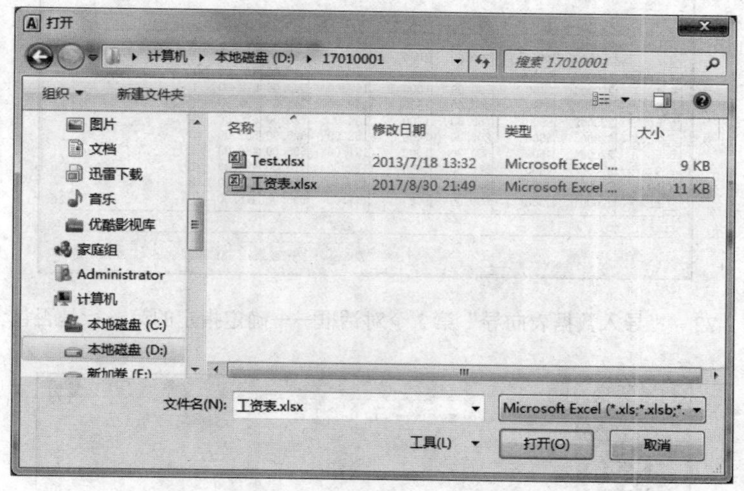

图 2-20　“打开”对话框

（3）选中“向表中追加一份记录的副本”单选按钮，并在其右侧的下拉列表中选择“工资表”选项，单击“确定”按钮，弹出“导入数据表向导”第 1 个对话框，如图 2-21 所示，使用默认选项。

（4）单击“下一步”按钮，弹出“导入数据表向导”第 2 个对话框，如图 2-22 所示，使用默认选项。

（5）单击“下一步”按钮，弹出“导入数据表向导”第 3 个对话框，如图 2-23 所示，使用默认选项。

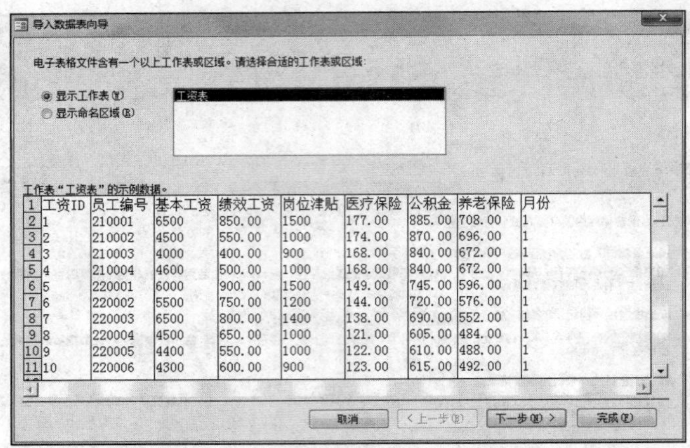

图 2-21　“导入数据表向导”第 1 个对话框——选择合适的工作表或区域

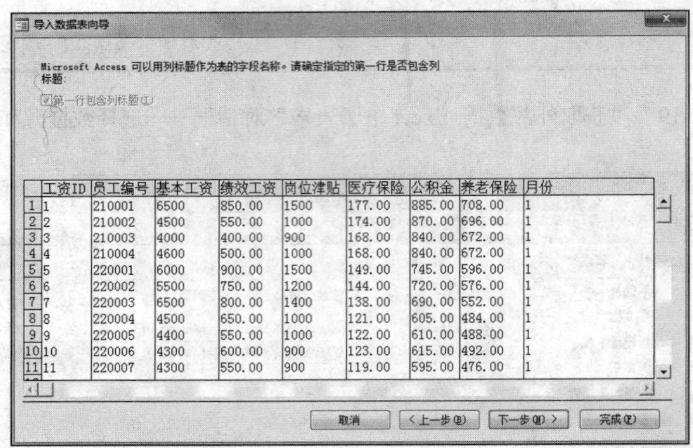

图 2-22　“导入数据表向导”第 2 个对话框——确定指定的第一行是否包含列

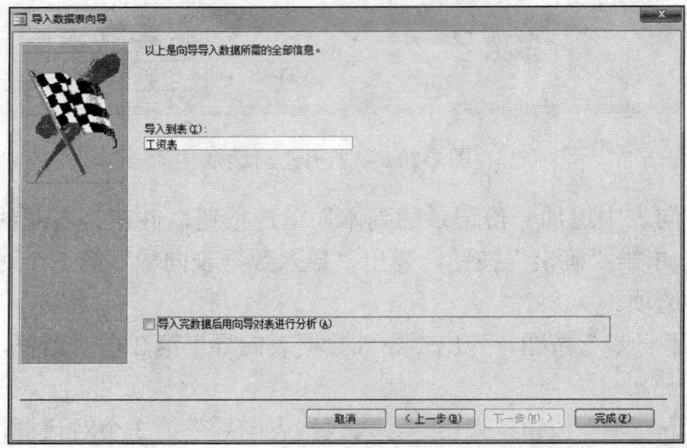

图 2-23　“导入数据表向导”第 3 个对话框——确定导入到的表

（6）单击“完成”按钮，弹出“获取外部数据-Excel 电子表格”第 2 个对话框，如图 2-24 所示，可选择是否保存导入步骤，本任务不选中“保存导入步骤”复选框。单击“关闭”按钮，完成“工资表.xlsx”的导入。

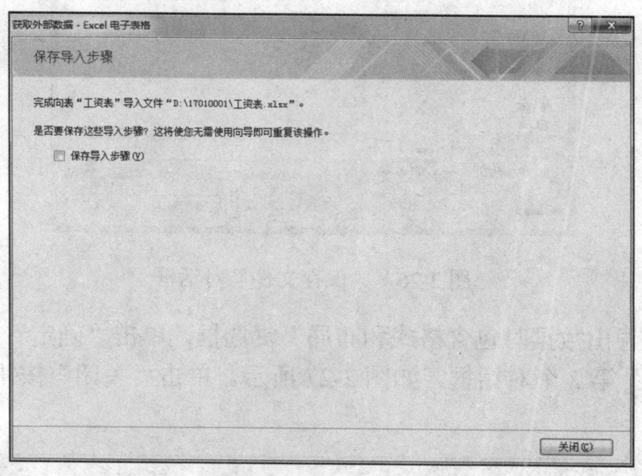

图 2-24　“获取外部数据-Excel 电子表格”对话框——确定是否保存导入步骤

3）导出表数据。

（1）打开“员工管理”数据库，在导航窗格中选择“员工表”。

（2）单击“外部数据”选项卡“导出”组中的“Excel”按钮，弹出“导出-Excel 电子表格”第 1 个对话框，如图 2-25 所示。

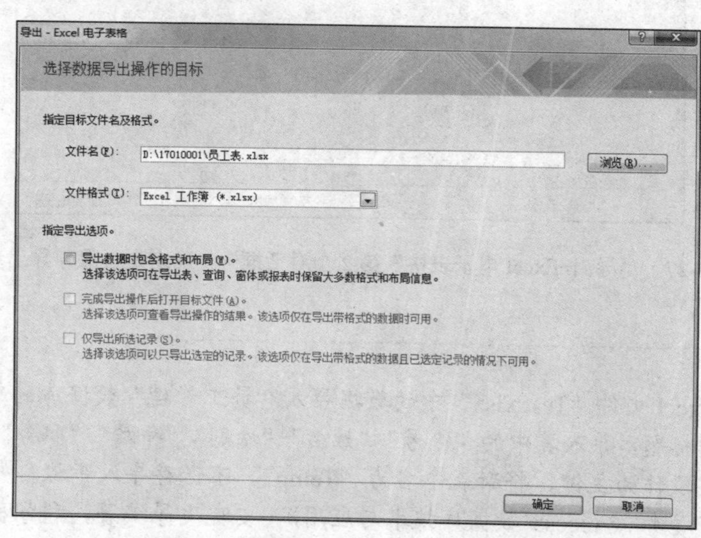

图 2-25　“导出-Excel 电子表格”第 1 个对话框——选择数据导出操作的目标文件

（3）单击“浏览”按钮，在弹出的“保存文件”对话框中选择“D:\17010001”文件夹，输入文件名为“职员表.xlsx”，如图 2-26 所示。单击“保存”按钮，返回“导出-Excel 电子表格”对话框。

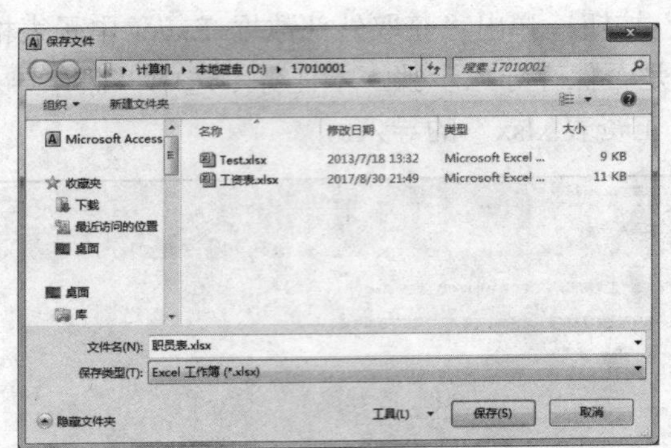

图 2-26　“保存文件”对话框

（4）选中“导出数据时包含格式和布局”复选框，单击“确定”按钮，弹出“导出-Excel 电子表格”第 2 个对话框，如图 2-27 所示。单击“关闭”按钮，完成“员工表”的导出。

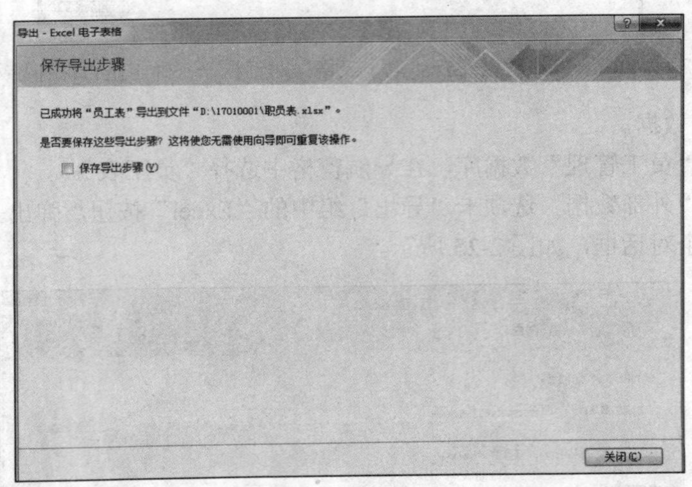

图 2-27　“导出-Excel 电子表格”第 2 个对话框——确定是否保存导出步骤

练一练

（1）将 Excel 文件“Test.xlsx”中的数据导入“员工管理”数据库的新表中。要求：第一行包含列标题，导入其中的“编号”“姓名”“性别”“年龄”“职务”5 个字段，选择“编号”字段作为主键，将新表命名为“Temp”，不保存导入步骤。

提示：可参考《Access 数据库技术与应用》（安晓飞等编著，科学出版社）（以下简称主教材）2.2.5 节中的例 2.17。

（2）将文本文件“tTest.txt”中的数据链接到“员工管理”数据库中。要求：以逗号作为字段分隔符，数据中的第一行作为字段名，链接表对象命名为“tTemp”。

提示：导入文本文件“tTest.txt”时选中“通过创建链接表来链接到数据源”单选按钮。

任务 2.6　使用附件类型和计算类型字段

1. 任务要求

1）在“部门表”中增加“部门职责”字段，数据类型为“附件”，将 Word 文档“后勤部职责.docx”添加到“后勤部”的“部门职责”字段中。

2）在“工资表”中增加一个计算字段，字段名称为“实发工资”，结果类型为“货币”。计算公式为“实发工资=基本工资+绩效工资+岗位津贴−医疗保险−公积金−养老保险”。

2. 操作步骤

1）添加附件。

（1）在设计视图中打开“部门表”。

（2）添加新字段“部门职责”，在“数据类型”下拉列表中选择“附件”选项。保存表，切换到数据表视图，如图 2-28 所示，“部门职责”字段的单元格中显示为 (0)，其中（0）表示附件的个数为 0。

（3）双击第 1 条记录的附件图标 (0)，弹出“附件”对话框，如图 2-29 所示。单击“添加”按钮，弹出“选择文件”对话框，如图 2-30 所示。选择“后勤部职责.docx”文件，单击“打开”按钮，返回“附件”对话框，如图 2-29 所示，“后勤部职责.docx”文件已经添加到“附件”对话框中。

图 2-28　“部门表”的数据表视图

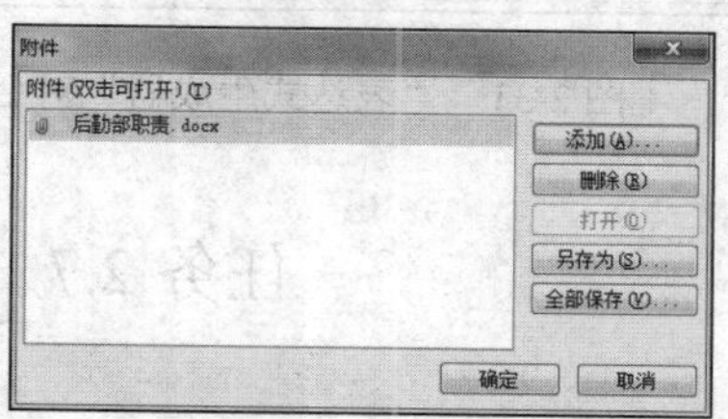

图 2-29　“附件”对话框

图 2-30　“选择文件”对话框

（4）单击“确定”按钮，返回到“部门表”的数据表视图，可以看到第 1 条记录的“部门职责”单元格显示为 🔗(1)，表示有 1 个附件。

2）添加计算字段“实发工资”。

（1）在设计视图中打开“工资表”。

（2）添加新字段“实发工资”，在“数据类型”下拉列表中选择“计算”选项，在弹出的“表达式生成器”对话框中输入表达式“[基本工资] + [绩效工资] + [岗位津贴] − [医疗保险] − [公积金] − [养老保险]”，如图 2-31 所示。

提示：双击“表达式类别”列表框中的字段名，可自动添加字段名。

（3）单击“确定”按钮，返回“工资表”的设计视图。在“字段属性”区中，将“结果类型”的属性设置为“货币”，如图 2-32 所示。

（4）保存表并切换到数据表视图，浏览工资表。

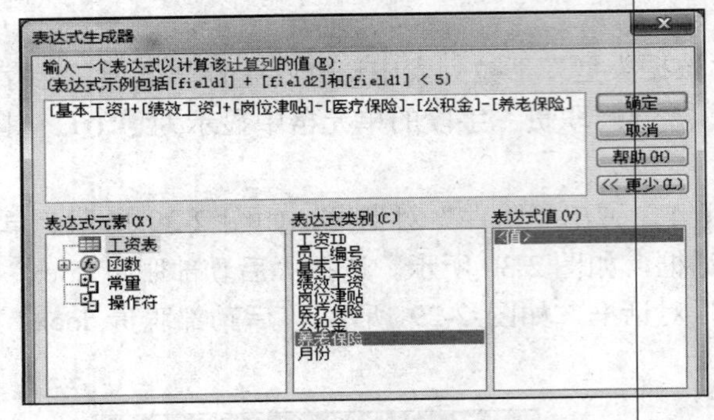

图 2-31　“表达式生成器”对话框

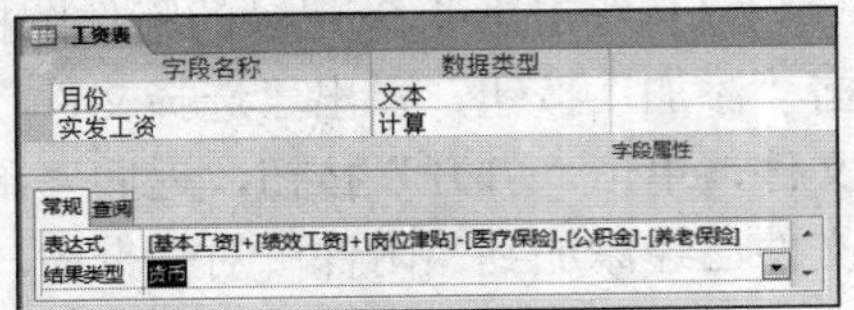

图 2-32　属性设置

任务 2.7　建立表之间的关系

1. 任务要求

建立“部门表”“员工表”“工资表”之间的关系，并实施参照完整性。

2. 操作步骤

（1）在“员工管理”数据库中，单击“数据库工具”选项卡“关系”组中的“关系”按钮，弹出“关系”窗口。

（2）单击“设计”选项卡“关系”组中的“显示表”按钮，弹出“显示表”对话框，如图 2-33 所示。

（3）分别双击“部门表”“工资表”“员工表”，将 3 个表添加到“关系”窗口中，单击“关闭”按钮，结果如图 2-34 所示。

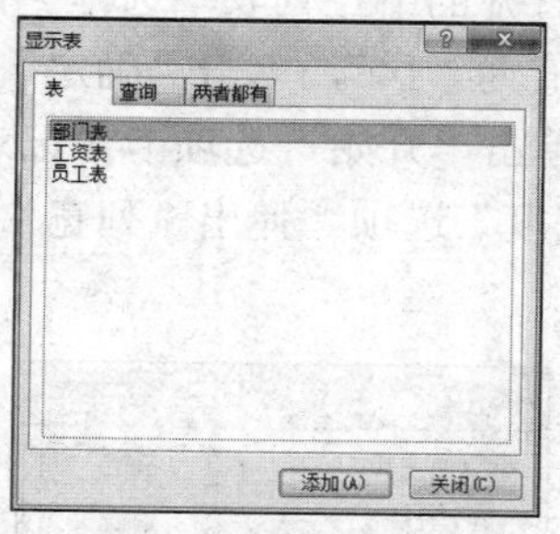

图 2-33　“显示表”对话框

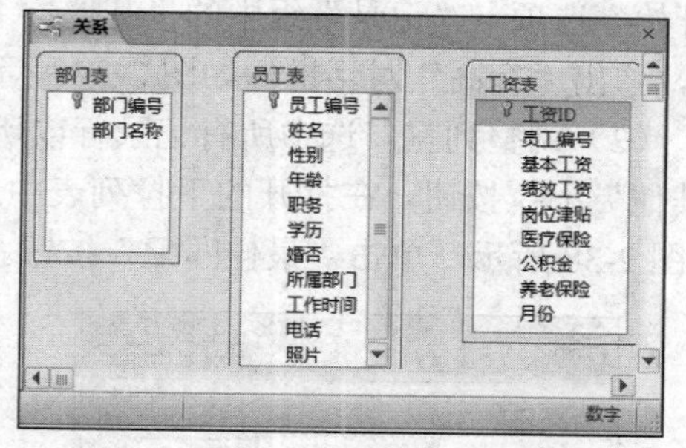

图 2-34　“关系”窗口

（4）选中“部门表”中的“部门编号”字段，按住鼠标将其拖动到“员工表”的“所属部门”字段上，释放鼠标，弹出“编辑关系”对话框，如图 2-35 所示，选中“实施参照完整性”复选框，单击“创建”按钮，返回“关系”窗口。

（5）参照步骤（4），根据“员工编号”字段创建“员工表”与“工资表”之间的关系，并选中“实施参照完整性”复选框。表关系设置结果如图 2-36 所示。

（6）保存关系。

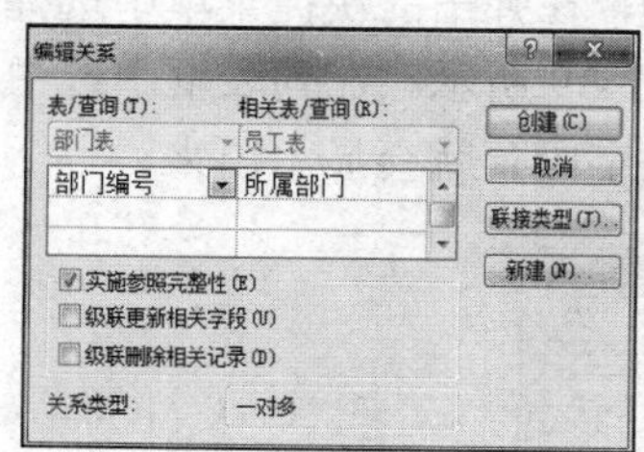

图 2-35　“编辑关系”对话框

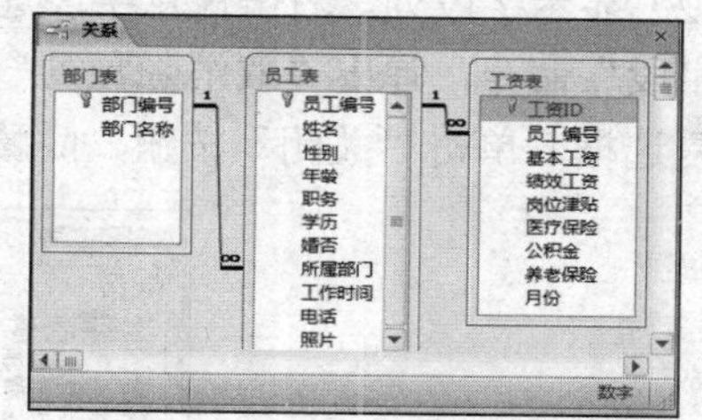

图 2-36　表关系设置结果

任务 2.8　调整表的外观

1. 任务要求

在“工资表”中完成以下操作。

1）调整行高为“14”，列宽为“最佳匹配”。

2）隐藏或显示“工资 ID”字段列。

3）冻结或取消冻结“工资 ID”和“员工编号”字段列。

4）设置表的显示格式，单元格效果为“凹陷”，表的背景色为“橄榄色，强调文字颜色 3，淡色 60%”，网格线颜色为“紫色”，字体为“楷体”，字号为“10”。

2. 操作步骤

1）调整行高和列宽。

（1）调整行高。在数据表视图中打开“工资表”，单击数据表中的任一单元格，单击

“开始”选项卡“记录”组中的“其他”下拉按钮，在打开的下拉列表中选择“行高”选项，弹出“行高”对话框，如图 2-37 所示，输入行高值为“14”，单击“确定”按钮。

（2）调整列宽。选中所有记录行或所有字段列，单击“开始”选项卡“记录”组的“其他”下拉按钮，在打开的下拉列表中选择“字段宽度”选项，弹出“列宽”对话框，如图 2-38 所示，单击“最佳匹配”按钮。

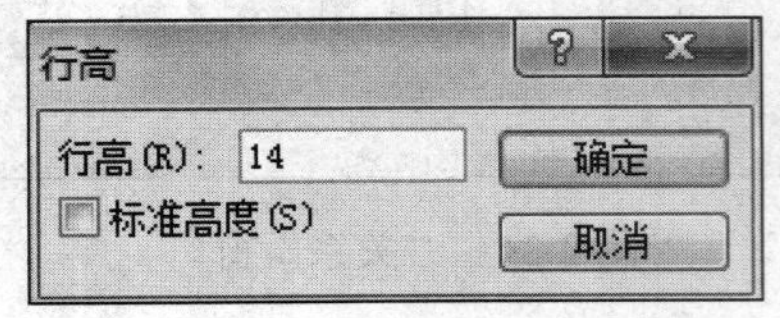

图 2-37　“行高”对话框

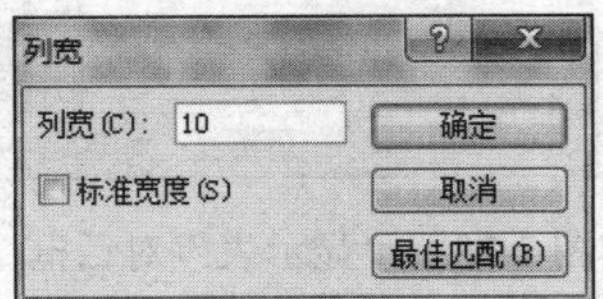

图 2-38　“列宽”对话框

2）隐藏或显示字段列。

（1）隐藏字段列。在数据表视图中，单击“工资 ID”列字段中的任意单元格。单击“开始”选项卡“记录”组中的“其他”下拉按钮，在打开的下拉列表中选择“隐藏字段”选项，“工资 ID”字段列被隐藏。

（2）显示字段列。右击任意字段选定器（字段名），在弹出的快捷菜单中选择“取消隐藏字段”命令，弹出“取消隐藏列”对话框，如图 2-39 所示。在列表框中选中“工资 ID”复选框，单击“关闭”按钮，隐藏的“工资 ID”字段列就会显示出来。

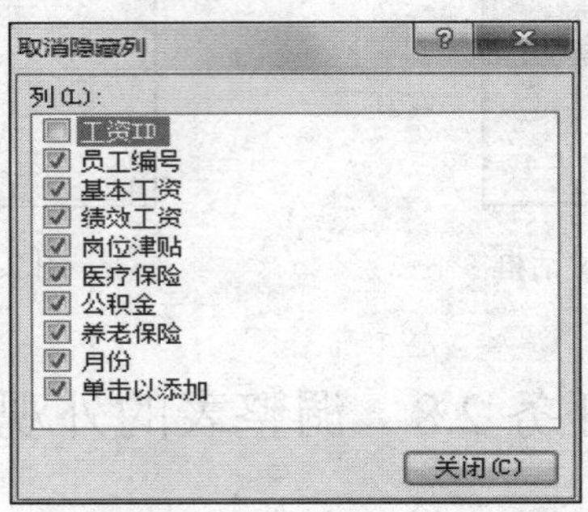

图 2-39　“取消隐藏列”对话框

3）冻结或取消冻结字段列。

（1）冻结字段列。在数据表视图中选中“工资 ID”和“员工编号”字段列。单击“开始”选项卡“记录”组的“其他”下拉按钮，在打开的下拉列表中选择“冻结字段”选项。移动水平滚动条，可以看到“工资 ID”和“员工编号”字段列始终显示在窗口左侧，如图 2-40 所示。

（2）取消冻结字段列。右击任意字段选定器（字段名），在弹出的快捷菜单中选择“取消冻结所有字段”命令。

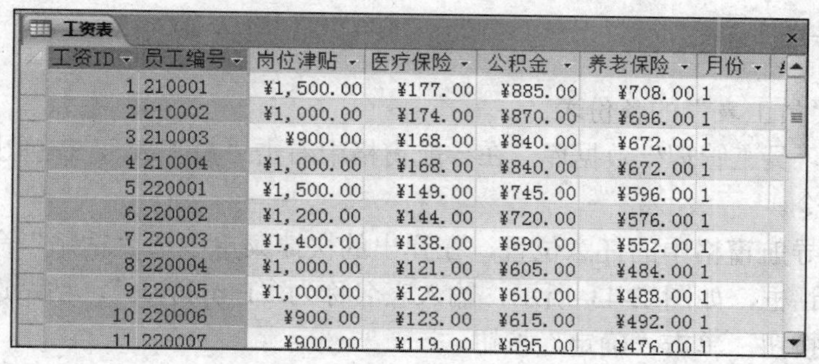
图 2-40　冻结后的数据表

4）设置表的显示格式。

（1）在数据表视图中单击“开始”选项卡“文本格式”组右下角的“设置数据表格式”按钮，弹出“设置数据表格式”对话框，如图 2-41 所示。

（2）将单元格效果设置为“凹陷”，背景色设置为“橄榄色，强调文字颜色 3，淡色 60%”，网格线颜色设置为“紫色”，单击“确定”按钮。

（3）在“文本格式”组中，设置字体为“楷体”，字号为“10”，结果如图 2-42 所示。

（4）保存表。

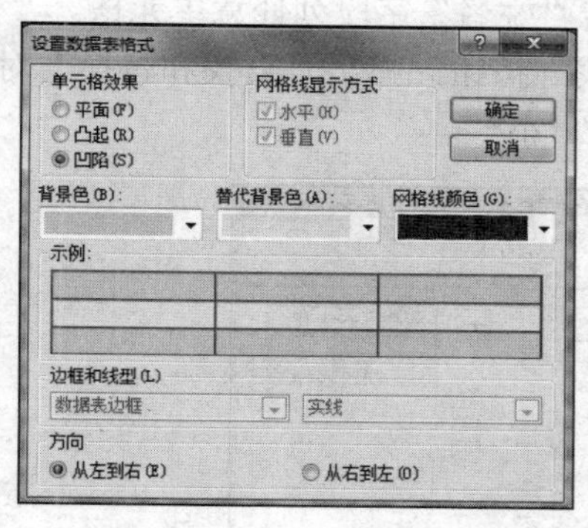
图 2-41　“设置数据表格式”对话框

图 2-42　设置格式后的工资表（部分数据）

任务 2.9　查找与替换数据

1. 任务要求

1）生成“员工表”的备份“Employee”表。

2）在“Employee”表中查找姓名中含“小”的员工的信息。

3）将“Employee”表中的“主管”替换为“副经理”。

4）删除“Employee”表。

2. 操作步骤

1）生成“员工表”的备份表。

（1）打开“员工管理”数据库，在导航窗格中右击“员工表”，在弹出的快捷菜单中选“复制”命令。

（2）右击导航窗格中的任意位置，在弹出的快捷菜单中选“粘贴”命令，弹出“粘贴表方式”对话框，如图 2-43 所示，输入表名称为“Employee”，粘贴选项选中“结构和数据”单选按钮，单击“确定”按钮。

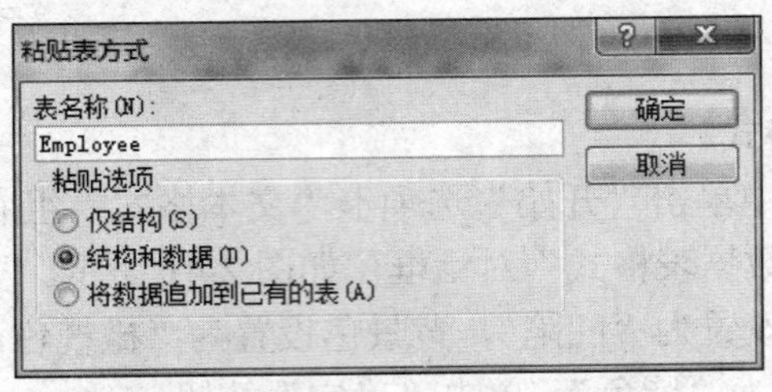

图 2-43　“粘贴表方式”对话框

2）查找姓名中含“小”的员工。

（1）在数据表视图中打开“Employee”表，单击“姓名”字段列任意单元格。

（2）单击“开始”选项卡“查找”组中的“查找”按钮，弹出“查找和替换”对话框，如图 2-44 所示，在“查找内容”文本框中输入“*小*”。

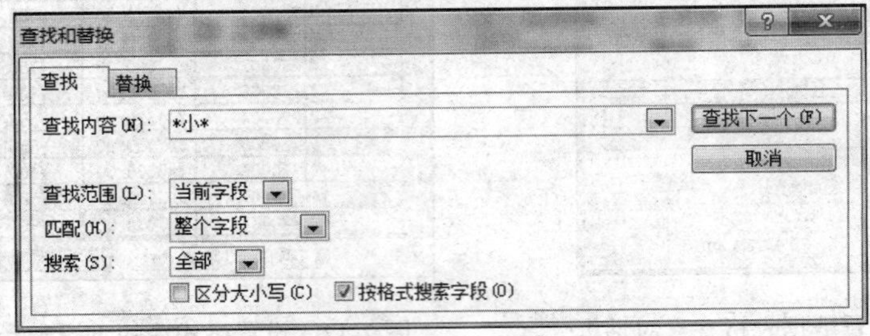

图 2-44　“查找和替换”对话框——“查找”选项卡

（3）单击“查找下一个”按钮，找到姓名中含“小”的第 1 个员工，连续单击“查找下一个”按钮，依次找到姓名中含“小”的员工。

（4）单击“取消”按钮，结束查找。

3）替换表中字段值。

（1）在数据表视图中打开“Employee”表，单击“职务”字段列中任意单元格。

（2）单击“开始”选项卡“查找”组中的“替换”按钮，弹出“查找和替换”对话框，如图 2-45 所示，在“查找内容”文本框中输入“主管”，在“替换为”文本框中输入“副经理”。

（3）单击“全部替换”按钮，屏幕将弹出是否继续提示框，如图 2-46 所示。单击“是”

按钮，将“主管”全部替换为“副经理”。

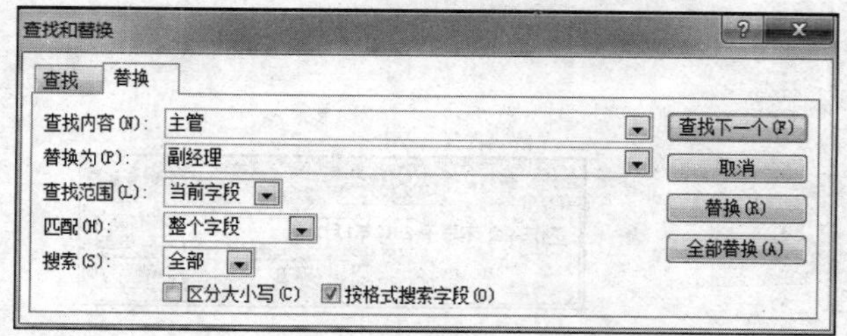

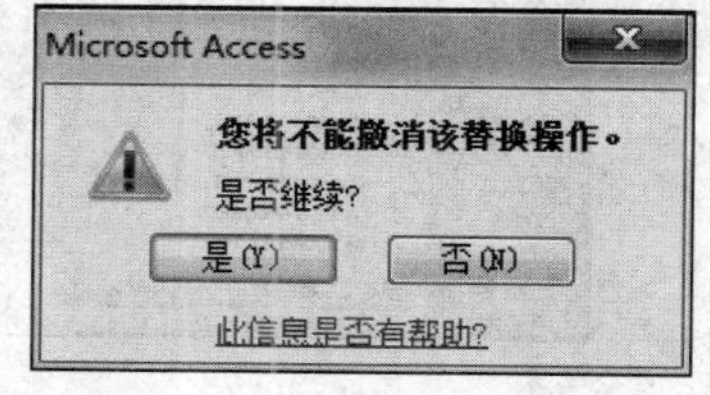

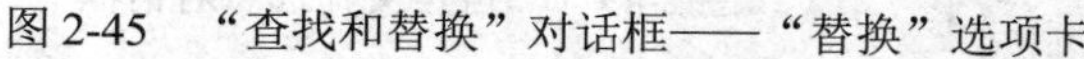

图 2-45　“查找和替换”对话框——“替换”选项卡　　图 2-46　是否继续提示框

4）删除“Employee”表。

关闭“Employee”表，在导航窗格中右击“Employee”表，在弹出的快捷菜单中选择“删除”命令，屏幕将弹出确认删除提示框，如图 2-47 所示，单击“是”按钮。

图 2-47　确认删除提示框

任务 2.10　排序和筛选记录

1. 任务要求

在“员工表”中完成以下操作。

1）使用筛选器筛选出 2012 年 1 月 1 日以后开始工作的员工。

2）清除筛选。

3）使用高级筛选功能，筛选出“本科”学历且年龄 30 岁以上（不含 30）的员工，并按工作时间降序排序。

2. 操作步骤

1）使用筛选器筛选。

（1）在数据表视图中打开“员工表”，单击“工作时间”字段名右侧的下拉按钮，在在打开的下拉列表中选择“日期筛选器”级联菜单中的“之后”选项，如图 2-48 所示。

（2）在弹出的“自定义筛选”对话框中的“工作时间不早于”文本框中输入“2012 年 1 月 1 日”，如图 2-49 所示。

（3）单击“确定”按钮，显示 2012 年 1 月 1 日以后开始工作的员工的记录，如图 2-50 所示。

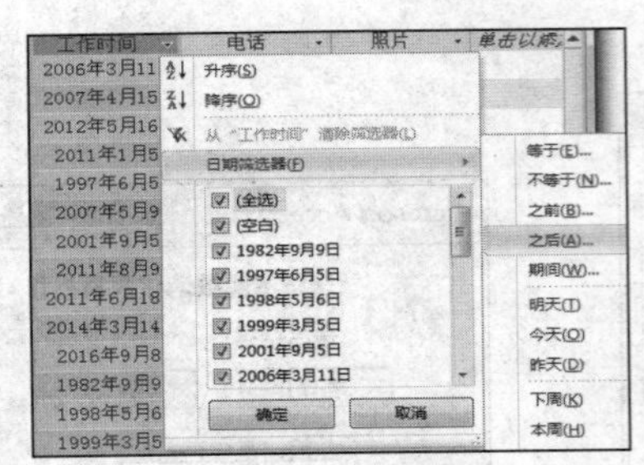

图 2-48　日期筛选器

图 2-49　"自定义筛选"对话框

员工编号	姓名	性别	年龄	职务	学历	婚否	所属部门	工作时间	电话
220006	张梦研	女	29	职员	硕士	☐	22	2014年3月14日	31532255-3355
240002	赵薇	女	29	职员	本科	☑	24	2012年7月5日	31532255-4522
240003	吴晓军	男	31	主管	博士	☑	24	2013年5月18日	31532255-4522
230004	程金鑫	男	27	职员	本科	☐	23	2015年1月3日	31532255-3381
240001	王刚	男	26	职员	硕士	☐	24	2016年1月5日	31532255-4522
230005	李小红	女	30	职员	博士	☐	23	2014年3月14日	31532255-3381
230006	郭薇薇	女	29	职员	硕士	☑	23	2014年7月5日	31532255-3381
210003	王宝芬	女	35	职员	本科	☑	21	2012年5月16日	31532255-4531
220007	王刚	男	25	职员	硕士	☐	22	2016年9月8日	31532255-3355

图 2-50　筛选结果

2）清除筛选。

单击"开始"选项卡"排序和筛选"组中的"高级"按钮，在打开的下拉列表中选择"清除所有筛选器"选项，即可把设置的所有筛选清除。

3）高级筛选和排序。

（1）在数据表视图中打开"员工表"，单击"开始"选项卡"排序和筛选"组中的"高级"下拉按钮，在打开的下拉列表中选择"高级筛选/排序"选项，弹出筛选窗口，如图 2-51 所示。

（2）在"字段"行中的前 3 列分别选择"学历""年龄""工作时间"字段。

（3）在"排序"行中的"工作时间"列选择"降序"选项。

（4）在"条件"行中的"学历"列输入"本科"，"年龄"列输入">30"。

（5）单击"开始"选项卡"排序和筛选"组中的"切换筛选"按钮，显示筛选和排序结果，如图 2-52 所示。

（6）保存表。

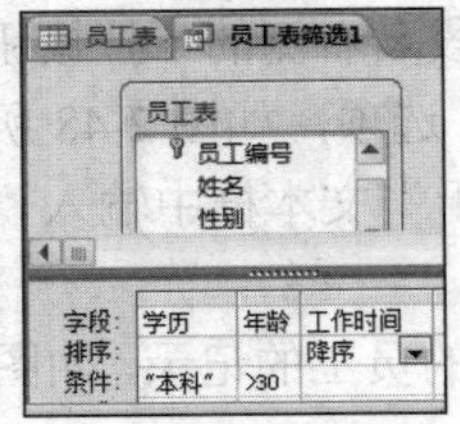

图 2-51　设置筛选条件和排序

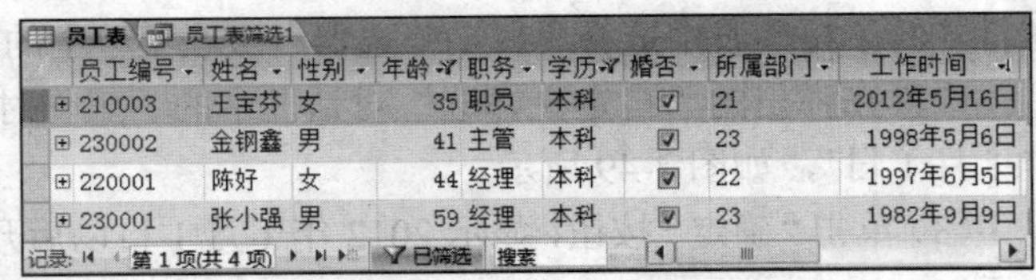

员工编号	姓名	性别	年龄	职务	学历	婚否	所属部门	工作时间
210003	王宝芬	女	35	职员	本科	☑	21	2012年5月16日
230002	金钢鑫	男	41	主管	本科	☑	23	1998年5月6日
220001	陈好	女	44	经理	本科	☑	22	1997年6月5日
230001	张小强	男	59	经理	本科	☑	23	1982年9月9日

图 2-52　高级筛选/排序结果

综 合 练 习

【综合练习 2.1】在“综合练习 2.1”文件夹下有一个数据库文件“职工管理.accdb”，完成以下操作。

（1）在数据库“职工管理.accdb”中建立“Teacher”表，其表结构如表 2-4 所示。

表 2-4　“Teacher”表结构

字段名称	数据类型	字段大小	格式	说明
职工 ID	自动编号	—	—	主键
姓名	文本	5	—	—
民族	文本	2	—	—
聘任日期	日期/时间	—	常规日期	—
电子邮箱	超链接	—	—	—
个人简历	备注	—	—	—

（2）设置“职工 ID”字段的说明为“主键”。

（3）设置“姓名”字段为“必需”字段，不允许空字符串。

（4）在“民族”字段前，增加一个字段“年龄”，设置数据类型为“数字”，字段大小为“整型”。

（5）设置“民族”字段的有效性规则为不能是空值，有效性文本为“民族不能为空”。

（6）设置“聘任日期”的默认值为系统日期的后一天，标题为“入职时间”。

（7）在表中输入如表 2-5 所示的记录。

表 2-5　“Teacher”表记录

职工 ID	姓名	年龄	民族	聘任日期	电子邮箱	个人简历
1	张三	23	汉		666666@qq.com	2017 年毕业于沈阳师范大学软件学院
2	李四	22	回		888888@qq.com	2017 年毕业于沈阳师范大学外国语学院

提示：

① 步骤（5）中不能为空值的表示方法为 Is Not Null。

② 步骤（6）中使用 Date( )函数表示系统日期。

【综合练习 2.2】在“综合练习 2.2”文件夹下有一个数据库文件“学生信息. accdb”。在数据库文件中已经建立了一个表对象“学生基本情况”，完成以下操作。

（1）将“学生基本情况”表重命名为“tStud”。

（2）设置“身份 ID”字段为主键，并设置“身份 ID”字段的相应属性，使该字段在数据表视图中显示的标题为“身份证”。

（3）将“姓名”字段设置为有重复索引。

（4）在“家长身份证号”和“语文”两字段间增加一个字段，字段名称为“电话”，数据类型为“文本”，字段大小为“12”。

（5）将新增的“电话”字段的输入掩码设置为“010-********”的形式，其中，“010-”

部分自动输出，后八位为 0 到 9 的数字。

（6）在数据表视图中将隐藏的“编号”字段重新显示出来。

提示：

① 步骤（3）中在“字段属性”区，将“索引”属性设置为“有（有重复）”。

② 步骤（5）中输入掩码为“"010-"00000000”。

【综合练习 2.3】在“综合练习 2.3”文件夹下有“旅游. accdb”和“exam.accdb”数据库文件，其中“旅游.accdb”中已建立好表对象“tVisitor”。按以下操作要求，完成表对象“tVisitor”的编辑和表对象“tLine”的导入。

（1）设置“tVisitor”表中的“游客 ID”字段为主键，“姓名”字段为必需字段。

（2）设置“年龄”字段的有效性规则为大于等于 10 且小于等于 60。

（3）设置“年龄”字段的有效性文本为“输入的年龄应在 10～60 岁，请重新输入”。

（4）在表中输入如表 2-6 所示的记录，其中“照片”字段的数据为“照片 1.bmp”图像文件。

表 2-6 “tVisitor”表记录

游客 ID	姓名	性别	年龄	电话	照片
001	李霞	女	20	123456	Bitmap Image

（5）将“exam.accdb”数据库文件中的表对象“tLine”导入“旅游.accdb”数据库文件中，表名不变。

提示：

① 步骤（2）中“年龄”字段的“有效性规则”为“>=10 And <=60”。

② 步骤（4）中插入照片可参照任务 2.2 中插入照片的方法。

③ 步骤（5）中导入表对象“tLine”的方法为单击“外部数据”选项卡“导入并链接”组中的“Access”按钮，在弹出的“获得外部数据-Access 数据库”对话框中单击“浏览”按钮，在弹出的“打开”对话框中找到并选中要导入的文件“exam.accdb”，单击“确定”按钮，在弹出有“导入对象”对话框中选中“tLine”表，单击“确定”按钮。

【综合练习 2.4】在“综合练习 2.4”文件夹下有一个数据库文件“住院管理. accdb”，在数据库中已建立了表对象“tDoctor”“tOffice”“tPatient”“tSubscribe”，完成以下操作。

（1）分析“tSubscribe”数据表的构成，判断并设置主键。设置“科室 ID”字段的大小，使其与“tOffice”表中相关字段大小一致。删除“tDoctor”表中的“专长”字段。

（2）设置“tSubscribe”表中“医生 ID”字段的相关属性，使其输入数据的第 1 个字符只能为“A”，从第 2 个字符开始的三位只能是 0～9 中的数字，并设置该字段为必需字段。设置“预约日期”字段的有效性规则为只能输入系统日期以后的日期。

要求：使用 Date( )函数获取系统日期。

（3）设置“tDoctor”表中“性别”字段的输入方式为从下拉列表中选择“男”或“女”选项。

（4）设置“tDoctor”表的背景色为“褐色 2”，网格线颜色为“黑色”。设置数据表中显示所有字段。

（5）通过相关字段建立“tDoctor”“tOffice”“tPatient”“tSubscribe”4个表之间的关系。

【综合练习2.5】在“综合练习2.5”文件夹下有一个数据库文件“学生管理.accdb”，其中已经建立好表对象“tStud”，完成以下操作。

（1）将“年龄”字段的字段大小改为“整型”，将“简历”字段的说明设置为“自上大学起的简历信息”，将“备注”字段删除。

（2）设置表对象的有效性规则为学生的出生年份应早于（不含）入校年份，同时设置相应的有效性文本为“请输入合适的年龄和入校时间”。

要求：使用year( )函数返回有关年份。

（3）设置数据表显示的字体大小为12，行高为18，设置数据表中显示所有字段。

（4）将学号为“20011001”学生的照片信息换成“photo.bmp”图像文件。

（5）将姓名中的“青”改为“菁”。

（6）在党员学生的简历文字中的最后一个句号前添加“，在校入党”文字。

提示：

① 步骤（2）的实现方法为在表设计视图中，右击任意字段，在弹出的快捷菜单中选择“属性”命令，打开“属性表”对话框，如图2-53所示，输入有效性规则和有效性文本。

② 步骤（6）中添加文字的方法为先筛选出党员学生，再进行替换。“查找和替换”对话框如图2-54所示。

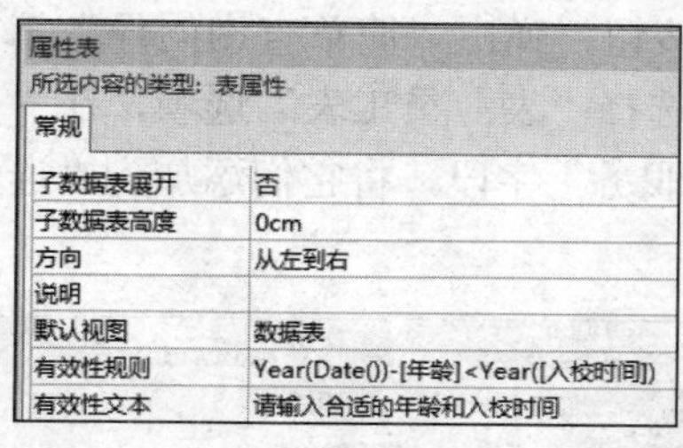

图2-53　“属性表”窗格

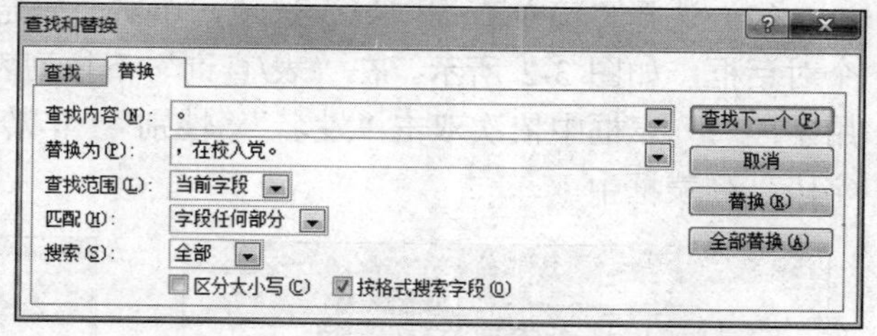

图2-54　“查找和替换”对话框

实验 3 查 询 操 作

任务 3.1 简 单 查 询

1. 任务要求

1）使用“简单查询向导”创建查询，从“员工表”和“部门表”中查询员工的基本情况，显示员工的“姓名”“性别”“年龄”“职务”“部门名称”字段，将查询保存为“实验 3-1-1”。

2）使用设计视图创建条件查询，从“员工表”和“部门表”中查询男员工的基本情况，显示员工的“姓名”“性别”“年龄”“职务”“部门名称”字段，将查询保存为“实验 3-1-2”。

2. 操作步骤

1）使用“简单查询向导”创建查询。

（1）打开“员工管理”数据库，单击“创建”选项卡“查询”组中的“查询向导”按钮，弹出“新建查询”对话框，如图 3-1 所示。

（2）选择“简单查询向导”选项，单击“确定”按钮，弹出“简单查询向导”第 1 个对话框，如图 3-2 所示。在“表/查询”下拉列表中选择“表：员工表”选项，在“可用字段”列表框中依次双击“姓名”“性别”“年龄”“职务”字段，将它们添加到“选定字段”列表框中。

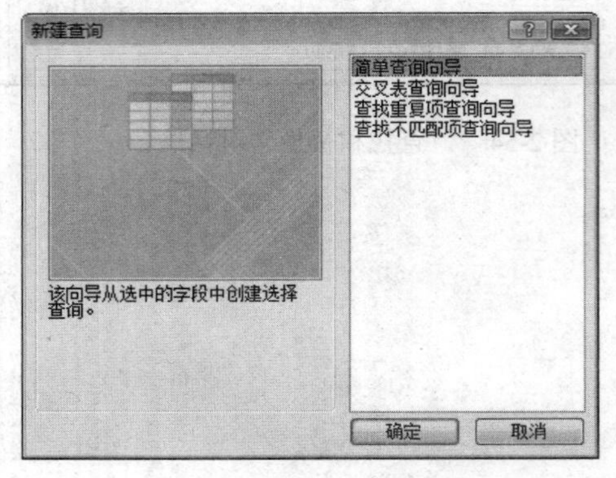

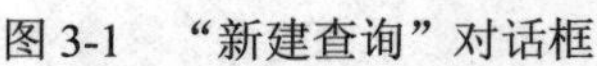
图 3-1 “新建查询”对话框

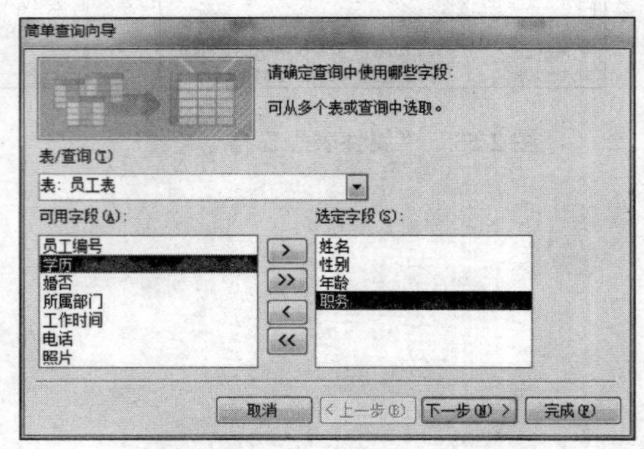

图 3-2 简单查询向导——选定字段

（3）在“表/查询”下拉列表中选择“表：部门表”选项，将“部门名称”字段添加到“选定字段”列表框中，结果如图 3-3 所示。

（4）单击“下一步”按钮，弹出“简单查询向导”第 2 个对话框，如图 3-4 所示。

可以选择建立“明细”查询或“汇总”查询，本任务建立“明细”查询。

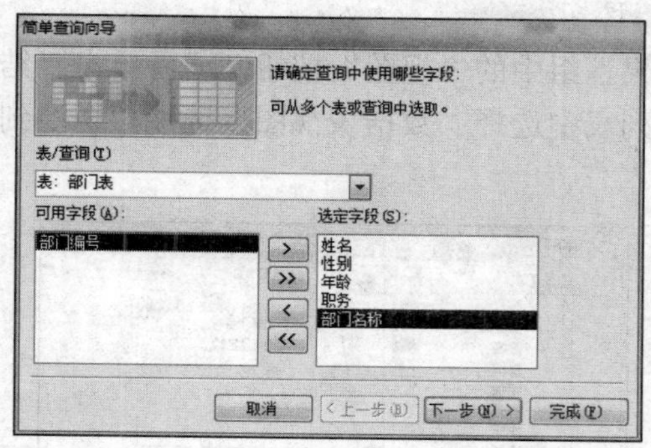

图 3-3 字段选定结果

图 3-4 选择明细或汇总查询

（5）单击“下一步”按钮，弹出“简单查询向导”第 3 个对话框，如图 3-5 所示。在“请为查询指定标题”文本框中输入要创建的查询名“实验 3-1-1”，单击“完成”按钮，查询结果如图 3-6 所示。

（6）关闭表。

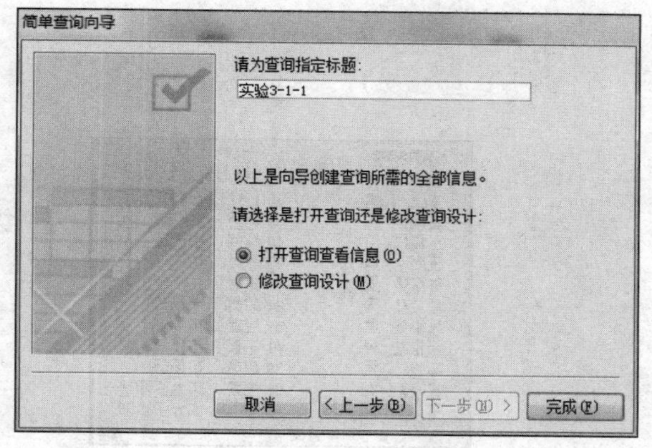

图 3-5 输入查询标题

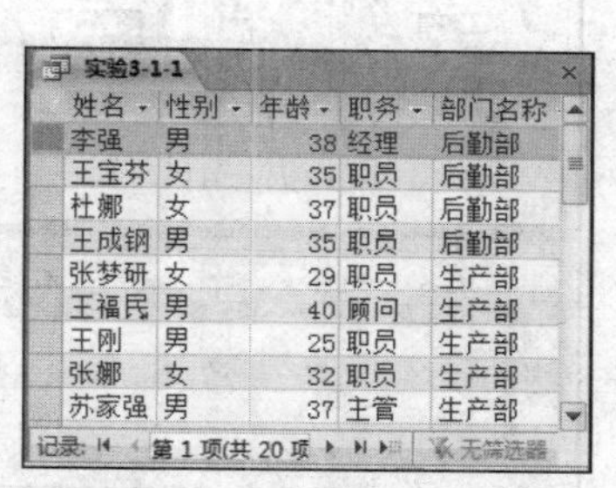

实验3-1-1

姓名	性别	年龄	职务	部门名称
李强	男	38	经理	后勤部
王宝芬	女	35	职员	后勤部
杜娜	女	37	职员	后勤部
王成钢	男	35	职员	后勤部
张梦研	女	29	职员	生产部
王福民	男	40	顾问	生产部
王刚	男	25	职员	生产部
张娜	女	32	职员	生产部
苏家强	男	37	主管	生产部

记录: 第 1 项(共 20 项) 无筛选器

图 3-6 “实验 3-1-1”查询结果

2）使用设计视图创建条件查询。

（1）单击“创建”选项卡“查询”组中的“查询设计”按钮，弹出“显示表”对话框，如图 3-7 所示。

（2）选择数据源。分别双击“员工表”和“部门表”，将它们添加到设计视图的上方（数据来源区），单击“关闭”按钮，如图 3-8 所示。

（3）添加字段。双击“员工表”中的“姓名”“性别”“年龄”“职务”字段和“部门表”中的“部门名称”字段，或从“字段”行的下拉列表中选择要显示的字段，将字段添加到设计网格区的“字段”行中，同时“表”行中显示这些字段所在表的名称，如图 3-9 所示。

（4）设置条件。单击“性别”字段的“条件”行，输入“"男"”。

（5）保存查询。单击快速访问工具栏中的“保存”按钮，在弹出的“另存为”对话框中输入查询名称“实验 3-1-2”，单击“确定”按钮。

（6）查看结果。单击“设计”选项卡“结果”组中的“视图”按钮，或者单击“结果”组中的“视图”下拉按钮，在打开的下拉列表中选择“数据表视图”选项，切换到数据表视图，查询结果如图 3-10 所示。

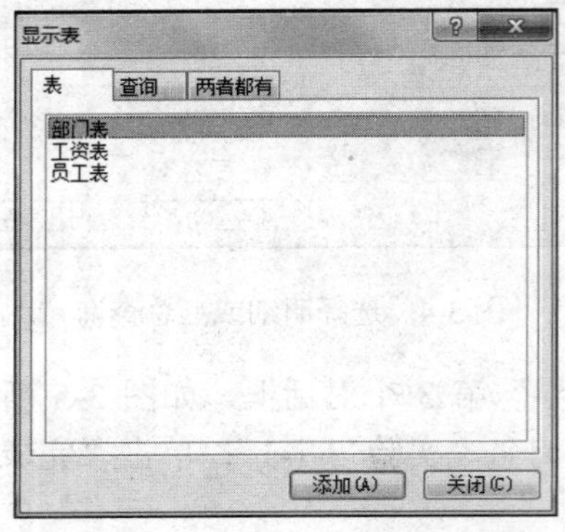

图 3-7　“显示表”对话框

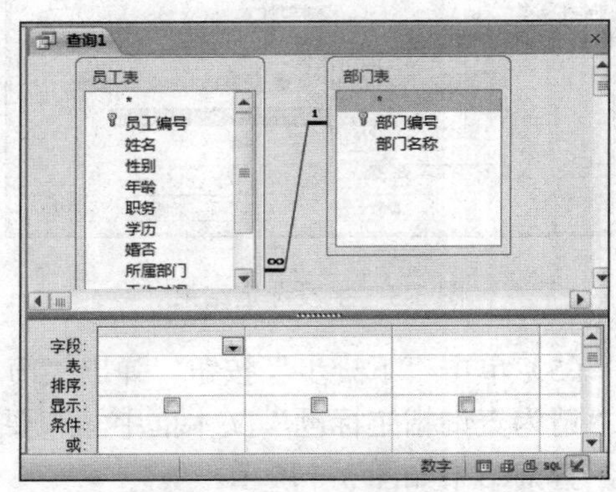

图 3-8　添加表后的设计视图

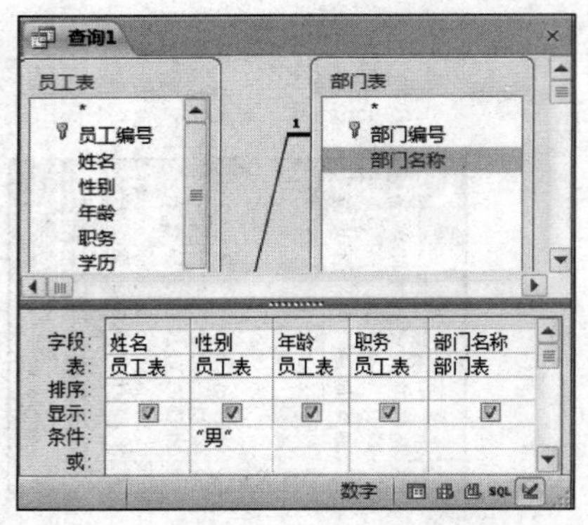

图 3-9　设置查询字段和条件

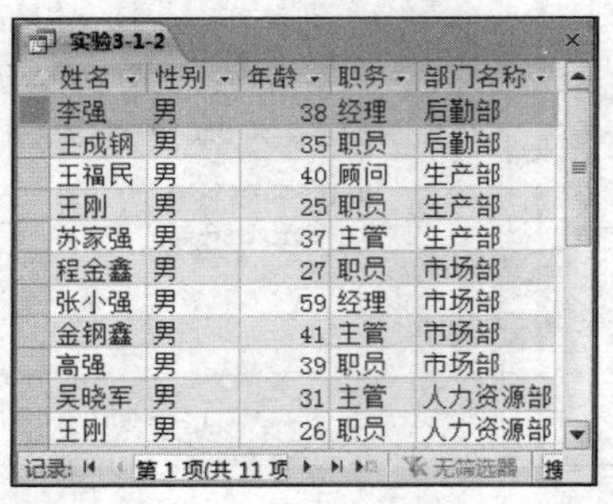
实验3-1-2

姓名	性别	年龄	职务	部门名称
李强	男	38	经理	后勤部
王成钢	男	35	职员	后勤部
王福民	男	40	顾问	生产部
王刚	男	25	职员	生产部
苏家强	男	37	主管	生产部
程金鑫	男	27	职员	市场部
张小强	男	59	经理	市场部
金钢鑫	男	41	主管	市场部
高强	男	39	职员	市场部
吴晓军	男	31	主管	人力资源部
王刚	男	26	职员	人力资源部

记录: 第 1 项(共 11 项　无筛选器　搜

图 3-10　“实验 3-1-2”查询结果

练一练

（1）使用“查找重复项查询向导”，在“员工管理”数据库中查找“员工表”中重名的员工，并显示其对应的“姓名”“员工编号”“性别”“年龄”“职务”字段，将查询保存为“练习 3-1-1”。

提示：参考主教材例 3.3。

（2）使用“查找不匹配项查询向导”，在“教学管理”数据库中查找没有被选的课程，显示其对应的“课程号”“课程名”“学时”“学分”字段，并将查询保存为“练习 3-1-2”。

提示：参考主教材例 3.4。

任务 3.2　使用设计视图创建多条件查询

1. 任务要求

1）在“员工表”中查找年龄 30 岁（含）以上的未婚女员工，显示其对应的“姓名”“年龄”“职务”“学历”字段，并将查询保存为“实验 3-2-1”。

2）在“员工表”中查询学历是“博士”或“硕士”的员工，显示其对应的“姓名”“性别”“职务”“学历”字段，按学历升序排序，并将查询保存为“实验 3-2-2”。

3）在“员工表”中查询学历是“博士”的员工，或者学历是“硕士”且 2007 年 1 月 1 日（含）之后参加工作的员工，显示其对应的“姓名”“性别”“职务”“学历”字段，按学历升序排序，并将查询保存为“实验 3-2-3”。

4）在“员工表”和“部门表”中查询姓“王”，年龄为 30～50（含 30 和 50）的员工，显示其对应的“姓名”“性别”“年龄”“职务”“部门名称”字段，并将查询保存为“实验 3-2-4”。

2. 操作步骤

1）查询 30 岁以上未婚女员工。

（1）添加表。单击“创建”选项卡“查询”组中的“查询设计”按钮，双击“员工表”，将其添加到设计视图的上方。

（2）添加字段。双击要显示的字段名，或从“字段”行的下拉列表中选择要显示的字段名，分别将“姓名”“性别”“年龄”“职务”“学历”“婚否”字段添加到设计网格区的“字段”行，如图 3-11 所示。

说明：查询结果虽然不显示“性别”和“婚否”字段，但查询条件要用到“性别”和“婚否”字段，所以“字段”行要添加“性别”和“婚否”字段。

（3）设置显示字段。在设计网络区的“显示”行，选中字段对应的复选框，表示当前字段在查询结果中显示。取消“性别”和“婚否”字段复选框的选中状态。

（4）设置查询条件。在“条件”行的“性别”列中输入“"女"”，“年龄”列中输入“>=30”，“婚否”列输入“0”（系统自动转换为 False）或直接输入“False”。

（5）保存查询，将其命名为“实验 3-2-1”。切换到数据表视图，查询结果如图 3-12 所示。

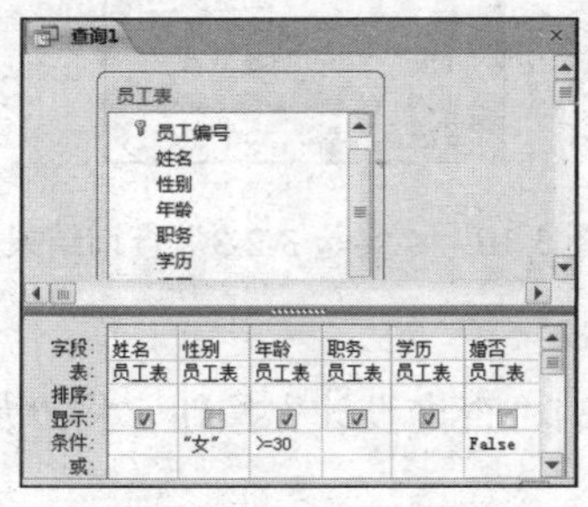

图 3-11　设置多条件

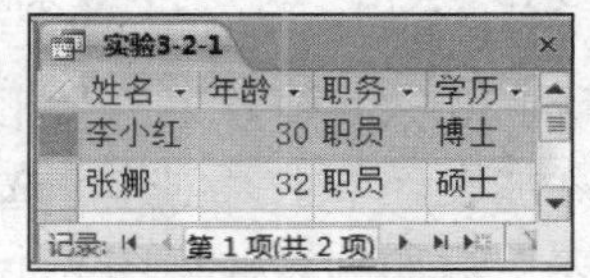

图 3-12　“实验 3-2-1”查询结果

2）查询博士或硕士员工。

（1）添加表。单击“创建”选项卡“查询”组中的“查询设计”按钮，将“员工表”添加到设计视图的上方。

（2）添加字段。将“姓名”“性别”“职务”“学历”字段添加到设计网格区的“字段”行。

（3）设置排序。在“排序”行的“学历”列中选择“升序”选项。

（4）设置查询条件。在“条件”行的“学历”列中输入“"博士" Or "硕士"”，如图 3-13 所示。

说明：也可以在“条件”行的“学历”列中输入“In ("博士","硕士")”。

（5）保存查询，将其命名为“实验 3-2-2”。切换到数据表视图，查询结果如图 3-14 所示。

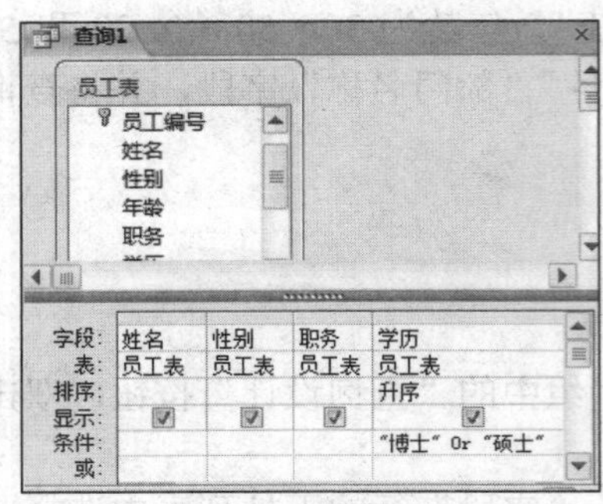

图 3-13　设置“Or”条件

图 3-14　“实验 3-2-2”查询结果

3）查询博士或部分硕士员工。

操作方法参照步骤 2，设计视图如图 3-15 所示，保存查询，将其命名为“实验 3-2-3”，查询结果如图 3-16 所示。

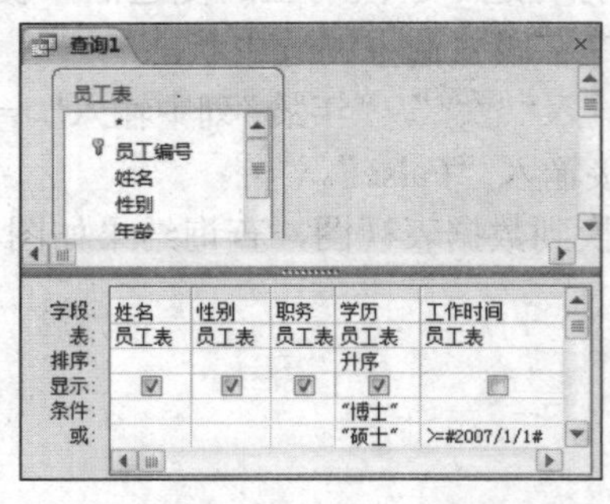

图 3-15　使用“或”行设置条件

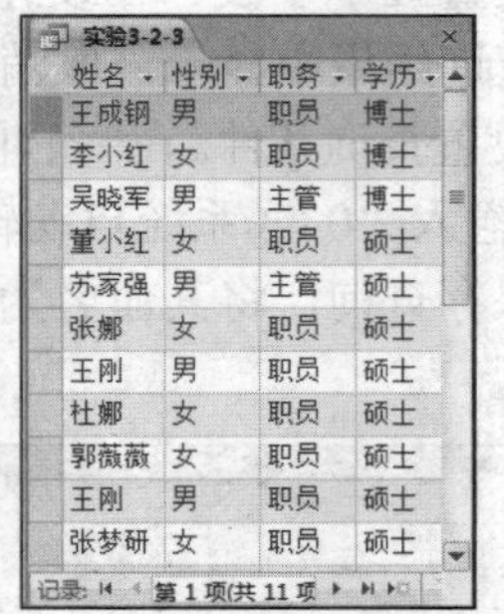

图 3-16　“实验 3-2-3”查询结果

4）查询 30～50 岁姓王的员工。

（1）添加表。单击“创建”选项卡“查询”组中的“查询设计”按钮，将“员工表”和“部门表”添加到设计视图的上方。

（2）添加字段。将“姓名”“性别”“年龄”“职务”“部门名称”字段添加到设计网格区的“字段”行。

（3）设置查询条件。在“条件”行的“姓名”列中输入“Like "王*"”，“年龄”列中输入“Between 30 And 50”，如图3-17所示。

（4）保存查询，将其命名为“实验3-2-4”。切换到数据表视图，查询结果如图3-18所示。

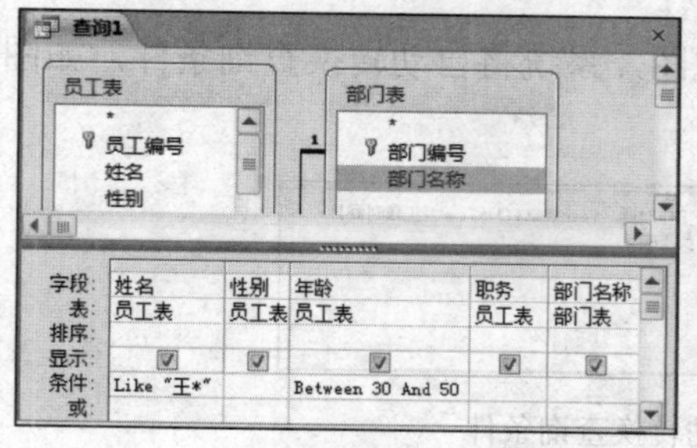

图3-17　使用“Like”和“Between”设置条件

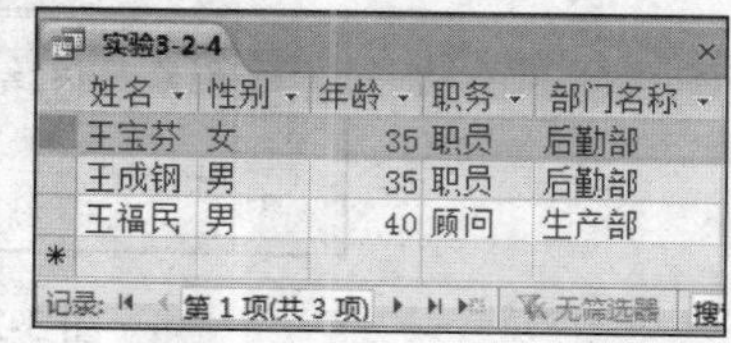

图3-18　“实验3-2-4”查询结果

练一练

（1）在“教学管理”数据库中，根据“教师”表，查询年龄40岁（含）以下的教授，或年龄45岁（含）以上的副教授，显示其对应的“教师名”“性别”“年龄”“职称”字段，按年龄“升序”排序，并将查询保存为“练习3-2-1”。

（2）在“教学管理”数据库中，查找没有“绘画”特长的学生，显示其对应的“学号”“姓名”“性别”“专业”“个人特长”字段，并将查询保存为“练习3-2-2”。

任务3.3　创建带函数的条件查询

1. 任务要求

在“员工表”和“部门表”中查询姓名中含“小”且工作10年（不含10）以上的员工的信息，显示其对应的“姓名”“性别”“职务”“部门名称”“工作时间”字段，并将查询保存为“实验3-3”。

2. 操作步骤

（1）添加表。打开查询的设计视图，将“员工表”和“部门表”添加到设计视图的上方。

（2）添加字段。将“姓名”“性别”“职务”“部门名称”“工作时间”字段添加到设计网格区的“字段”行。

（3）设置查询条件。在“条件”行的“姓名”列中输入“like "*小*"”，“工作时间”列中输入“Year(Date( ))-Year([工作时间])>10”，如图3-19所示。

（4）保存查询，将其命名为“实验3-3”。切换到数据表视图，查询结果如图3-20所示。

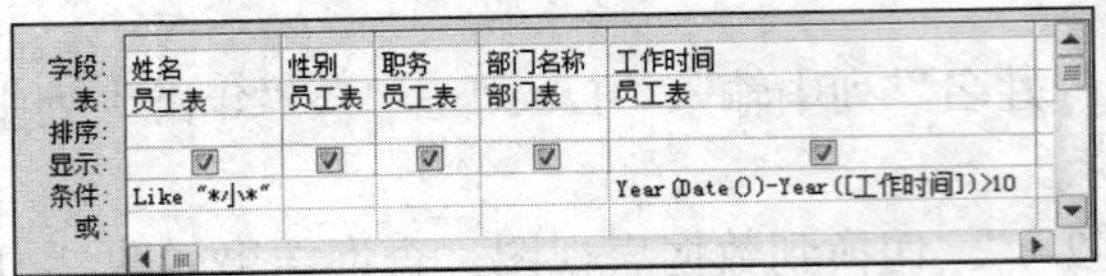

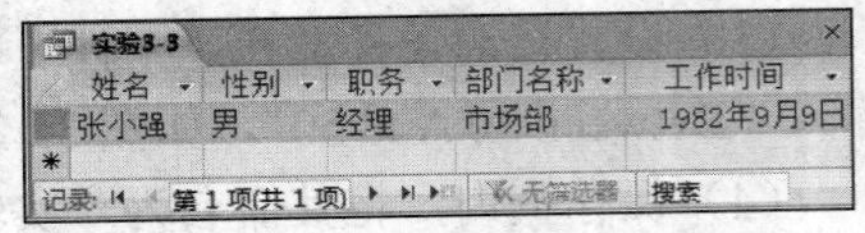

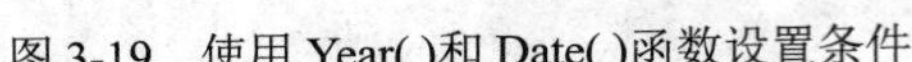

图 3-19　使用 Year( )和 Date( )函数设置条件　　　　图 3-20　“实验 3-3”查询结果

（5）关闭查询，再次打开该查询的设计视图，系统将自动转换查询条件，如图 3-21 所示。

图 3-21　系统自动转换查询条件

练一练

（1）在“员工表”和“部门表”中，查询 2011 年 8 月参加工作的员工的信息，显示其对应的“姓名”“性别”“年龄”“职务”“部门名称”字段，并将查询保存为“练习 3-3-1”。

提示：使用 Year( )函数和 Month( )函数。

（2）在“员工表”和“部门表”中，查询“姓名”是两个字且职务是“经理”或“主管”的员工的信息，显示其对应的“姓名”“性别”“年龄”“职务”“部门名称”字段，并将查询保存为“练习 3-3-2”。

提示：使用 Len( )函数。

（3）在“教学管理”数据库中，查询“学号”的第 3、4 位为“02”的少数民族学生，显示其对应的“学号”“姓名”“课程名”“成绩”字段，并将查询保存为“练习 3-3-3”。

提示：“学号”的第 3、4 位为“02”的表示方法：Mid([学生].[学号],3,2)="02"。

任务 3.4　创建总计查询

1. 任务要求

1）统计“员工表”中各学历的员工人数，显示“学历”和“人数”字段，按人数降序排序，并将查询保存为“实验 3-4-1”。

2）根据“员工表”“部门表”“工资表”，统计各部门职务为“职员”的员工的平均绩效工资，显示“部门名称”和“平均绩效工资”字段，并将查询保存为“实验 3-4-2”。

2. 操作步骤

1）统计各学历人数。

（1）添加表。打开查询的设计视图，添加“员工表”。

（2）添加字段。将“学历”和“员工编号”字段添加到设计网格区的“字段”行。将“员工编号”列的“字段”行修改为“人数：员工编号”。

（3）添加总计行。单击“设计”选项卡“显示/隐藏”组中的“汇总”按钮，在设计网格中插入一个“总计”行，默认值为“Group By”。

（4）设置总计项。在“总计”行的“人数: 员工编号”列的下拉列表中选择“计数”选项。

（5）设置排序。在“排序”行的“人数: 员工编号”列的下拉列表中选择“降序”选项。设计结果如图3-22所示。

（6）保存查询，将其命名为“实验 3-4-1”。切换到数据表视图，查询结果如图 3-23所示。

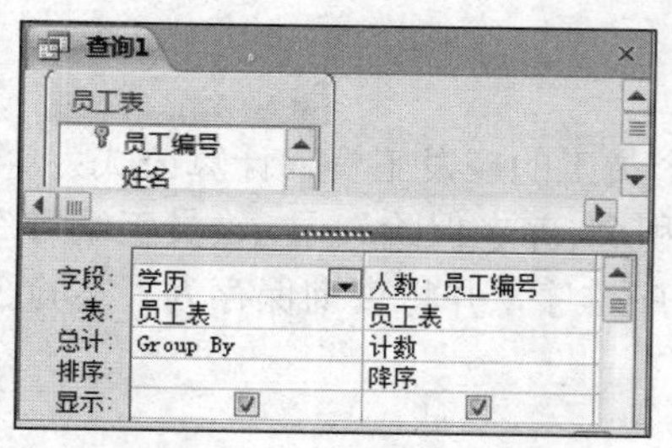

图3-22 设置分组总计项

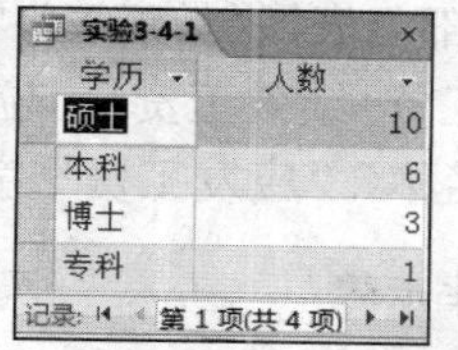
实验3-4-1

学历	人数
硕士	10
本科	6
博士	3
专科	1

记录: 第1项(共4项)

图3-23 “实验3-4-1”查询结果

2）统计各部门职员的平均绩效工资。

（1）添加表。打开查询的设计视图，添加“部门表”“员工表”“工资表”。

（2）添加字段。将“部门名称”“绩效工资”“职务”字段添加到设计网格区的“字段”行。将“绩效工资”列的“字段”行修改为“平均绩效工资: 绩效工资”。

（3）添加总计行。单击“设计”选项卡“显示/隐藏”组中的“汇总”按钮，在设计网格中插入一个“总计”行。

（4）设置总计项。在“总计”行的“平均绩效工资: 绩效工资”列的下拉列表中选择“平均值”选项。

（5）设置条件。在“职务”列的“总计”行的下拉列表中选择“Where”选项，“条件”行输入“职员”。设计结果如图3-24所示。

（6）保存查询，将其命名为“实验 3-4-2”。切换到数据表视图，查询结果如图 3-25所示。

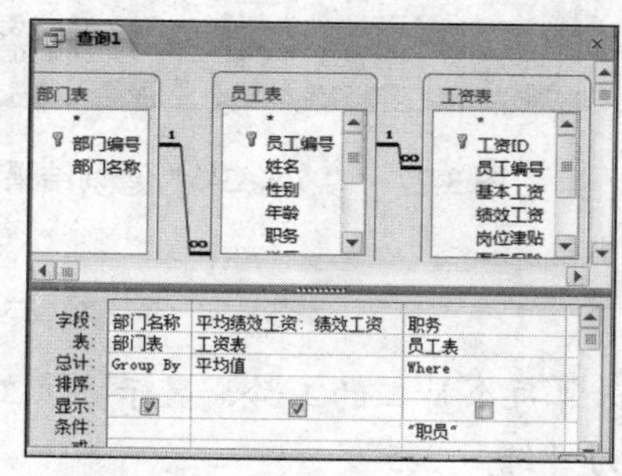

图3-24 设置带条件的分组

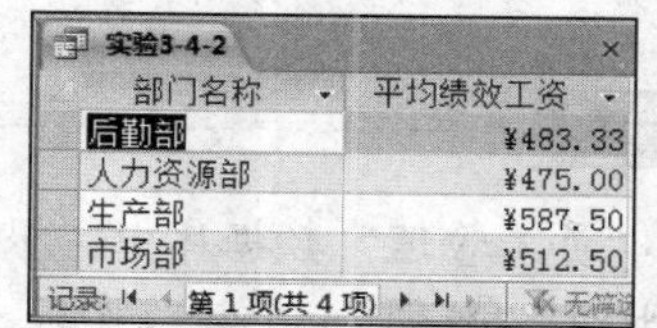
实验3-4-2

部门名称	平均绩效工资
后勤部	¥483.33
人力资源部	¥475.00
生产部	¥587.50
市场部	¥512.50

记录: 第1项(共4项)

图3-25 “实验3-4-2”查询结果

说明：Access 规定，“Where”总计项对应的字段不能出现在查询结果中。

练一练

（1）在“员工管理”数据库中，统计 30～50 岁（含 30 和 50）各职务员工的最高绩效工资，显示“职务”和“最高绩效工资”字段，并将查询保存为“练习 3-4-1”。

（2）在“员工管理”数据库中，统计各部门的绩效工资总和，显示“部门名称”和“绩效工资总和”字段，按绩效工资总和降序排序，并将查询保存为“练习 3-4-2”。

任务 3.5　创建计算字段查询

1. 任务要求

根据“部门表”“员工表”“工资表”，计算每个员工的应发工资，计算公式为“应发工资=基本工资+绩效工资+岗位津贴−医疗保险−公积金−养老保险”。显示“员工编号”“姓名”“部门名称”“应发工资”字段，按员工编号升序排序，并将查询保存为“实验 3-5”。

2. 操作步骤

（1）添加表。打开查询的设计视图，添加“部门表”“员工表”“工资表”。

（2）添加字段。将“员工编号”“姓名”“部门名称”字段添加到设计网格区的“字段”行。

（3）输入新字段。在“字段”行的第 4 列输入新字段“应发工资: [基本工资]+[绩效工资]+[岗位津贴]−[医疗保险]−[公积金]−[养老保险]”，设置显示该字段。

（4）设置排序。在“员工编号”列的“排序”行的下拉列表中选择“升序”选项。设计结果如图 3-26 所示。

（5）保存查询，将其命名为“实验 3-5”。切换到数据表视图，查询结果如图 3-27 所示。

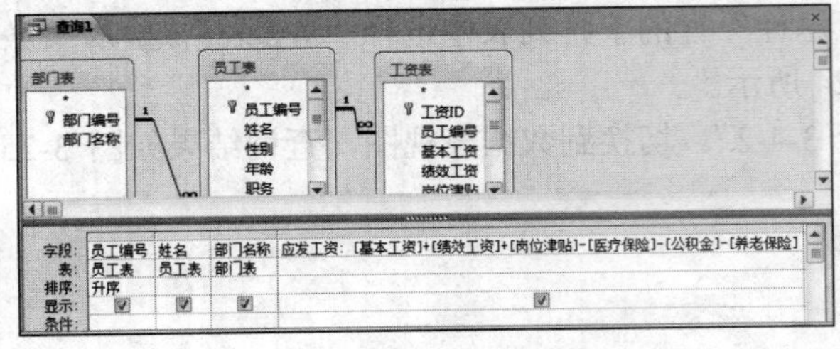

图 3-26　定义计算字段

实验3-5

员工编号	姓名	部门名称	应发工资
210001	李强	后勤部	¥7,080.00
210002	杜娜	后勤部	¥4,310.00
210003	王宝芬	后勤部	¥3,620.00
210004	王成钢	后勤部	¥4,420.00
220001	陈好	生产部	¥6,910.00
220002	苏家强	生产部	¥6,010.00

记录: 第 1 项(共 20 项　无筛选器　搜索

图 3-27　“实验 3-5”查询结果

练一练

在“员工管理”数据库中，根据“员工表”，计算每个员工的工龄，显示“员工编号”“姓名”“性别”“工龄”字段，并将查询保存为“练习 3-5”。

提示：工龄的计算方法为今天的年份减去参加工作的年份。

任务 3.6　创建参数查询

1. 任务要求

1）以“实验 3-5”的查询结果为数据源，根据用户输入的“部门名称”，查找并显示该部门员工的“部门名称”“姓名”“应发工资”字段，并将查询保存为“实验 3-6-1”。

2）根据“员工表”创建一个参数查询，查找某种学历在某个时间范围内参加工作的员工，显示其对应的“员工编号”“姓名”“性别”“学历”“工作时间”字段，并将查询保存为“实验 3-6-2”。

2. 操作步骤

1）按部门创建单参数查询。

（1）添加查询。单击“创建”选项卡“查询”组中的“查询设计”按钮，在弹出的“显示表”对话框中，单击“查询”选项卡，如图 3-28 所示，将“实验 3-5”查询添加到设计视图的上方。

（2）添加字段。将“部门名称”“姓名”“应发工资”字段添加到设计网格区的“字段”行。

（3）设置参数条件。在“部门名称”字段列的“条件”行输入“[请输入查询的部门名称]”，如图 3-29 所示。

注意：“条件”行的方括号“[ ]”必须为半角英文符号。

（4）保存查询，将其命名为“实验 3-6-1”。

（5）运行查询。单击“设计”选项卡“结果”组中的“运行”按钮，或切换到数据表视图，弹出“输入参数值”对话框，如图 3-30 所示，输入要查找的部门名称，单击“确定”按钮，显示查询结果，如图 3-31 所示。若输入的条件无效，则不显示任何数据。

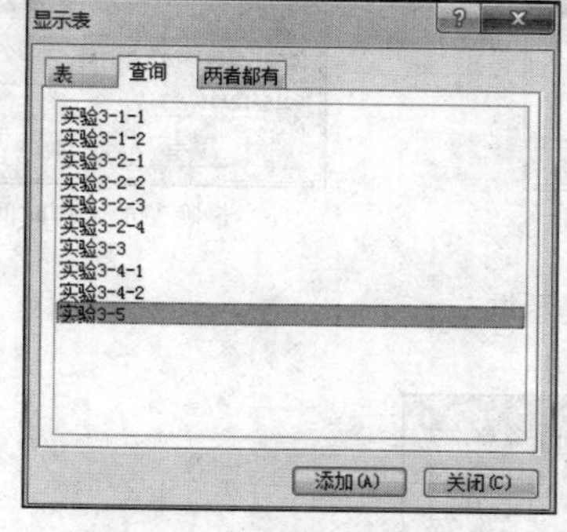

图 3-28　“显示表”对话框

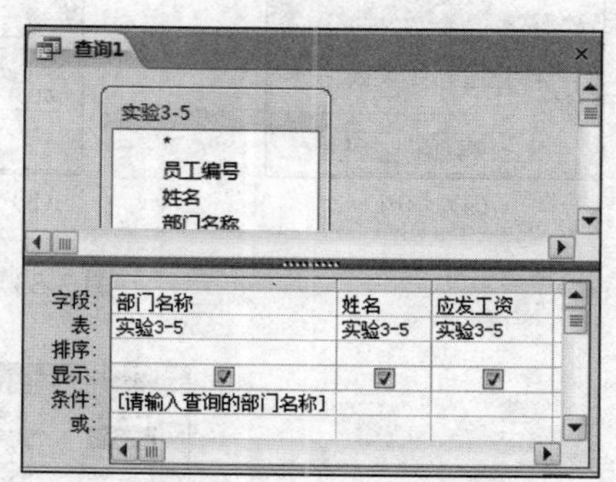

图 3-29　设置单参数查询

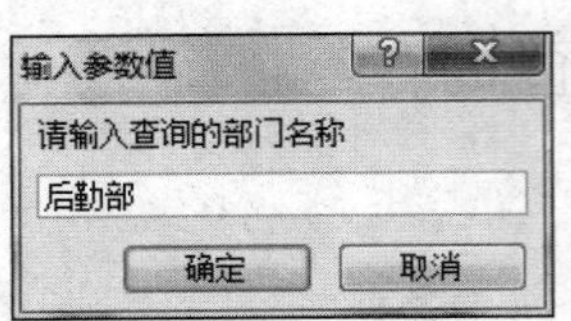

图 3-30　“输入参数值”对话框

实验3-6-1

部门名称	姓名	应发工资
后勤部	李强	¥7,080.00
后勤部	杜娜	¥4,310.00
后勤部	王宝芬	¥3,620.00
后勤部	王成钢	¥4,420.00

记录: 第 1 项(共 4 项)　无筛选器

图 3-31　“实验 3-6-1”查询结果

2）按学历和工作时间创建多参数查询。

（1）打开查询的设计视图，添加“员工表”。

（2）将“员工编号”“姓名”“性别”“学历”“工作时间”字段添加到设计网格区的“字段”行。

（3）在“学历”字段列“条件”行输入“[请输入查询的学历]”，在“工作时间”的“条件”行输入“Between [请输入最早参加工作时间] And [请输入最晚参加工作时间]”，设计结果如图 3-32 所示。

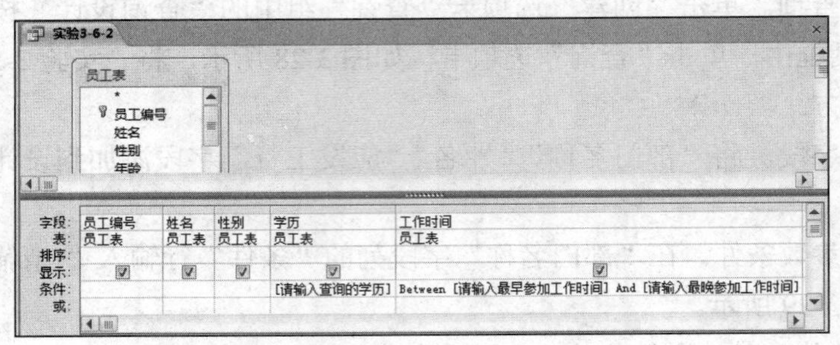

图 3-32　设置多参数查询

（4）保存查询，将其命名为“实验 3-6-2”。

（5）运行查询，依次弹出 3 个“输入参数值”对话框，分别输入相应的内容，如图 3-33 所示，依次单击“确定”按钮，查询结果如图 3-34 所示。

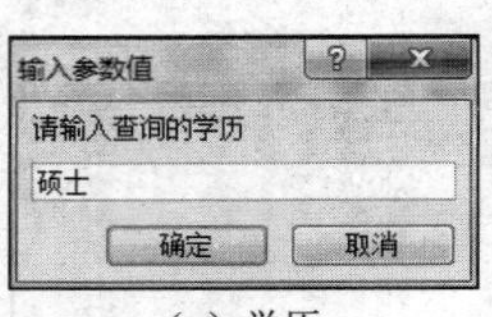

（a）学历

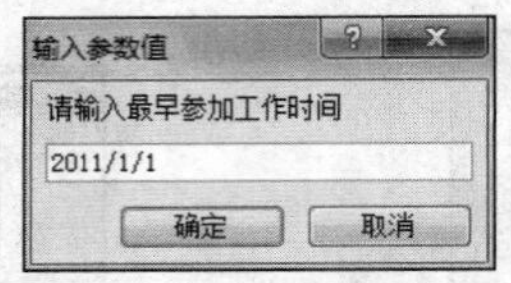

（b）最早参加工作时间

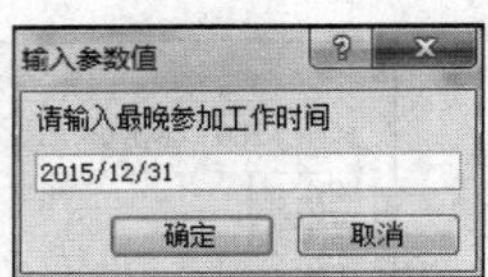

（c）最晚参加工作时间

图 3-33　多参数输入提示框

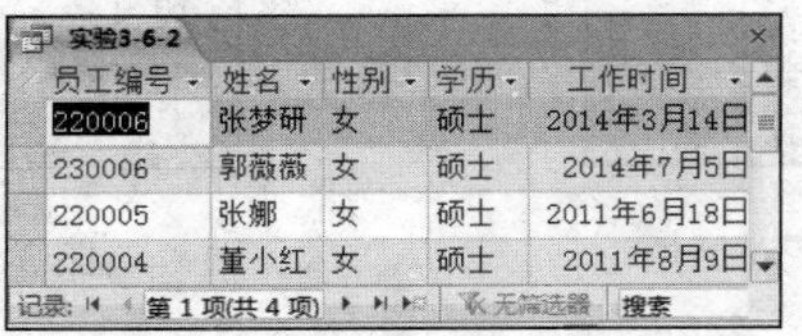

实验3-6-2

员工编号	姓名	性别	学历	工作时间
220006	张梦研	女	硕士	2014年3月14日
230006	郭薇薇	女	硕士	2014年7月5日
220005	张娜	女	硕士	2011年6月18日
220004	董小红	女	硕士	2011年8月9日

记录: 第 1 项(共 4 项)　无筛选器　搜索

图 3-34　“实验 3-6-2”查询结果

任务 3.7　创建交叉表查询

1. 任务要求

1）使用查询向导创建一个交叉表查询，统计各职务员工的学历分布情况，并将查询保存为“实验 3-7-1”。

2）使用查询设计视图创建一个交叉表查询，根据“部门表”“员工表”“工资表”统计各部门不同职务员工的岗位津贴平均值，并将查询保存为“实验 3-7-2”。

2. 操作步骤

1）利用向导创建各职务员工学历分布交叉表。

（1）打开“员工管理”数据库，单击“创建”选项卡“查询”组中的“查询向导”按钮，弹出“新建查询”对话框（见图 3-1），选择“交叉表查询向导”选项。

（2）指定数据源。单击“确定”按钮，弹出“交叉表查询向导”第 1 个对话框，如图 3-35 所示，选择“表: 员工表”作为数据源。

（3）指定行标题。单击“下一步”按钮，弹出“交叉表查询向导”第 2 个对话框，如图 3-36 所示，将“职务”字段添加到“选定字段”列表框中，作为交叉表的行标题。

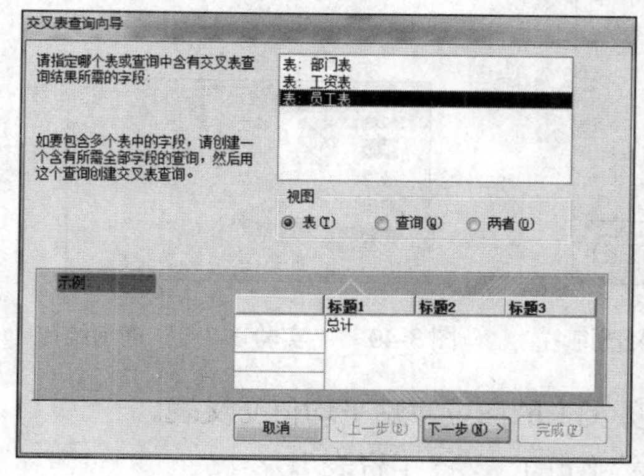

图 3-35　“交叉表查询向导”第 1 个对话框——指定数据源

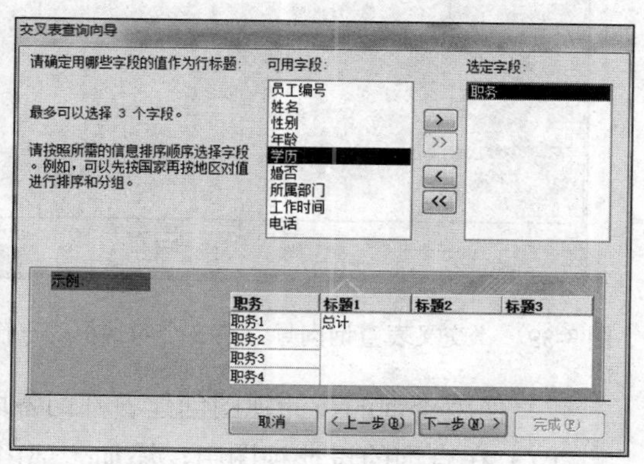

图 3-36　“交叉表查询向导”第 2 个对话框——指定行标题

（4）指定列标题。单击“下一步”按钮，弹出“交叉表查询向导”第 3 个对话框，如图 3-37 所示，选择“学历”字段作为交叉表的列标题。

（5）指定统计字段。单击“下一步”按钮，弹出“交叉表查询向导”第 4 个对话框，确定作为行和列交叉点的计算字段，如图 3-38 所示，在“字段”列表框中选择“员工编号”选项，在“函数”列表框中选择“Count”选项。本任务不需要在交叉表的每行前面显示小计，取消“是，包括各行小计”复选框的选中状态。

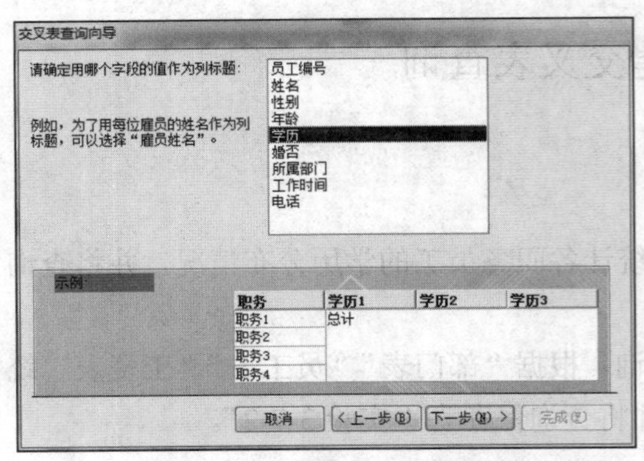

图 3-37　“交叉表查询向导”第 3 个对话框——指定列标题

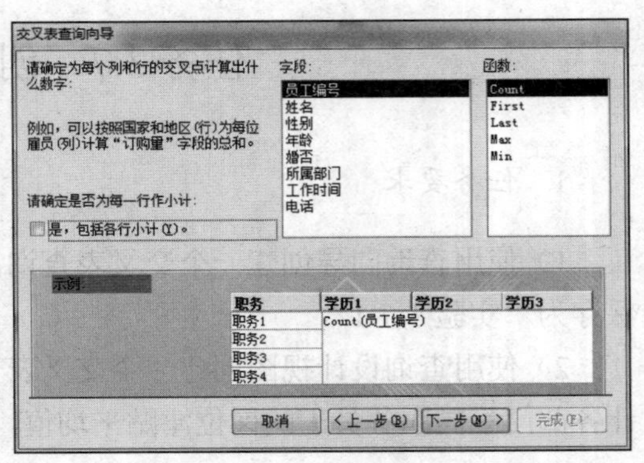

图 3-38　“交叉表查询向导”第 4 个对话框——指定计算数据

（6）输入文件名。单击“下一步”按钮，弹出“交叉表查询向导”第 5 对话框，如图 3-39 所示，输入查询名称为“实验 3-7-1”，单击“完成”按钮，查询结果如图 3-40 所示。

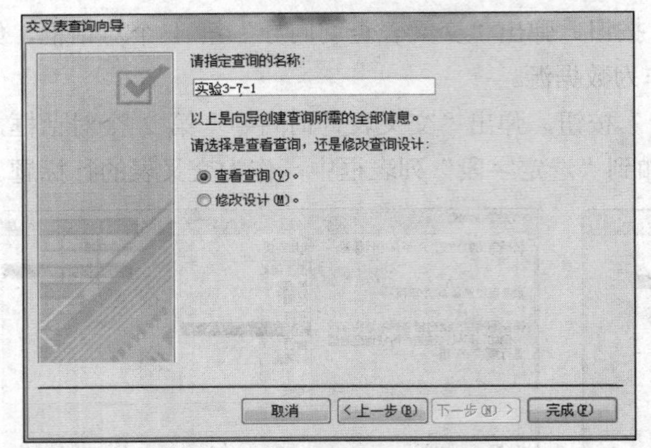

图 3-39　“交叉表查询向导”第 5 个对话框——输入查询名

实验3-7-1

职务	本科	博士	硕士	专科
顾问			1	
经理	2		1	
职员	3	2	7	1
主管	1	1	1	

记录：第 1 项(共 4 项)　无筛选器

图 3-40　“实验 3-7-1”查询结果

2）使用查询的设计视图创建各部门各职务员工的岗位津贴平均值交叉表。

（1）在查询的设计视图中，添加“部门表”“员工表”“工资表”。

（2）将“部门名称”“职务”“岗位津贴”字段添加到“字段”行。

（3）单击“设计”选项卡“查询类型”组中的“交叉表”按钮，查询的设计网格区增加了“总计”行和“交叉表”行。

（4）在“交叉表”行的“部门名称”列的下拉列表中选择“行标题”选项，“职务”列的下拉列表中选择“列标题”选项，“岗位津贴”列的下拉列表中选择“值”选项。在“总计”行的“岗位津贴”列的下拉列表中选择“平均值”选项，设计结果如图 3-41 所示。

（5）保存查询，将其命名为“实验 3-7-2”。切换到数据表视图，查询结果如图 3-42 所示。

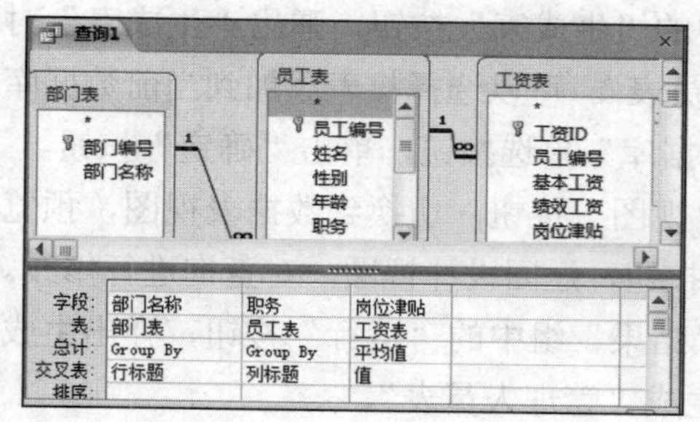

图 3-41　“各部门各职务岗位津贴平均值交叉表”设计视图

实验3-7-2

部门名称	顾问	经理	职员	主管
后勤部		¥1,500.00	¥966.67	
人力资源部			¥900.00	¥1,200.00
生产部	¥1,400.00	¥1,500.00	¥950.00	¥1,200.00
市场部		¥1,500.00	¥900.00	¥1,200.00

记录: 第 1 项(共 4 项)　无筛选器　搜索

图 3-42　“实验 3-7-2”查询结果

练一练

使用设计视图创建一个交叉表查询，在“教学管理”数据库中，根据“学生”“选课”“课程”3 个表，统计各班级（学号的前 4 位为班级）每门课程的最高分，将查询保存为“练习 3-7”。

提示：行标题字段的定义方法为“班级:Left([学生].[学号],4)”。

任务 3.8　创建操作查询——生成表查询

1. 任务要求

根据“部门表”“员工表”“工资表”，为职务是“经理”“顾问”“主管”的员工生成一个新表，设置表名为“管理人员表”，包括“员工编号”“姓名”“职务”“部门名称”“基本工资”“绩效工资”“岗位津贴”字段，并将查询保存为“实验 3-8”。

2. 操作步骤

（1）打开查询的设计视图，添加“部门表”“员工表”“工资表”。

（2）将“员工编号”“姓名”“职务”“部门名称”“基本工资”“绩效工资”“岗位津贴”字段添加到设计网格区的“字段”行。

（3）在“职务”字段列的“条件”行输入“In ("经理","顾问","主管")”，设计结果如图 3-43 所示。

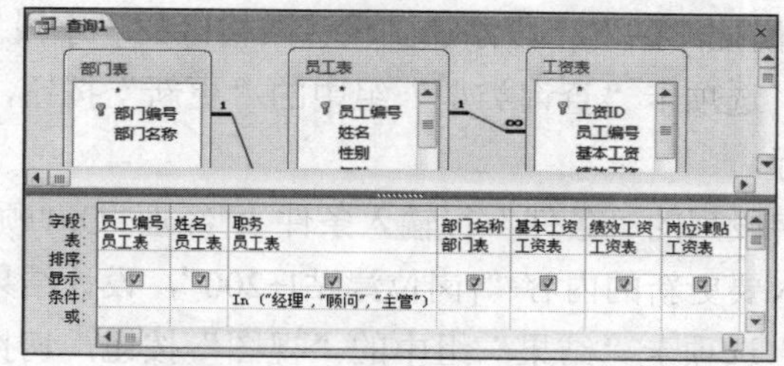

图 3-43　生成表查询设计

（4）单击“设计”选项卡“查询类型”组中的“生成表”按钮，弹出“生成表”对话框，如图 3-44 所示，输入表名称为“管理人员表”。可以选择将表添加到当前数据库或已经存在的另一数据库，本任务选中“当前数据库”单选按钮，单击“确定”按钮。

（5）单击“设计”选项卡“结果”组中的“视图”按钮，切换到数据表视图，预览新生成的表。若有问题，可以再次单击“视图”按钮，返回设计视图，对查询进行修改。

（6）在设计视图中，单击“设计”选项卡“结果”组中的“运行”按钮，弹出生成表提示框，如图 3-45 所示。单击“是”按钮，生成“管理人员表”。

图 3-44　“生成表”对话框

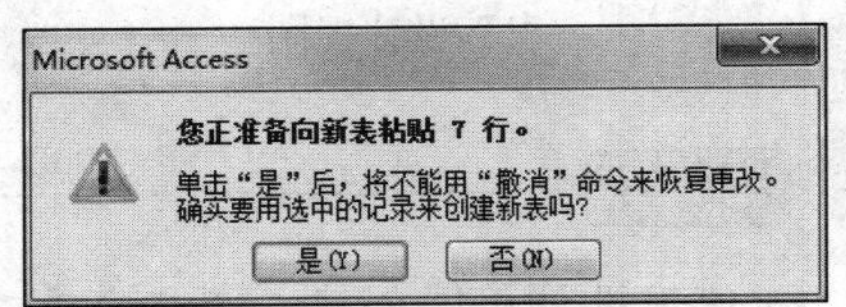

图 3-45　生成表提示框

（7）保存查询，将其命名为“实验 3-8”。

练一练

根据“教学管理”数据库中的“学生”表，生成少数民族学生数据表，设置表名为“Student”，表中包括“学号”“姓名”“性别”“民族”“入学成绩”“党员否”“个人特长”字段，并将查询保存为“练习 3-8”。

任务 3.9　创建操作查询——更新查询

1. 任务要求

创建更新查询，根据任务 3.8 生成的“管理人员表”，将职务是“经理”或“顾问”的员工的岗位津贴增加 200 元，并将查询保存为“实验 3-9”。

2. 操作步骤

（1）打开查询的设计视图，添加“管理人员表”。

（2）将“职务”“岗位津贴”字段添加到设计网格区的“字段”行。

（3）单击“设计”选项卡“查询类型”组中的“更新”按钮，在查询设计网格区中自动添加“更新到”行。

（4）在“职务”字段列的“条件”行输入条件“"经理" Or "顾问"”，在“岗位津贴”列的“更新到”行输入要更新的内容“[岗位津贴]+200”，设计结果如图 3-46 所示。

（5）单击“设计”选项卡“结果”组中的“视图”按钮，切换到数据表视图，预览要更新的一组记录。

（6）在设计视图中，单击“设计”选项卡“结果”组中的“运行”按钮，弹出更新提示框，如图3-47所示。单击“是”按钮，更新满足条件的所有记录。

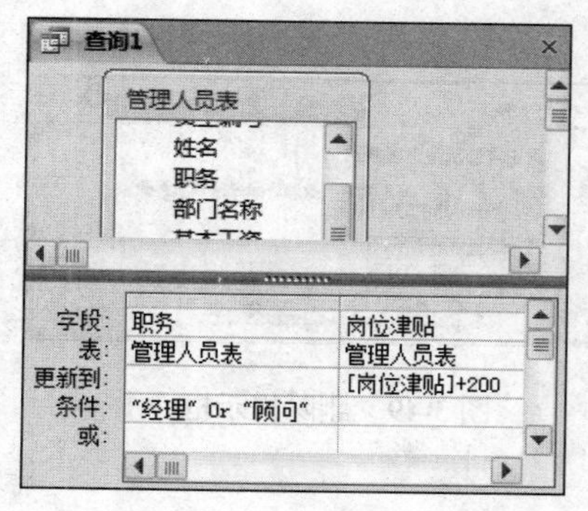

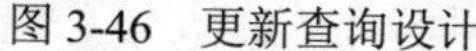
图3-46 更新查询设计

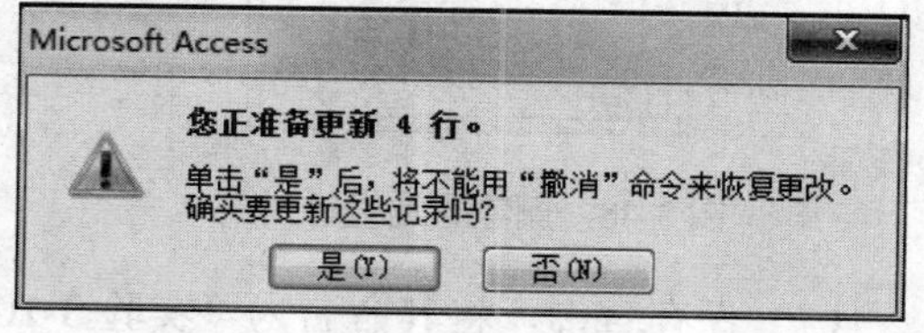

图3-47 更新提示框

（7）保存查询，将其命名为“实验3-9”。

注意：更新查询每执行一次，就会对数据源表更新一次，所以更新查询只需执行一次。

练一练

在“教学管理”数据库中，将根据“练习3-8”生成的“Student”表中的党员学生的“入学成绩”增加5分，并将查询保存为“练习3-9”。

任务3.10 创建操作查询——删除查询

1. 任务要求

创建删除查询，将“管理人员表”中姓王的员工删除，并将查询保存为“实验3-10”。

2. 操作步骤

（1）打开查询的设计视图，添加“管理人员表”。

（2）双击字段列表中的“*”，将所有字段添加到设计网格区的“字段”行，再次添加“姓名”字段，用于设置条件。

（3）单击“设计”选项卡“查询类型”组中的“删除”按钮，查询设计网格区会自动添加“删除”行。

（4）在“姓名”列的“条件”行中输入“Like "王*"”，设置结果如图3-48所示。

（5）单击“设计”选项卡“结果”组中的“视图”按钮，切换到数据表视图，预览要删除的记录。

（6）在设计视图中，单击“设计”选项卡“结果”组中的“运行”按钮，弹出删除提示框，如图3-49所示。单击“是”按钮，删除满足条件的所有记录。

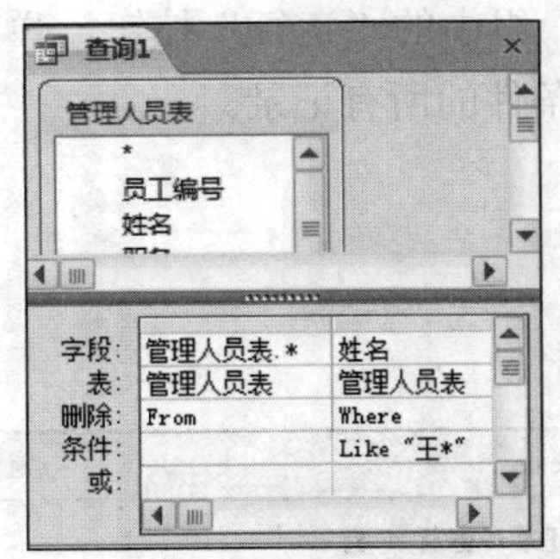

图 3-48 删除查询设计

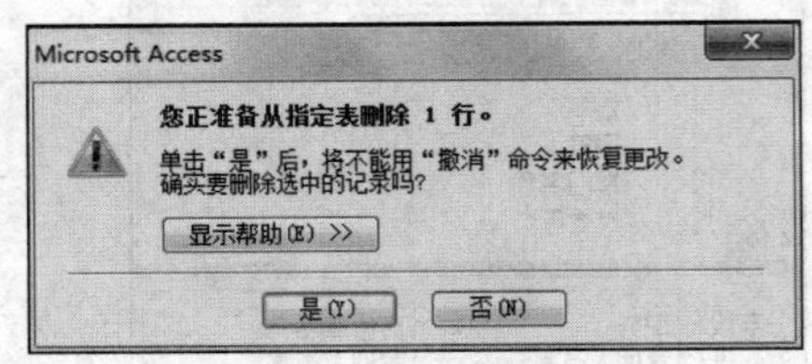

图 3-49 删除提示框

（7）保存查询，将其命名为“实验 3-10”。

练一练

在“教学管理”数据库中，将根据“练习 3-8”生成的“Student”表中的个人特长包含“绘画”的记录删除，并将查询保存为“练习 3-10”。

任务 3.11 创建操作查询——追加查询

1. 任务要求

创建追加查询，根据“部门表”“员工表”“工资表”，查询“职员”职务、基本工资最高的“员工编号”“姓名”“职务”“部门名称”“基本工资”“绩效工资”“岗位津贴”信息，追加到“管理人员表”中，并将查询保存为“实验 3-11”。

2. 操作步骤

（1）打开查询的设计视图，添加“部门表”“员工表”“工资表”。

（2）将“员工编号”“姓名”“职务”“部门名称”“基本工资”“绩效工资”“岗位津贴”字段添加到设计网格区的“字段”行。

（3）单击“设计”选项卡“查询类型”组中的“追加”按钮，弹出“追加”对话框，如图 3-50 所示，在“表名称”的下拉列表中选择“管理人员表”选项，选中“当前数据库”单选按钮。

图 3-50 “追加”对话框

（4）单击“确定”按钮，在查询设计网格区自动添加“追加到”行，并显示“员工编号”“姓名”“职务”“部门名称”“基本工资”“绩效工资”“岗位津贴”字段。

（5）在“职务”字段列的“条件”行输入条件“职员”，在“基本工资”字段列的“排序”行和下拉列表中选择“降序”选项，将“设计”选项卡“查询设置”组中的“返回”上限值设置为“1”。设计结果如图 3-51 所示。

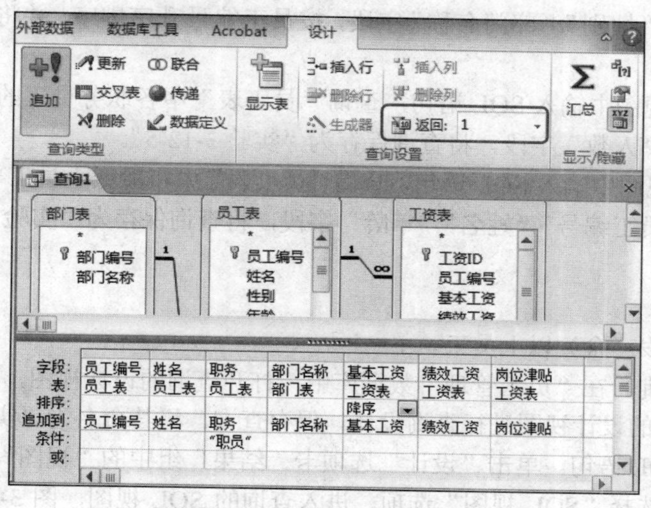

图 3-51　追加查询设计

（6）单击“设计”选项卡“结果”组中的“视图”按钮，切换到数据表视图，预览要追加的记录。

（7）在设计视图中，单击“设计”选项卡“结果”组中的“运行”按钮，弹出追加查询提示框，单击“是”按钮，将满足条件的记录追加到“管理人员表”中。

（8）保存查询，将其命名为“实验 3-11”。

练一练

在“教学管理”数据库中，将“学生”表中汉族学生中入学成绩最高的前两名同学的“学号”“姓名”“性别”“民族”“入学成绩”“党员否”“个人特长”字段追加到“Student”表中，并将查询保存为“练习 3-11”。

任务 3.12　SQL 查询——数据查询

1. 任务要求

1）使用查询的设计视图创建查询，根据“员工表”查询 40 岁（含）以上员工的“员工编号”“姓名”“性别”“年龄”“职务”字段。切换到 SQL 视图，查看系统自动生成的 SQL 语句，将查询保存为“实验 3-12-1”。

2）在 SQL 视图中输入 SQL 语句，查询“员工表”中的职务（重复的职务只显示一个），将查询保存为“实验 3-12-2”。

3）在 SQL 视图中输入 SQL 语句，查询“员工表”中硕士毕业的女员工，显示其对应的“员工编号”“姓名”“性别”“年龄”“职务”字段，按年龄降序排序，并将查询保存为“实验 3-12-3”。

4）在 SQL 视图中输入 SQL 语句，根据 “员工表”和“部门表”，查询员工的“员工编号”“姓名”“性别”“部门名称”字段，按员工编号升序排序，并将查询保存为“实验 3-12-4”。

5）在 SQL 视图中输入 SQL 语句，查询“员工表”中各职务员工的人数，显示其对应的“职务”和“人数”字段，将查询保存为“实验 3-12-5”。

6）在 SQL 视图中输入 SQL 语句，查询“员工表”中年龄低于员工平均年龄的员工，显示其对应的“员工编号”“姓名”“年龄”字段，将查询保存为“实验 3-12-6”。

2. 操作步骤

1）查询 40 岁（含）以上员工。

（1）创建查询。在“员工管理”数据库中，打开查询的设计视图，添加“员工表”，按照图 3-52 所示的设计视图进行查询设计。保存查询，将其命名为“实验 3-12-1”。

（2）查看 SQL 语句。单击“设计”选项卡“结果”组中的“视图”下拉按钮，在打开的下拉列表中选择“SQL 视图”选项，进入查询的 SQL 视图，图 3-53 所示为系统自动生成的 SQL 语句。

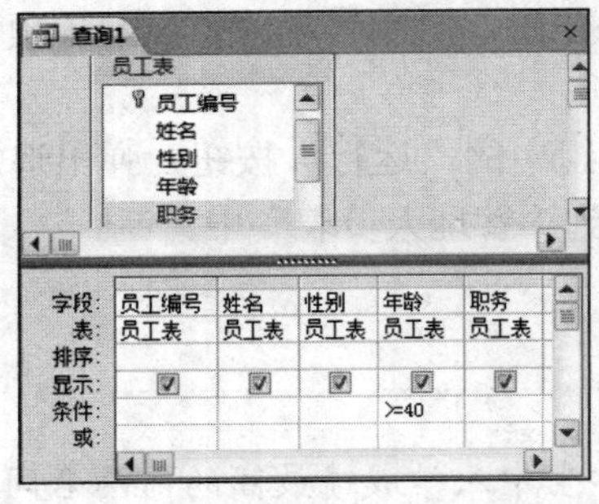

图 3-52　查询设计视图

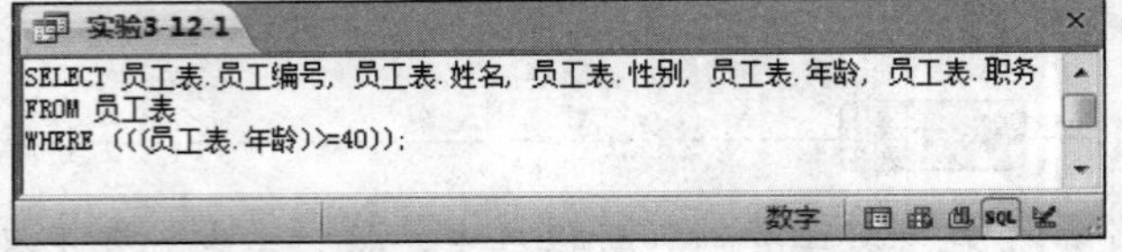

图 3-53　SQL 视图下生成的 SQL 语句

上面的 SQL 语句也可以简写如下。

```
SELECT 员工编号,姓名,性别,年龄,职务
FROM 员工表
WHERE 年龄>=40;
```

（3）查看结果。单击“设计”选项卡“结果”组中的“运行”按钮，或切换到数据表视图，浏览结果。

2）查询“员工表”中的职务。

（1）打开查询的设计视图。单击“创建”选项卡“查询”组中的“查询设计”按钮，关闭“显示表”对话框，进入查询的设计视图。

（2）打开查询的 SQL 视图。单击“设计”选项卡“结果”组中的“SQL 视图”按钮，进入查询的 SQL 视图。

（3）输入 SQL 语句。在查询的 SQL 视图中输入如下语句。

```
SELECT DISTINCT 职务
FROM 员工表;
```

（4）保存、运行查询。保存查询，将其命名为“实验 3-12-2”。单击“设计”选项卡“结果”组中的“运行”按钮，查询结果如图 3-54 所示。

3）查询硕士毕业的女员工。

（1）打开查询的 SQL 视图，输入如下语句。

```
SELECT 员工编号, 姓名, 性别, 年龄, 职务
FROM 员工表
WHERE 学历="硕士" AND 性别="女"
ORDER BY 年龄 DESC;
```

（2）保存查询，将其命名为“实验 3-12-3”。单击“设计”选项卡“结果”组中的“运行”按钮，查询结果如图 3-55 所示。

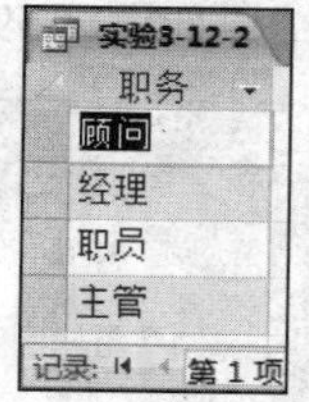

图 3-54　“实验 3-12-2”查询结果

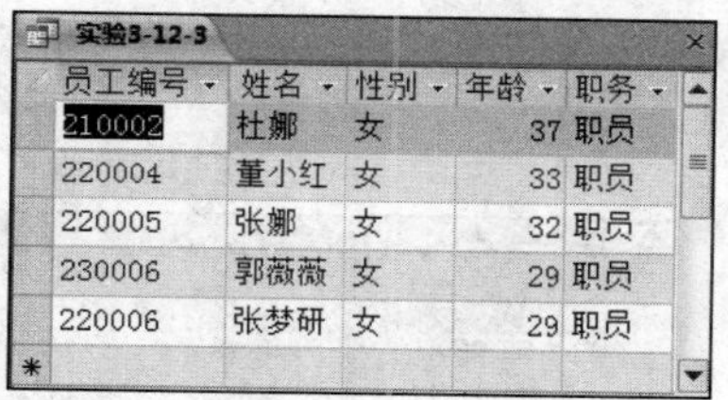

图 3-55　“实验 3-12-3”查询结果

4）查询员工的部门信息。

（1）打开查询的 SQL 视图，输入如下语句。

```
SELECT 员工编号,姓名,性别,部门名称
FROM 员工表,部门表
WHERE 员工表.所属部门=部门表.部门编号
ORDER BY 员工编号;
```

（2）保存查询，将其命名为“实验 3-12-4”。单击“设计”选项卡“结果”组中的“运行”按钮，查询结果如图 3-56 所示。

5）查询各职务员工的人数。

（1）打开查询的 SQL 视图，输入如下语句。

```
SELECT 职务, COUNT(*) AS 人数
FROM 员工表
GROUP BY 职务;
```

（2）保存查询，将其命名为“实验 3-12-5”。运行查询，结果如图 3-57 所示。

实验3-12-4

员工编号	姓名	性别	部门名称
210001	李强	男	后勤部
210002	杜娜	女	后勤部
210003	王宝芬	女	后勤部
210004	王成钢	男	后勤部
220001	陈好	女	生产部
220002	苏家强	男	生产部
220003	王福民	男	生产部
220004	董小红	女	生产部
220005	张娜	女	生产部

记录: 第 1 项(共 20 项)　无筛选器

图 3-56　“实验 3-12-4”查询结果

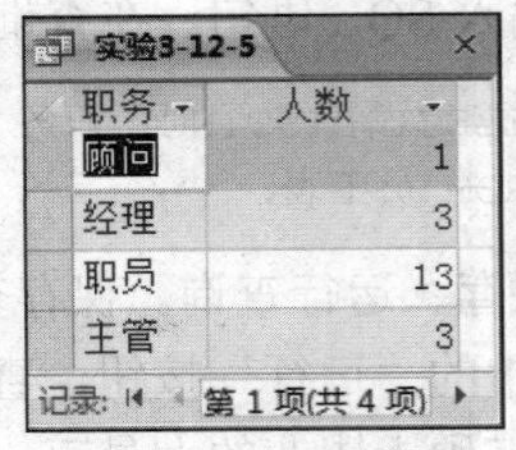
实验3-12-5

职务	人数
顾问	1
经理	3
职员	13
主管	3

记录: 第 1 项(共 4 项)

图 3-57　“实验 3-12-5”查询结果

6）查询低于员工平均年龄的员工。

（1）打开查询的 SQL 视图，输入如下语句。

```
SELECT 员工编号,姓名,年龄
FROM 员工表
WHERE 年龄<(SELECT AVG(年龄) FROM 员工表);
```

（2）切换到查询的设计视图，查看对应的查询设计，如图 3-58 所示。

（3）保存查询，将其命名为“实验 3-12-6”。运行查询，结果如图 3-59 所示。

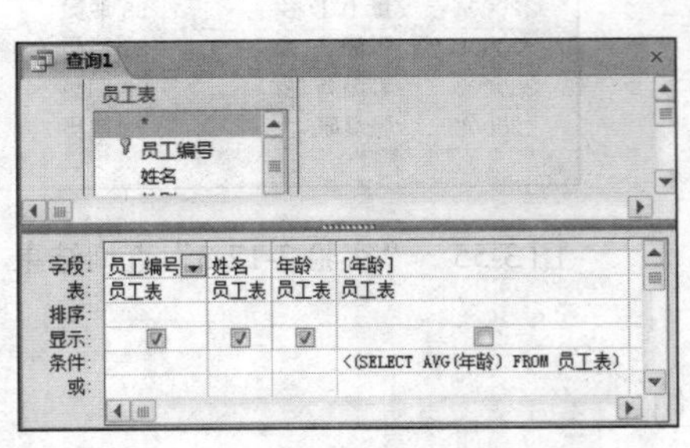

图 3-58　查询设计视图

实验3-12-6

员工编号	姓名	年龄
220006	张梦研	29
240002	赵薇	29
240003	吴晓军	31
230004	程金鑫	27
240001	王刚	26
230005	李小红	30
230006	郭薇薇	29
220007	王刚	25
220005	张娜	32
220004	董小红	33

记录: 第 1 项(共 10 项)

图 3-59　“实验 3-12-6”查询结果

任务 3.13　SQL 查询——数据定义

1. 任务要求

1）创建表结构。使用 SQL 语句创建“系统管理员表”，表结构如表 3-1 所示，并将查询保存为“实验 3-13-1”。

表 3-1　“系统管理员表”表结构

字段名	数据类型	字段大小	主键字段
管理员编号	文本	8	管理员编号
用户名	文本	10	

续表

字段名	数据类型	字段大小	主键字段
密码	文本	6	管理员编号
备注	文本	15	

2）修改表结构。使用 SQL 语句删除“系统管理员表”中的“备注”字段，将查询保存为“实验 3-13-2”。

3）删除表。使用 SQL 语句删除“系统管理员表”，将查询保存为“实验 3-13-3”。

2. 操作步骤

1）创建表结构。

（1）打开查询的 SQL 视图，输入如下语句。

```
CREATE TABLE 系统管理员表(管理员编号 CHAR(8) Primary Key,用户名 CHAR(10),
密码 CHAR(6),备注 CHAR(15));
```

（2）保存查询，将其命名为“实验 3-13-1”。

（3）运行查询，完成“系统管理员表”的创建。

（4）在导航窗格中右击“系统管理员表”，在弹出的快捷菜单中选择“设计视图”命令，打开表的设计视图，如图 3-60 所示，查看表结构。

2）修改表结构。

（1）打开查询的 SQL 视图，输入如下语句。

```
ALTER TABLE 系统管理员表 DROP 备注;
```

（2）保存查询，将其命名为“实验 3-13-2”。

（3）运行查询，完成“备注”字段的删除。

（4）在设计视图中打开“系统管理员表”，如图 3-61 所示，查看删除字段后的表结构。

图 3-60 新创建的“系统管理员表”

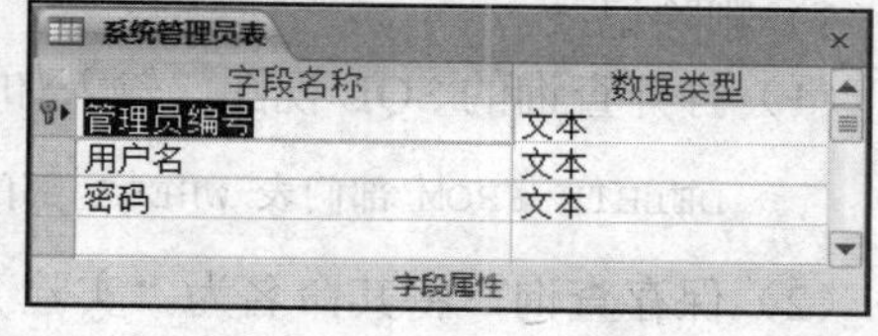

图 3-61 删除“备注”字段

3）删除表。

（1）打开查询的 SQL 视图，输入如下语句。

```
DROP TABLE 系统管理员表;
```

（2）保存查询，将其命名为“实验 3-13-3”。

（3）运行查询，完成“系统管理员表”的删除。

任务 3.14　SQL 查询——数据操作

1. 任务要求

1）插入记录。使用 SQL 语句向“部门表”中插入一条新记录，部门编号为“88”，部门名称为“技术部”，将查询保存为“实验 3-14-1”。

2）更新记录。使用 SQL 语句将“部门表”中的“技术部”的部门编号修改为“25”，将查询保存为“实验 3-14-2”。

3）删除记录。使用 SQL 语句删除“部门表”中的“技术部”的记录，将查询保存为“实验 3-14-3”。

2. 操作步骤

1）插入记录。

（1）打开查询的 SQL 视图，输入如下语句。

```
INSERT INTO 部门表(部门编号,部门名称) VALUES("88","技术部");
```

（2）保存查询，将其命名为“实验 3-14-1”。

（3）运行查询，在弹出的确认追加提示框中单击“是”按钮。

（4）打开“部门表”的数据表视图，查看插入记录后的数据表，如图 3-62 所示。

2）更新记录。

（1）打开查询的 SQL 视图，输入如下语句。

```
UPDATE 部门表 SET 部门编号="25" WHERE 部门名称="技术部";
```

（2）保存查询，将其命名为“实验 3-14-2”。

（3）运行查询，在弹出的确认更新提示框中单击“是”按钮。

（4）打开“部门表”的数据表视图，查看更新记录后的数据表，如图 3-63 所示。

3）删除记录。

（1）打开查询的 SQL 视图，输入如下语句。

```
DELETE FROM 部门表 WHERE 部门名称="技术部";
```

（2）保存查询，将其命名为“实验 3-14-3”。

（3）运行查询，在弹出的确认删除提示框中单击“是”按钮。

（4）打开“部门表”的数据表视图，查看删除记录后的数据表，如图 3-64 所示。

部门表

部门编号	部门名称
21	后勤部
22	生产部
23	市场部
24	人力资源部
88	技术部

记录: 第 1 项(共 5 项)

图 3-62　插入记录结果

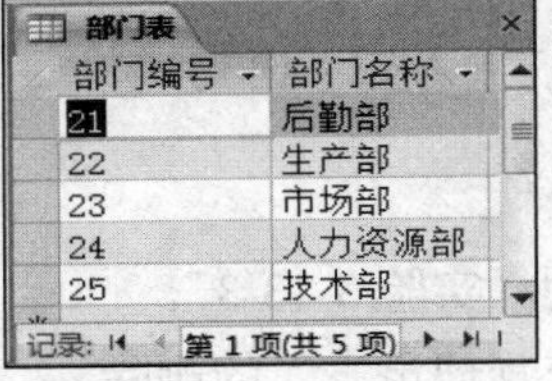

部门表

部门编号	部门名称
21	后勤部
22	生产部
23	市场部
24	人力资源部
25	技术部

记录: 第 1 项(共 5 项)

图 3-63　更新记录结果

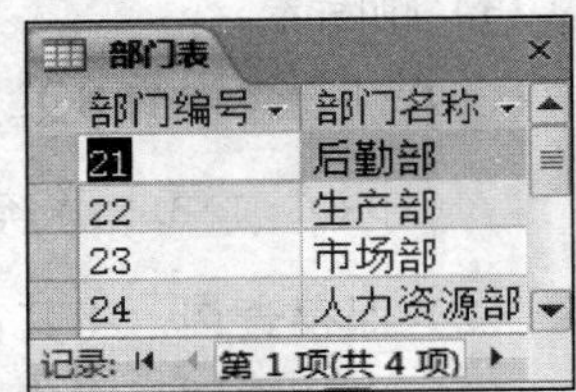

部门表

部门编号	部门名称
21	后勤部
22	生产部
23	市场部
24	人力资源部

记录: 第 1 项(共 4 项)

图 3-64　删除记录结果

综合练习

【综合练习 3.1】在“综合练习 3.1”文件夹下有一个数据库文件“项目管理.accdb”，其中已经设计好表对象“tAttend”“tEmployee”“tWork”，完成以下操作。

（1）创建一个查询，查找并显示“姓名”“项目名称”“承担工作”字段的内容，将查询保存为“综合 3-1-1”。

（2）创建一个查询，查找并显示项目经费在 10000 元以下(包括 10000 元)的“项目名称”和“项目来源”两个字段的内容，将查询保存为“综合 3-1-2”。

（3）创建一个查询，将所有记录的“经费”字段值增加 2000 元，将查询保存为“综合 3-1-3”。

（4）创建一个查询，设计一个名为“单位奖励”的计算字段，计算公式为“单位奖励=经费×10%”，显示“tWork”表中的所有字段和“单位奖励”字段，并将查询保存为“综合 3-1-4”。

【综合练习 3.2】在“综合练习 3.2”文件夹下有一个数据库文件“成绩管理.accdb”，其中有 3 个已经设计好的关联表对象“tStud”“tCourse”“tScore”及表对象“tTmp”，完成以下操作。

（1）创建一个查询，查找并显示照片信息为空的男同学的“学号”“姓名”“性别”“年龄”字段，将查询保存为“综合 3-2-1”。

（2）创建一个查询，查找并显示选课学生的“姓名”和“课程名”字段，将查询保存为“综合 3-2-2”。

（3）创建一个查询，计算选课学生的平均分数，显示对应的“学号”和“平均分”字段，按照平均分降序排列，将查询保存为“综合 3-2-3”。

（4）创建一个查询，将表对象“tTmp”中女员工编号的第 1 个字符更改为“1”，将查询保存为“综合 3-2-4”。

提示：

① 步骤（1）中空值的表示方法为“Is Null”。

② 步骤（2）中需要添加“tStud”“tCourse”“tScore”表，并建立表之间的关系。

③ 步骤（4）中提取部分员工编号可以使用 Mid( )或 Right( )函数。

【综合练习 3.3】在“综合练习 3.3”文件夹下有一个数据库文件“图书管理.accdb”，其中已经设计好表对象“tBook”，完成以下操作。

（1）创建一个查询，查找每个“类别”图书的最高单价，显示“类别”和“最高单价”字段，将查询保存为“综合 3-3-1”。

（2）创建一个查询，查找单价大于等于 15 且小于等于 20 的图书，显示“书名”“单价”“作者名”“出版社名称”字段，将查询保存为“综合 3-3-2”。

（3）创建一个查询，按出版社名称查找某出版社的图书信息，并显示图书的“书名”“单价”“作者名”“出版社名称”字段。当运行该查询时，应显示参数提示信息“请输入出版社名称:”，将查询保存为“综合 3-3-3”。

（4）创建一个查询，按“类别”字段分组统计每类图书数量在 5 种以上（含 5 种）图书的平均价格，显示“类别”和“平均单价”字段，将查询保存为“综合 3-3-4”。

注意：要求按图书编号来统计图书数量。

【综合练习 3.4】在“综合练习 3.4”文件夹下有一个数据库文件“学生管理.accdb”，其中有 3 个已经设计好的关联表对象“tStud”“tCourse”“tScore”和一个空表“tTemp”。完成以下操作。

（1）创建一个查询，统计人数在 5 人以上（不含 5）的院系的人数，显示“院系号”和“人数”字段，将查询保存为“综合 3-4-1”。

注意：要求按学号来统计人数。

（2）创建一个查询，查找非“04”院系的选课学生信息，显示“姓名”“课程名”“成绩”字段，将查询保存为“综合 3-4-2”。

（3）创建一个查询，查找还未选课的学生的姓名，将查询保存为“综合 3-4-3”。

（4）创建一个查询，将前 5 条记录的学生信息追加到表“tTemp”的对应字段中，将查询保存为“综合 3-4-4”。

提示：步骤（3）中可使用“查找不匹配查询向导”创建查询。

【综合练习 3.5】在“综合练习 3.5”文件夹下有一个数据库文件“选课管理.accdb”，其中有 3 个已经设计好的关联表对象“tStud”“tCourse”“tScore”和一个空表“tTemp”。完成以下操作。

（1）创建一个查询，查找并显示入校时间非空且年龄最大的男同学信息，显示其“学号”“姓名”“所属院系”字段，将查询保存为“综合 3-5-1”。

（2）创建一个查询，查找姓名由 3 个或 3 个以上字符构成的学生信息，显示其“姓名”和“性别”字段，将查询保存为“综合 3-5-2”。

（3）创建一个查询，行标题显示学生性别，列标题显示所属院系，统计出各院系男女生的平均年龄，将查询保存为“综合 3-5-3”。

（4）创建一个查询，将表对象“tTemp”中年龄为偶数的主管人员的“简历”字段清空，将查询保存为“综合 3-5-4”。

提示：

① 步骤（1）中查询最大年龄的实现方法：按年龄降序排序，返回第一条记录。

② 步骤（3）中创建交叉表查询。

③ 步骤（4）中判断年龄为偶数的方法：[年龄] Mod 2=0。

实验 4 设 计 窗 体

进行实验 4 的所有实验操作之前，要把数据库的文档窗口更改为重叠窗口。操作步骤参考任务 1.2。

任务 4.1 利用“窗体”按钮创建窗体

1. 任务要求

1）利用“窗体”按钮创建窗体，使该窗体显示“工资表”中的所有信息，并将窗体保存为“实验 4-1-1”，运行界面如图 4-1 所示。

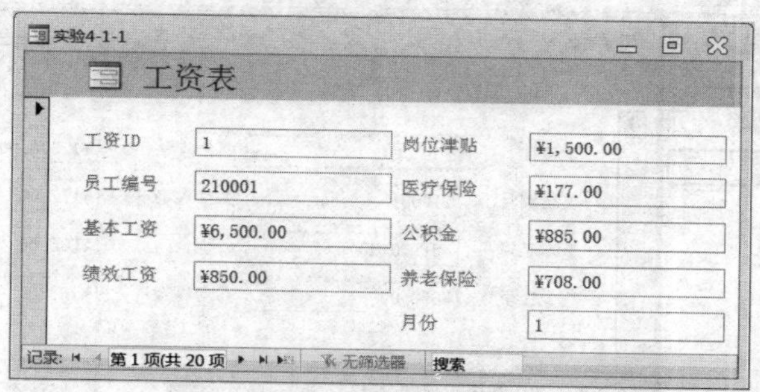

图 4-1 “实验 4-1-1”运行界面

2）利用“窗体”按钮创建主/子窗体，主窗体显示“员工表”中的所有信息，子窗体显示“工资表”中的所有信息，将窗体保存为“实验 4-1-2”。运行界面如图 4-2 所示。

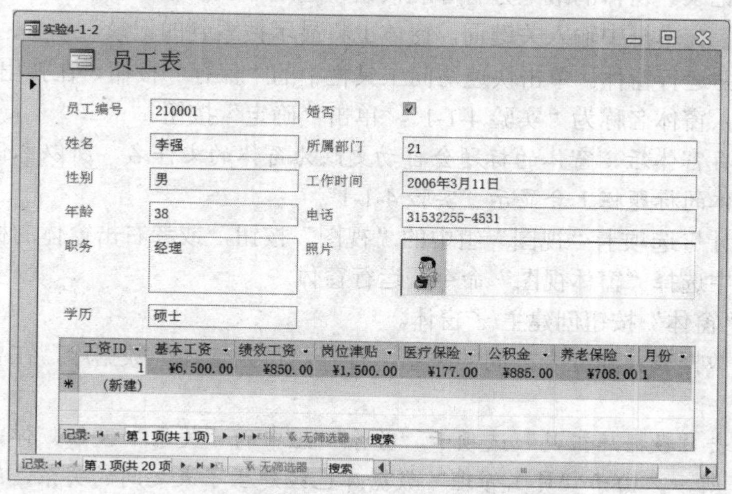

图 4-2 “实验 4-1-2”运行界面

2. 操作步骤

1）利用“窗体”按钮创建单个窗体。

（1）选择数据源。选择“文件”→“打开”命令，在弹出的“打开”对话框中选择“员工管理”数据库，单击“打开”按钮。打开“员工管理”数据库后，在导航窗格中选择“工资表”。

（2）创建窗体。单击“创建”选项卡“窗体”组中的“窗体”按钮，即可自动创建如图 4-3 所示的窗体。

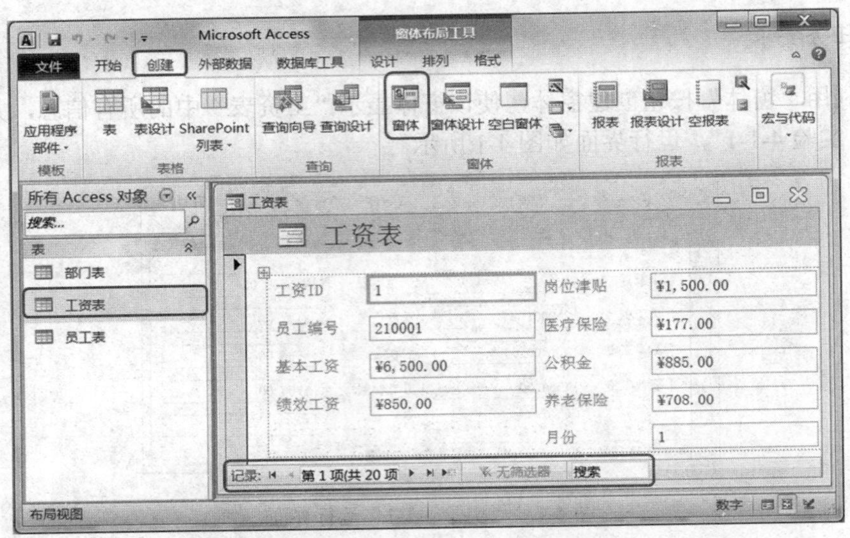

图 4-3　利用“窗体”按钮为“工资表”创建窗体

（3）浏览记录。窗体的最下方有导航按钮，通过导航按钮可以浏览表中的记录，也可以在“搜索”文本框中输入关键词，窗体上将显示搜索到的记录。

（4）保存并运行窗体。单击快速访问工具栏中的“保存”按钮，在弹出的“另存为”对话框中，输入窗体名称为“实验 4-1-1”，单击“确定”按钮。

说明：保存窗体后，窗体的标题会自动更改为窗体的文件名，所以本任务中的窗体在保存后，窗体的标题栏上会显示“实验 4-1-1”。

单击“设计”选项卡“视图”组中的“视图”按钮，或者右击窗体的标题栏，在弹出的快捷菜单中选择“窗体视图”命令，运行窗体。

2）利用“窗体”按钮创建主/子窗体。

（1）选择数据表并建立表之间的关系。打开“员工管理”数据库，在导航窗格中选择“员工表”。

说明：单击“数据库工具”选项卡“关系”组中的“关系”按钮，弹出“关系”窗口，如图 4-4 所示。由于“员工管理”数据库已经建立了表之间的关系，所以本任务中无须建立关系，否则，需要在创建窗体前建立表之间的关系。

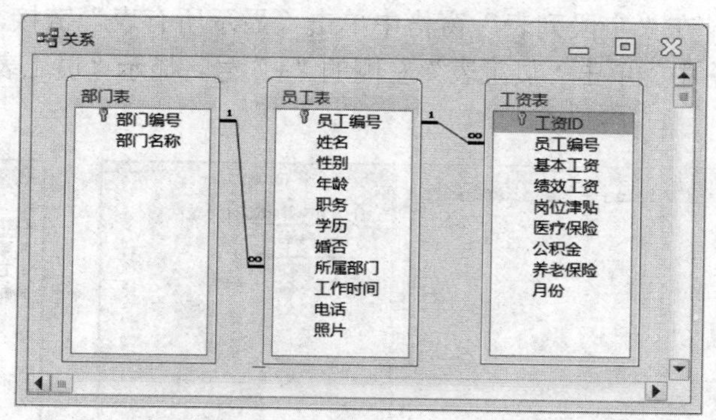

图 4-4 “关系”窗口

（2）创建窗体。单击“创建”选项卡“窗体”组中的“窗体”按钮，即可自动创建主/子窗体。

（3）保存窗体。将窗体命名为“实验 4-1-2”，切换到窗体视图，运行界面如图 4-2 所示。

任务 4.2 利用“空白窗体”按钮创建窗体

1. 任务要求

利用“空白窗体”按钮创建窗体，该窗体显示“员工表”中的“员工编号”“姓名”“性别”“年龄”“所属部门”“照片”字段。将窗体保存为“实验 4-2”，运行界面如图 4-5 所示。

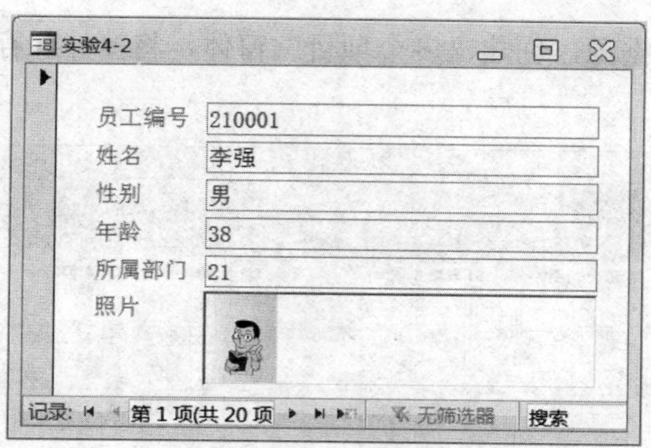

图 4-5 “实验 4-2”运行界面

2. 操作步骤

（1）创建窗体。单击“创建”选项卡“窗体”组中的“空白窗体”按钮。Access 将在布局视图中打开一个空白窗体，并打开“字段列表”窗格，如图 4-6 所示。

（2）显示字段。在“字段列表”窗格中单击“显示所有表”链接，数据库中所有的数据表将显示在窗格中。单击“员工表”左侧的“+”号，显示“员工表”所包含的字段，如图 4-7 所示。

图 4-6　空白窗体和“字段列表”窗格

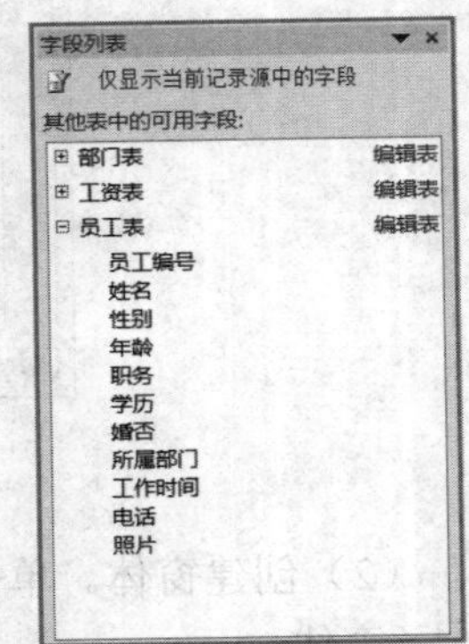

图 4-7　“字段列表”窗格

（3）添加字段。依次双击或拖动“员工表”中的“员工编号”“姓名”“性别”“年龄”“所属部门”“照片”字段，将它们添加到窗体中，并同时显示表中的第 1 条记录。

（4）关闭“字段列表”窗格，调整控件布局，并将窗体保存为“实验 4-2”，切换到窗体视图，运行界面如图 4-5 所示。

任务 4.3　利用“多个项目”选项创建窗体

1. 任务要求

以“员工表”为数据源，创建“多个项目”窗体，将窗体保存为“实验 4-3”，运行界面如图 4-8 所示。

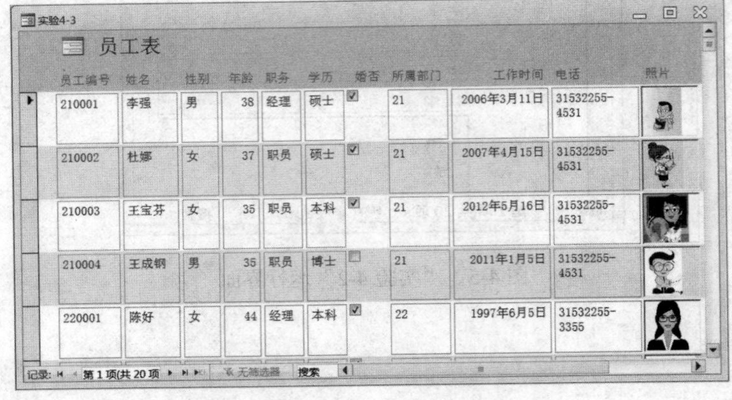

图 4-8　“实验 4-3”运行界面

2. 操作步骤

（1）选择数据源。打开“员工管理”数据库，在导航窗格中选择“员工表”。

（2）创建窗体。单击“创建”选项卡“窗体”组中的“其他窗体”下拉按钮，在打开的下拉列表中选择“多个项目”选项。Access 会自动创建包含多条记录的窗体，并打开其布局视图。

（3）保存窗体。将窗体保存为“实验 4-3”，切换到窗体视图，运行界面如图 4-8 所示。

任务 4.4　利用“分割窗体”选项创建窗体

1. 任务要求

以“部门表”为数据源，创建“分割窗体”，并将窗体保存为“实验 4-4”，运行界面如图 4-9 所示。

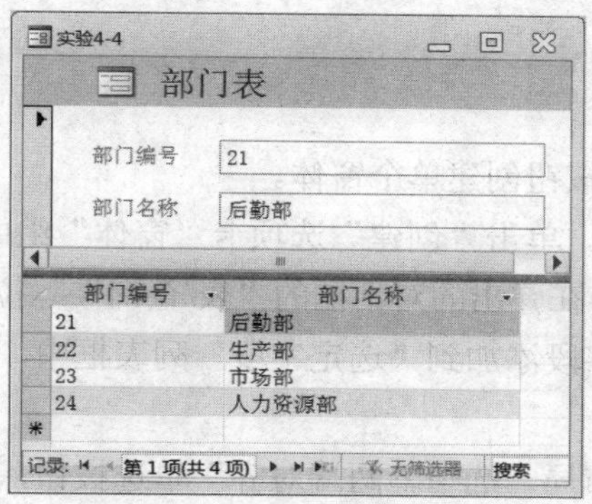

图 4-9　“实验 4-4”运行界面

2. 操作步骤

（1）选择数据源。打开“员工管理”数据库，在导航窗格中选择“部门表”。

（2）创建窗体。单击“创建”选项卡“窗体”组中的“其他窗体”下拉按钮，在打开的下拉列表中选择“分割窗体”选项，系统将自动创建分割窗体。

（3）保存窗体。将窗体保存为“实验 4-4”，切换到窗体视图，运行界面如图 4-9 所示。

任务 4.5　利用“窗体向导”按钮创建窗体

1. 任务要求

1）利用“窗体向导”按钮创建一个“两端对齐”样式的窗体，该窗体显示“员工表”中所有信息，窗体的标题为“员工信息表”，将窗体保存为“实验 4-5-1”，运行界面如图 4-10 所示。

2）利用“窗体向导”创建一个主/子窗体，该窗体显示员工的“员工编号”“姓名”“职务”“所属部门”“基本工资”“绩效工资”“岗位津贴”“医疗保险”“公积金”“养老保险”。主窗体的标题为“员工信息表”，子窗体的标题为“工资表 子窗体”，且窗体类型为数据表窗体。将窗体保存为“实验 4-5-2”，运行界面如图 4-11 所示。

图 4-10　“实验 4-5-1”运行界面

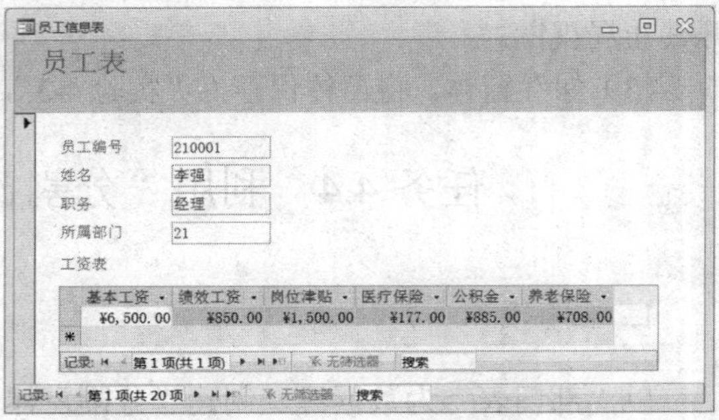

图 4-11　“实验 4-5-2”运行界面

2. 操作步骤

1）利用“窗体向导”按钮创建单个窗体。

（1）打开“窗体向导”。单击“创建”选项卡“窗体”组中的“窗体向导”按钮。

（2）选择窗体数据源。在弹出的对话框的“表/查询”下拉列表中选择“表: 员工表”选项，并将该表中的所有字段添加到“选定字段”列表框中，如图 4-12 所示，单击“下一步”按钮。

（3）确定窗体使用的布局。选中“两端对齐”单选按钮，如图 4-13 所示，单击“下一步”按钮。

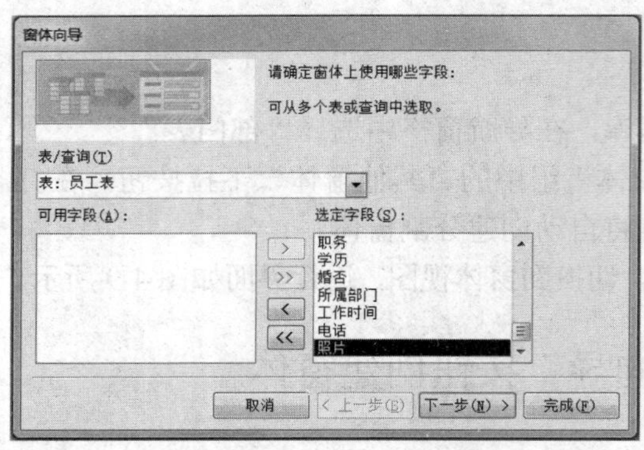

图 4-12　选择数据源和字段

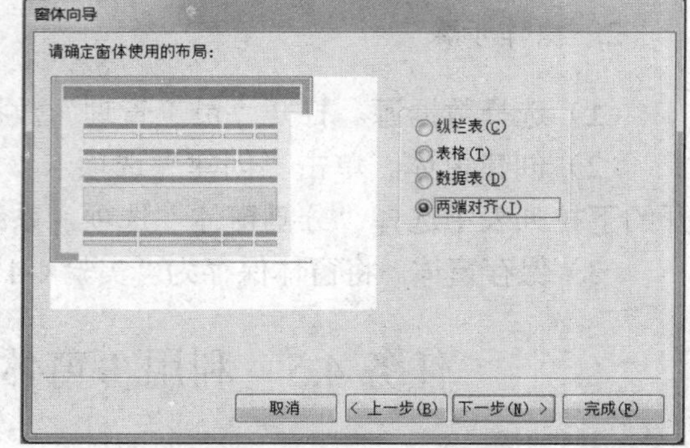

图 4-13　选择布局方式

（4）指定窗体标题。输入窗体的标题为“员工信息表”，如图 4-14 所示。

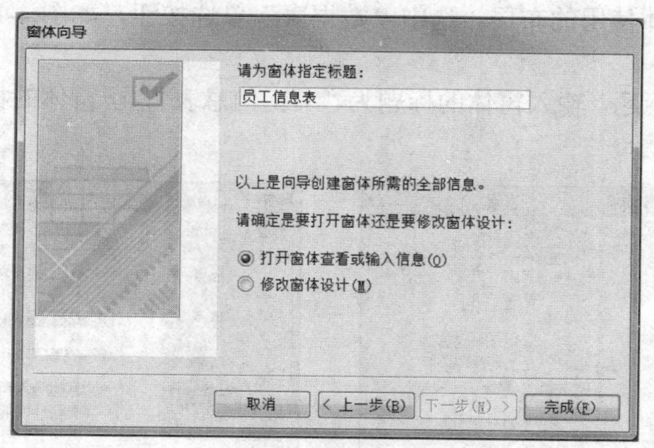

图 4-14　指定窗体的标题

（5）单击“完成”按钮，自动保存窗体。

说明：使用“窗体向导”创建窗体后，系统自动为窗体命名，窗体名称默认与窗体的标题相同，所以本任务中创建的窗体名称为“员工信息表”。

（6）关闭“员工信息表”窗体，然后在导航窗格中右击“员工信息表”窗体，在弹出的快捷菜单中选择“重命名”命令，重新输入窗体的名称为“实验 4-5-1”。

2）利用“窗体向导”按钮创建主/子窗体。

（1）打开“窗体向导”。单击“创建”选项卡“窗体”组中的“窗体向导”按钮。

（2）选择窗体数据源。在弹出的对话框的“表/查询”下拉列表中选择“表: 员工表”选项，将“员工编号”“姓名”“职务”“所属部门”字段添加到“选定字段”列表框中；使用相同方法，将“工资表”中的“基本工资”“绩效工资”“岗位津贴”“医疗保险”“公积金”“养老保险”字段添加到“选定字段”列表框中，结果如图 4-15 所示，单击“下一步”按钮。

（3）确定查看数据的方式。在“请确定查看数据的方式”列表框中选择“通过 员工表”选项，选中“带有子窗体的窗体”单选按钮，如图 4-16 所示，在对话框的右侧显示了主/子窗体中数据布局的预览效果，单击“下一步”按钮。

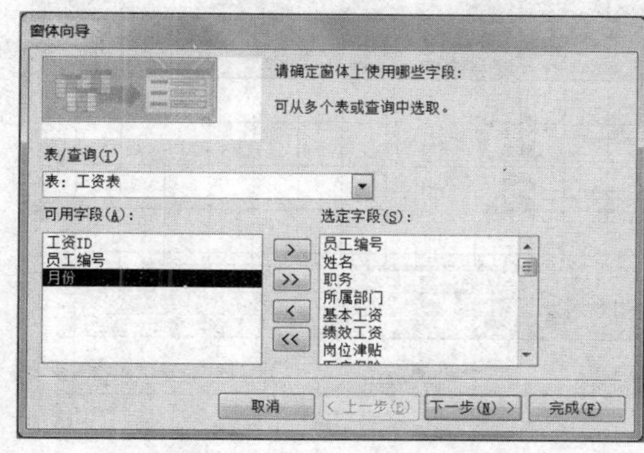

图 4-15　从两个表中选取字段

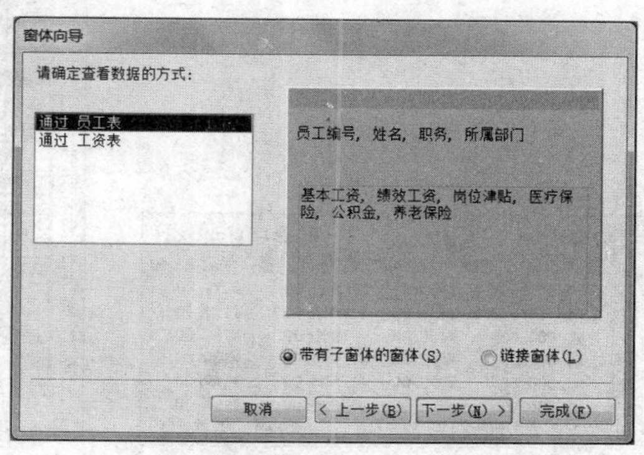

图 4-16　确定查看数据的方式

（4）确定子窗体使用的布局。选中“数据表”单选按钮，如图 4-17 所示，单击“下一步”按钮。

（5）指定窗体标题。输入窗体的标题为“员工信息表”，子窗体的标题为“工资表 子窗体”如图 4-18 所示。

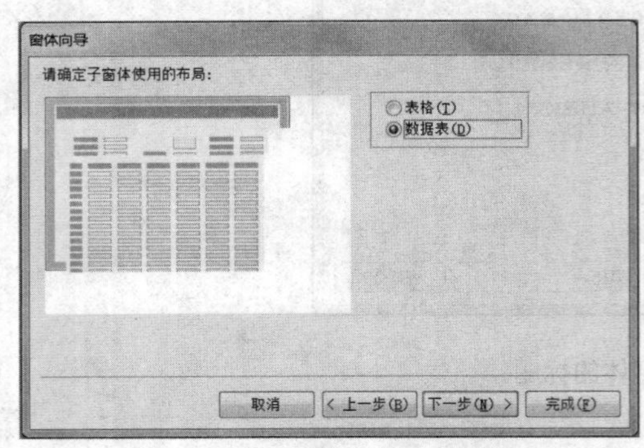

图 4-17　确定子窗体使用的布局

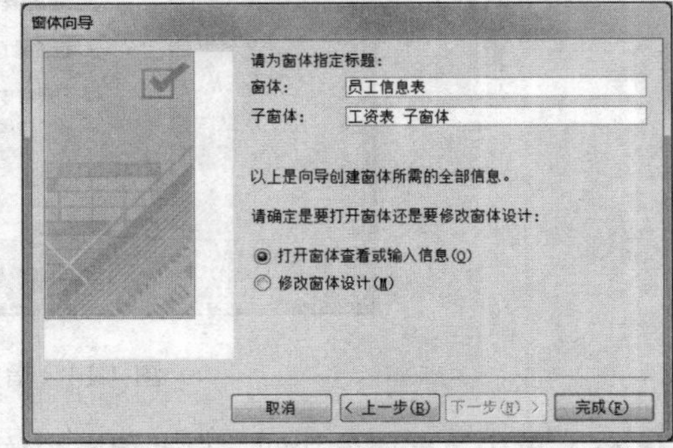

图 4-18　指定窗体的标题

（6）单击“完成”按钮，自动保存窗体。关闭该窗体后，在导航窗格中将“员工信息表”窗体重命名为“实验 4-5-2”。

（7）调整窗体布局。

① 调整子窗体中数据表的列宽。在导航窗格中双击“工资表 子窗体”，在打开的子窗体中调整列的宽度，操作方法为将鼠标指针放在属性名交界处，当鼠标指针变为“⟷”形状时，移动或双击鼠标，即可调整列的宽度，如图 4-19 所示。调整完成后，保存窗体。

② 调整主窗体中控件的布局。打开窗体“实验 4-5-2”，切换到窗体的设计视图。选中要调整的控件，将鼠标指针指向控件左上角的控制柄，当鼠标指针变为“✥”形状时，可拖动鼠标移动该控件。

选中控件后，将鼠标指针指向控件周围（除左上角）的控制柄，当鼠标指针变为“⟷”形状时，拖动鼠标即可调整控件的大小。窗体布局调整后如图 4-20 所示。

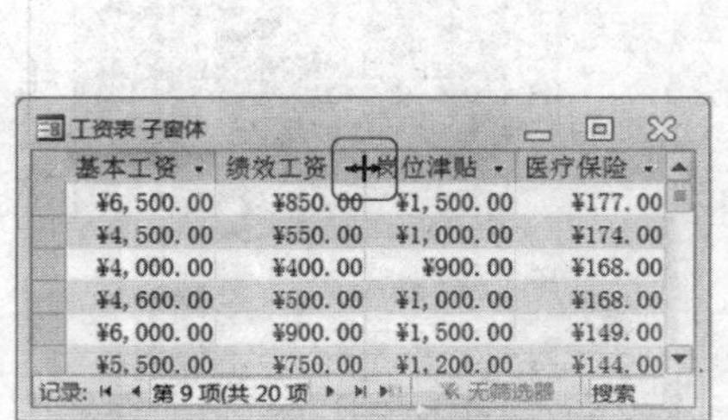

图 4-19　调整子窗体中数据表的列宽

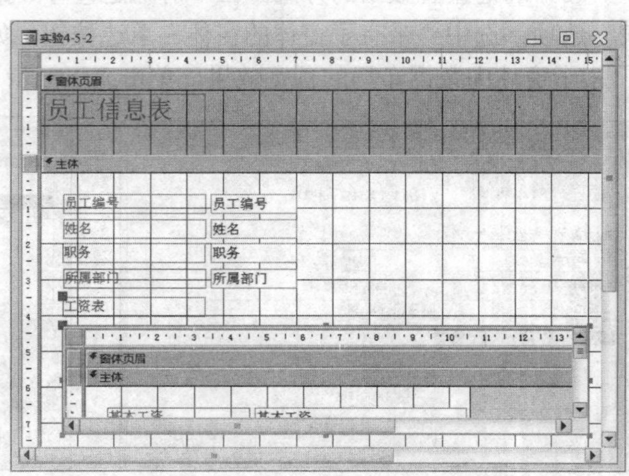

图 4-20　调整窗体布局

（8）保存窗体，切换到窗体视图，运行界面如图 4-11 所示。

练一练

（1）利用“窗体向导”按钮创建一个纵栏式窗体，该窗体显示“员工表”中所有信息，设置窗体的标题为“员工信息表”，并将窗体保存为“练习 4-5-1”。运行界面如图 4-21 所示。

（2）利用“窗体向导”按钮创建一个“表格”式窗体，该窗体显示“员工表”中除“照片”字段外的所有信息，设置窗体的标题为“员工基本信息表”，并将窗体保存为“练习 4-5-2”。运行界面如图 4-22 所示。

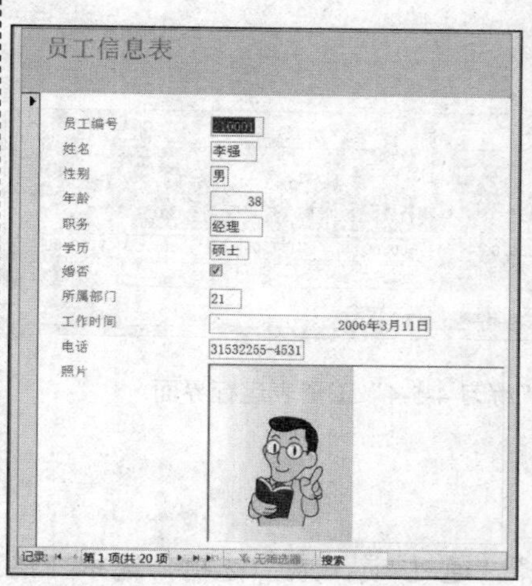

图 4-21　“练习 4-5-1”结果

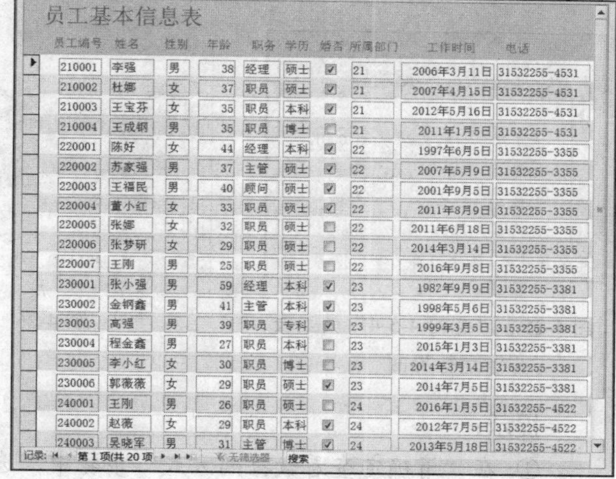

员工编号	姓名	性别	年龄	职务	学历	婚否	所属部门	工作时间	电话
210001	李强	男	38	经理	硕士	☑	21	2006年3月11日	31532255-4531
210002	杜娜	女	37	职员	硕士	☑	21	2007年4月15日	31532255-4531
210003	王宝芬	女	35	职员	本科	☑	21	2012年5月16日	31532255-4531
210004	王成钢	男	35	职员	博士	☐	21	2011年1月5日	31532255-4531
220001	陈好	女	44	经理	本科	☑	22	1997年6月5日	31532255-3355
220002	苏家强	男	37	主管	硕士	☑	22	2007年5月9日	31532255-3355
220003	王福民	男	40	顾问	硕士	☑	22	2001年9月5日	31532255-3355
220004	董小红	女	33	职员	硕士	☑	22	2011年8月9日	31532255-3355
220005	张娜	女	32	职员	硕士	☐	22	2011年6月18日	31532255-3355
220006	张梦研	女	29	职员	硕士	☐	22	2014年3月14日	31532255-3355
220007	王刚	男	25	职员	硕士	☐	22	2016年9月8日	31532255-3355
230001	张小强	男	59	经理	本科	☑	23	1982年9月9日	31532255-3381
230002	金钢鑫	男	41	主管	本科	☑	23	1998年5月6日	31532255-3381
230003	高强	男	39	职员	专科	☑	23	1999年3月5日	31532255-3381
230004	程金鑫	男	27	职员	本科	☐	23	2015年1月3日	31532255-3381
230005	李小红	女	30	职员	博士	☐	23	2014年3月14日	31532255-3381
230006	郭薇薇	女	29	职员	硕士	☑	23	2014年7月5日	31532255-3381
240001	王刚	男	26	职员	硕士	☐	24	2016年1月5日	31532255-4522
240002	赵薇	女	29	职员	本科	☑	24	2012年7月5日	31532255-4522
240003	吴晓军	男	31	主管	博士	☑	24	2013年5月18日	31532255-4522

图 4-22　“练习 4-5-2”结果

（3）利用“窗体向导”按钮创建一个“两端对齐”样式的单个窗体，该窗体显示员工的“员工编号”“姓名”“职务”“所属部门”及员工的“基本工资”“绩效工资”“岗位津贴”“医疗保险”“公积金”“养老保险”，设置窗体的标题为“工资条”，并将窗体保存为“练习 4-5-3”。运行界面如图 4-23 所示。

提示：在“请确定查看数据的方式”步骤中，选择“通过 工资表”选项，此时“单个窗体”单选按钮默认为选中状态，如图 4-24 所示。

（4）利用“窗体向导”按钮创建一个带有链接按钮的窗体，如图 4-25 所示。该窗体显示员工的“员工编号”“姓名”“职务”“所属部门”。单击“工资表”按钮，将弹出另外一个窗体，窗体显示员工的“员工编号”“基本工资”“绩效工资”“岗位津贴”“医疗保险”“公积金”“养老保险”，如图 4-26 所示。设置第 1 个窗体的标题为“员工表”，第 2 个窗体的标题为“工资表”，并将窗体保存为“练习 4-5-4”，运行界面如图 4-25 和图 4-26 所示。

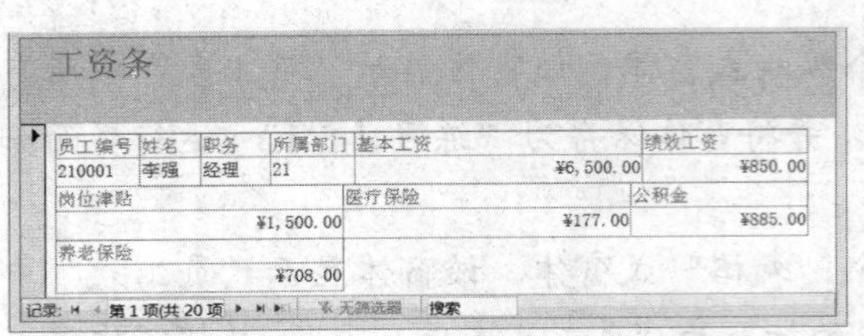

图 4-23　“练习 4-5-3”运行界面

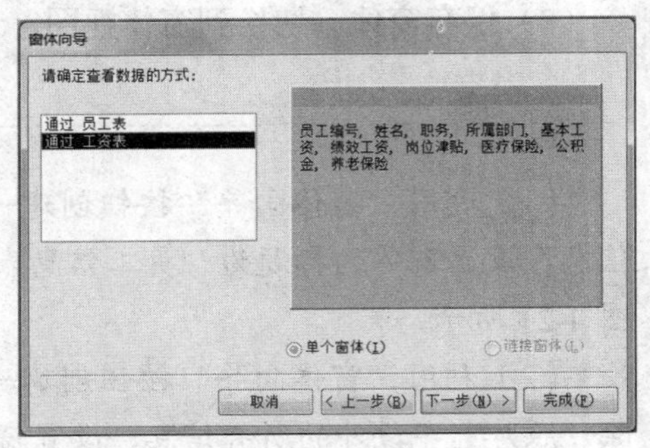

图 4-24　确定查看数据的方式

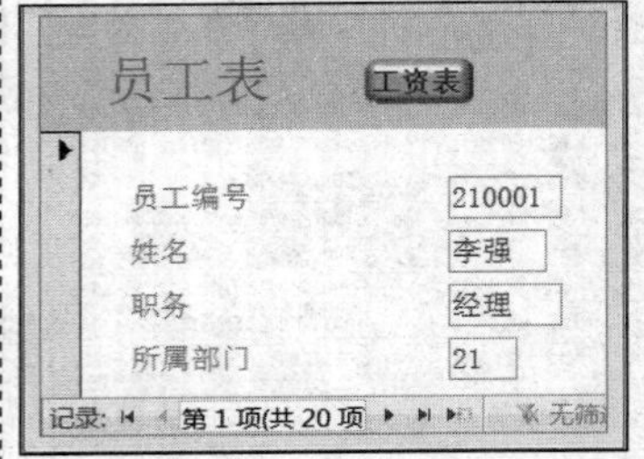

图 4-25　“练习 4-5-4”员工表运行界面

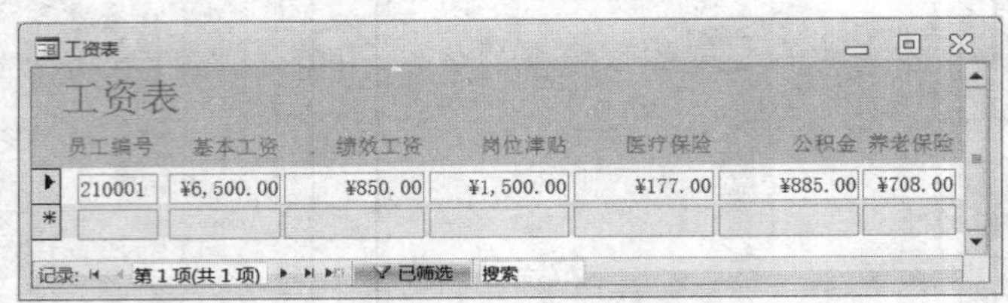

图 4-26　“练习 4-5-4”工资表运行界面

提示：

① 在“请确定查看数据的方式”步骤中，选择“通过 员工表”选项，选中“链接窗体”单选按钮，如图 4-27 所示。

② 窗体创建完成后，切换到窗体的设计视图，调整“员工表”标签和“工资表”按钮的位置（默认情况下，这两个控件重叠在一起，导致按钮无法接受单击响应），如图 4-28 所示。

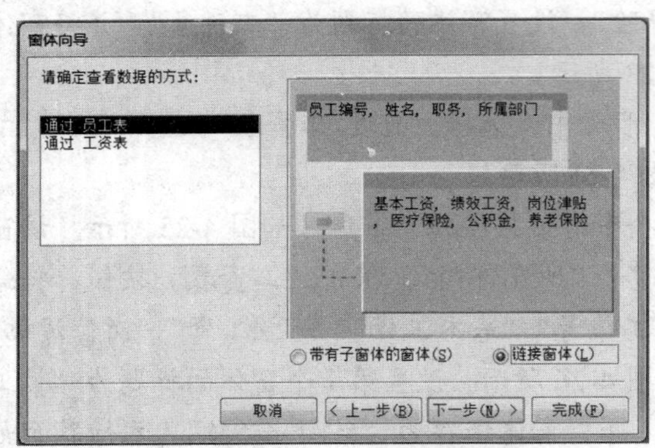

图 4-27　确定查看数据的方式

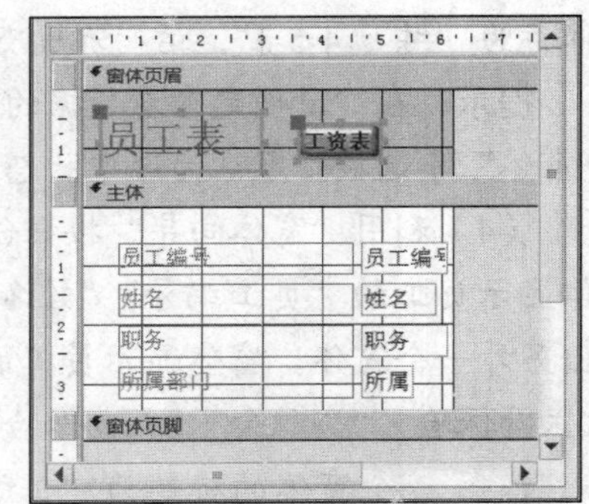

图 4-28　调整窗体布局

任务4.6 创建图表窗体

1. 任务要求

1）以“员工表”为数据源创建数据透视表窗体，按性别分类统计每个部门中各种学历的人数。将窗体保存为“实验4-6-1”，运行界面如图4-29所示。

2）以“员工表”为数据源创建数据透视图窗体，按性别分类统计每个部门中各种学历的人数。将窗体保存为“实验4-6-2”，运行界面如图4-30所示。

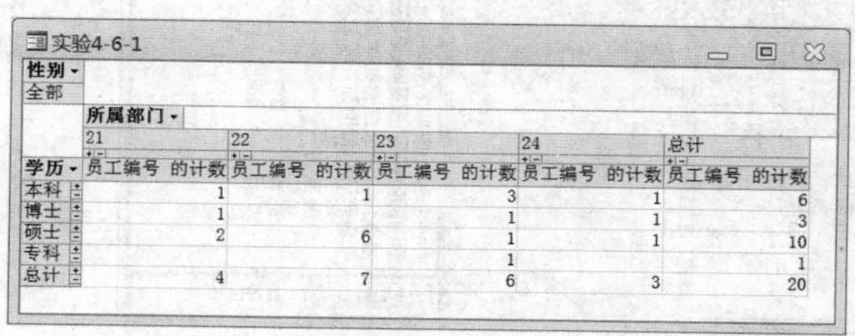

学历	21 员工编号 的计数	22 员工编号 的计数	23 员工编号 的计数	24 员工编号 的计数	总计 员工编号 的计数
本科	1	1	3	1	6
博士	1		1	1	3
硕士	2	6	1	1	10
专科			1		1
总计	4	7	6	3	20

图4-29 “实验4-6-1”运行界面

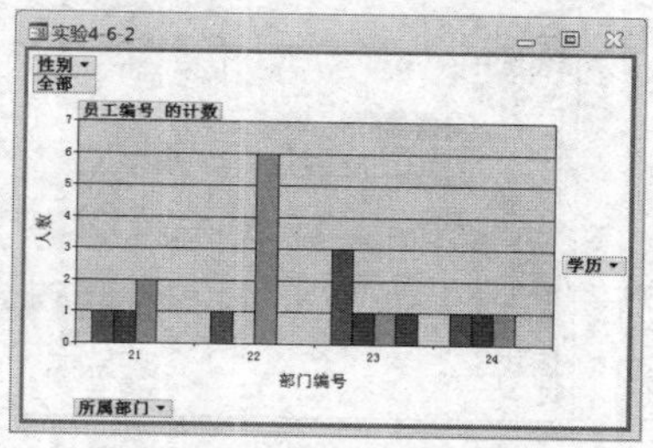

图4-30 “实验4-6-2”运行界面

2. 操作步骤

1）创建数据透视表窗体。

（1）选择数据源。打开“员工管理”数据库，在导航窗格中选中“员工表”。

（2）创建窗体。单击“创建”选项卡“窗体”组中的“其他窗体”下拉按钮，在打开的下拉列表中选择“数据透视表”选项，打开数据透视表视图，如图4-31所示。

（3）显示字段。单击“设计”选项卡“显示/隐藏”组中的“字段列表”按钮，打开“数据透视表字段列表”窗格（以下简称字段列表），其中详细列出了“员工表”中的字段名，如图4-31所示。

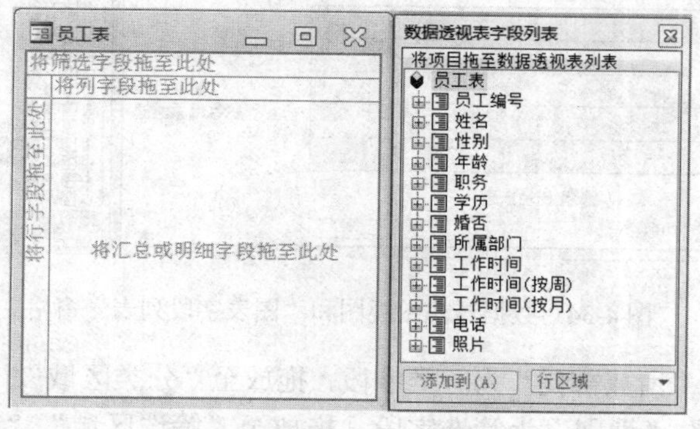

图4-31 数据透视表视图和“字段列表”窗格

（4）添加字段。

①“学历”为行字段，拖放至“行区域”。

②“所属部门”为列字段，拖放至“列区域”。

③“性别”为筛选字段，拖放至“筛选区域”。结果如图 4-32 所示。

④“员工编号”为汇总字段，在字段列表中选中“员工编号”字段，在右下角的下拉列表中选择“数据区域”选项，单击“添加到”按钮，如图 4-33 所示。

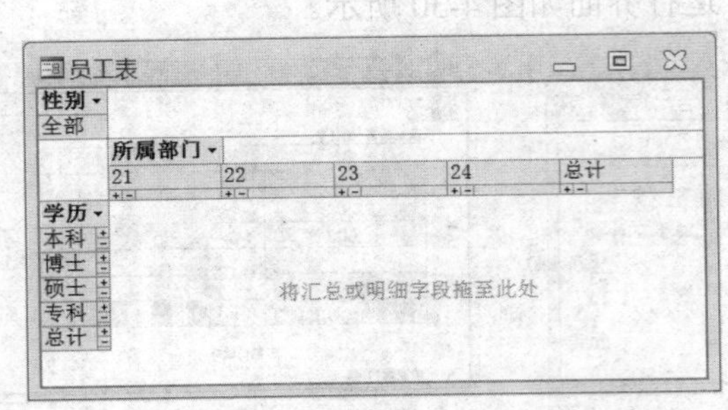

图 4-32　添加字段

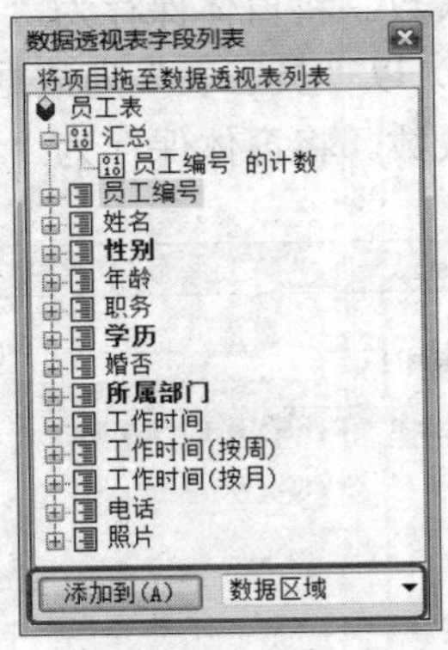

图 4-33　添加汇总字段

（5）保存窗体，将其命名为“实验 4-6-1”，结果如图 4-29 所示。

2）创建数据透视图窗体。

（1）选择数据源。打开“员工管理”数据库，在导航窗格中选中“员工表”。

（2）创建窗体。单击“创建”选项卡“窗体”组中的“其他窗体”下拉按钮，在打开的下拉列表中选择“数据透视图”选项，打开数据透视图视图，如图 4-34 所示。

（3）显示字段。单击“设计”选项卡“显示/隐藏”组中的“字段列表”按钮，打开“图表字段列表”窗格，其中详细列出了“员工表”中的字段名，如图 4-34 所示。

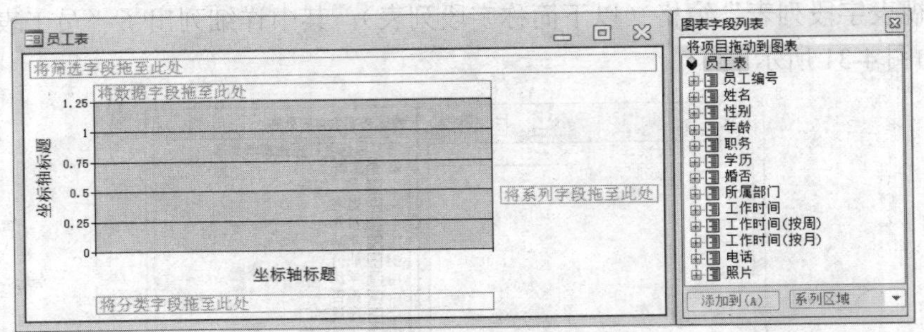

图 4-34　数据透视图视图和“图表字段列表”窗格

（4）添加字段。“所属部门”为分类字段，拖放至“分类区域”。“学历”为系列字段，拖放至“系列区域”。“性别”为筛选字段，拖放至“筛选区域”。“员工编号”为数据字段，拖放至“数据区域”。结果如图 4-35 所示。

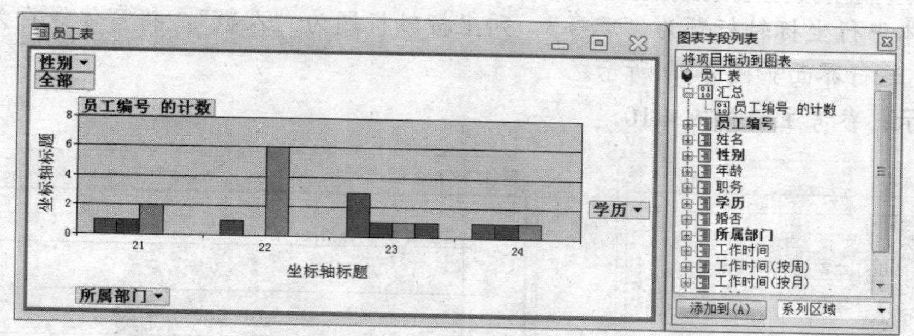

图 4-35 数据透视图窗体

（5）修改坐标轴标题。

① 选中行坐标的“坐标轴标题”，单击“设计”选项卡“工具”组中的“属性表”按钮，弹出图表的“属性”对话框，如图 4-36 所示。

② 单击“格式”选项卡，在“标题”文本框中输入行坐标轴标题为“部门编号”。利用同样方法，设置列坐标轴标题为“人数”，设置结果如图 4-37 所示。

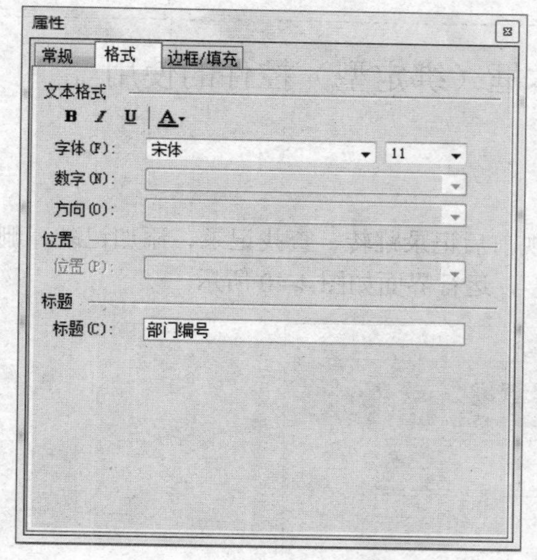

图 4-36 “属性”对话框

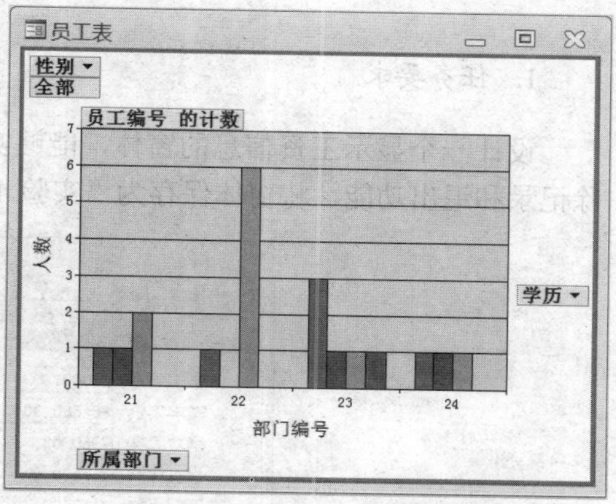

图 4-37 带有坐标轴标题的数据透视图窗体

（6）保存窗体，将其命名为“实验 4-6-2”。

练一练

（1）以“员工表”为数据源创建数据透视表窗体，按“性别”和“职务”显示员工的姓名并统计各类职务的员工人数，将窗体保存为“练习 4-6-1”，运行界面如图 4-38 所示。

提示：参考主教材例 4.9。

（2）以“员工表”为数据源创建数据透视图窗体，统计各类职务中男女员工的人数。窗体中行坐标轴标题为“职务”，列坐标轴标题为“人数”，将窗体保存为“练习 4-6-2”，运行界面如图 4-39 所示。

提示：参考主教材例 4.10。

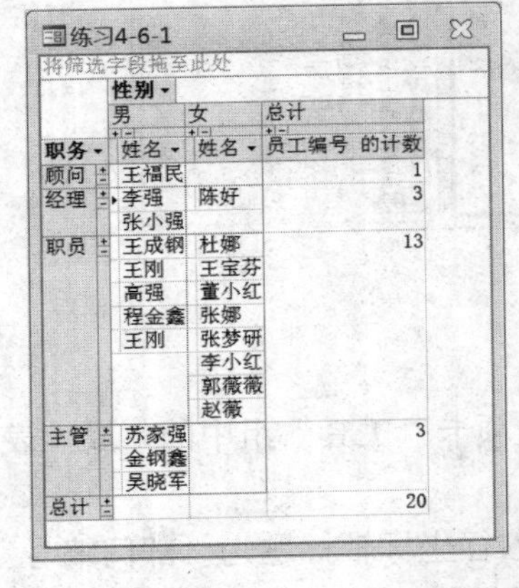

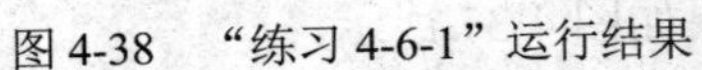
图 4-38　“练习 4-6-1”运行结果

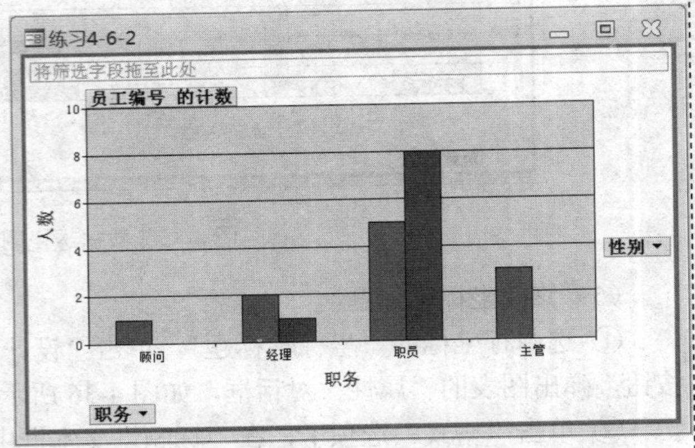

图 4-39　“练习 4-6-2”运行结果

任务 4.7　标签、按钮、文本框（绑定型）控件的使用

1. 任务要求

设计一个显示工资信息的窗体，能够实现前后记录跳转、查找记录、添加记录、删除记录和退出功能，将窗体保存为“实验 4-7”，运行界面如图 4-40 所示。

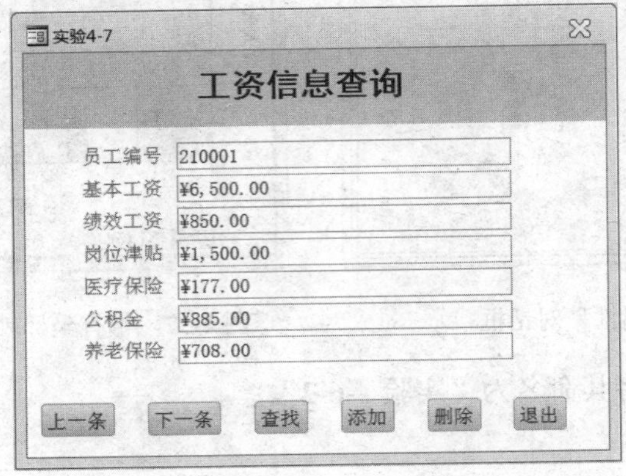

图 4-40　“实验 4-7”运行界面

具体要求如下。

1）该窗体显示“工资表”中的“员工编号”“基本工资”“绩效工资”“岗位津贴”“医疗保险”“公积金”“养老保险”字段。

2）在窗体中添加窗体页眉和窗体页脚，窗体页眉和页脚的高度均为 1.5cm。取消窗体中的水平和垂直滚动条、记录选择器、导航按钮、最大化和最小化按钮。

3）在窗体页眉区中添加一个标签，标题为“工资信息查询”，标签的字体设置为黑体、加粗、18号字，字体颜色为深蓝色。

4）在窗体页脚区中添加6个记录导航按钮，按钮标题依次为“上一条”（名称为“before”）、“下一条”（名称为“next”）、“查找”（名称为“find”）、“添加”（名称为“add”）、“删除”（名称为“delete”）和“退出”（名称为“exit”）。按钮的对齐方式为靠上对齐，水平间距相等。

2. 操作步骤

1）创建空白窗体，将“工资表”中部分字段添加到窗体中。

（1）创建窗体。单击“创建”选项卡“窗体”组中的“空白窗体”按钮。Access将在布局视图中打开一个空白窗体，并打开“字段列表”窗格，如图4-41所示。

（2）显示字段。单击“字段列表”窗格中的“显示所有表”链接，数据库中所有的数据表将显示在窗格中。单击“工资表”左侧的“+”号，显示“工资表”所包含的字段，如图4-42所示。

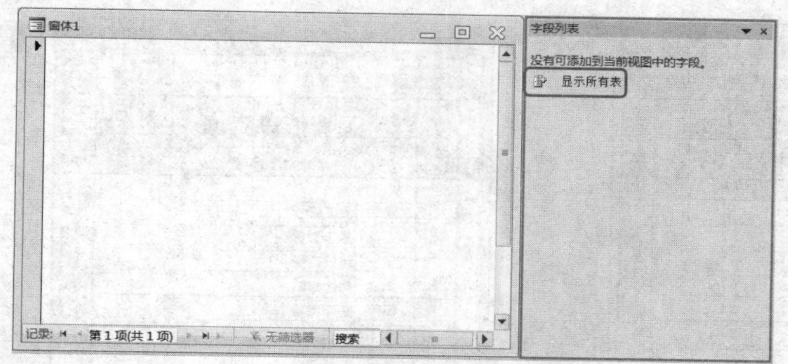

图4-41 空白窗体和“字段列表”窗格

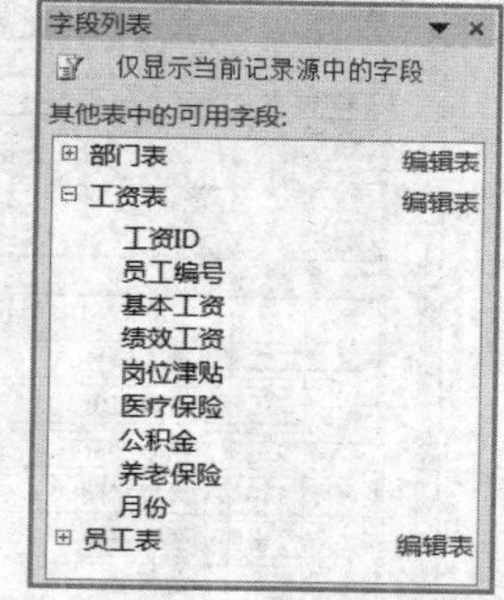

图4-42 “字段列表”窗格

（3）添加字段。依次双击或拖动“工资表”中的“员工编号”“基本工资”“绩效工资”“岗位津贴”“医疗保险”“公积金”“养老保险”字段，将它们添加到窗体中，并同时显示表中的第1条记录。

2）在窗体中添加窗体页眉和窗体页脚，并设置窗体和窗体页眉/页脚的属性。

（1）切换窗体视图为设计视图。右击窗体的标题栏，在弹出的快捷菜单中选择“设计视图”命令。

（2）添加窗体页眉和窗体页脚。右击主体空白处，在弹出的快捷菜单中选择“窗体页眉/页脚”命令。

（3）设置对象属性。单击“设计”选项卡“工具”组中的“属性表”按钮，打开“属性表”窗格。对象的格式属性设置如表4-1所示。

表 4-1　窗体页眉和页脚的属性设置

控件名称	水平和垂直滚动条	记录选择器	导航按钮	最大/最小化按钮	高度
窗体	两者均无	否	否	无	—
窗体页眉	—	—	—	—	1.6cm
窗体页脚	—	—	—	—	1.6cm

3）在窗体页眉区中添加标签。

（1）单击“设计”选项卡“控件”组中的“标签”按钮，在窗体页眉区处拖动鼠标绘制一个矩形框，并在框中输入标签（Label45）的标题为“工资信息查询”，如图 4-43 所示。

（2）设置标签属性。打开“属性表”窗格。标签的格式属性设置如表 4-2 所示。属性设置完成后如图 4-44 所示。

表 4-2　标签的属性设置

控件名称	标题	字体名称	字号	字体粗细	前景色
Label45	工资信息查询	黑体	18	加粗	深蓝

图 4-43　添加窗体页眉/页脚和标签

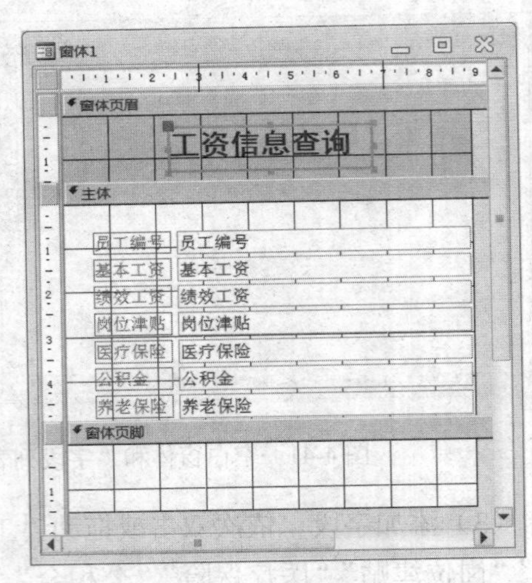

图 4-44　设置对象属性

4）在窗体页脚区中添加记录导航按钮。

单击“设计”选项卡“控件”组中的“按钮”按钮，在窗体页脚处单击，弹出“命令按钮向导”对话框。

（1）确定按钮功能。在“类别”列表框中选择“记录导航”选项，在“操作”列表框中选择“转至前一项记录”选项，如图 4-45 所示，单击“下一步”按钮。

（2）设置按钮外观。选中“文本”单选按钮，并在后面的文本框中输入“上一条”，如图 4-46 所示。此操作为定义该按钮的标题（Caption）属性为“上一条”，单击“下一步”按钮。

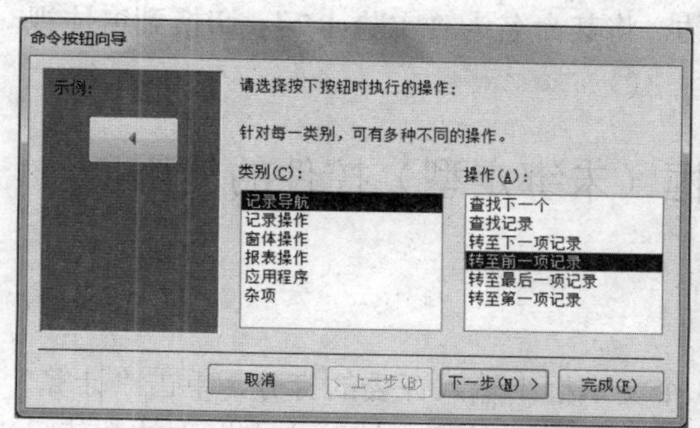

图 4-45　确定按钮功能

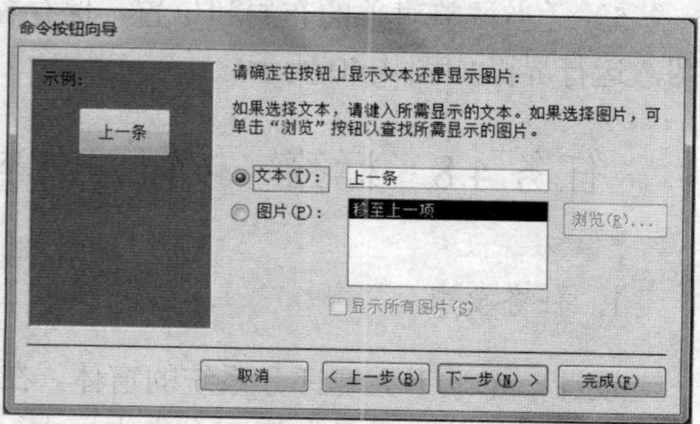

图 4-46　设置按钮外观

（3）设置按钮名称。指定该按钮的名称为“before”，即定义该按钮的 Name 属性，如图 4-47 所示，单击“完成”按钮。

（4）按照相同的方法，制作其他按钮的功能。“下一条”和“查找”操作在“记录导航”类别中，“添加”和“删除”操作在“记录操作”类别中，“退出”操作在“窗体操作”类别中。制作完成后如图 4-48 所示。

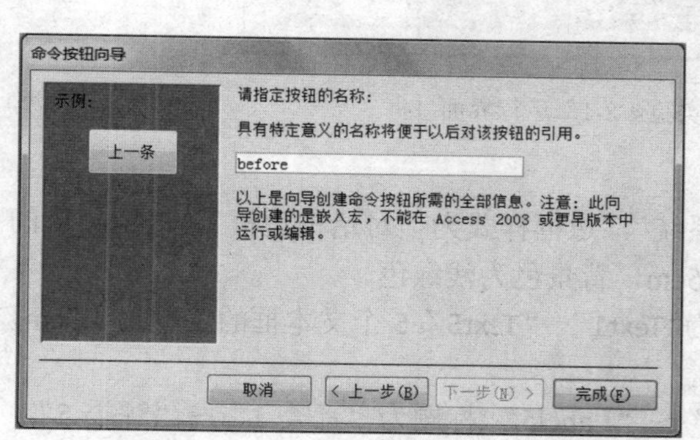

图 4-47　设置按钮名称

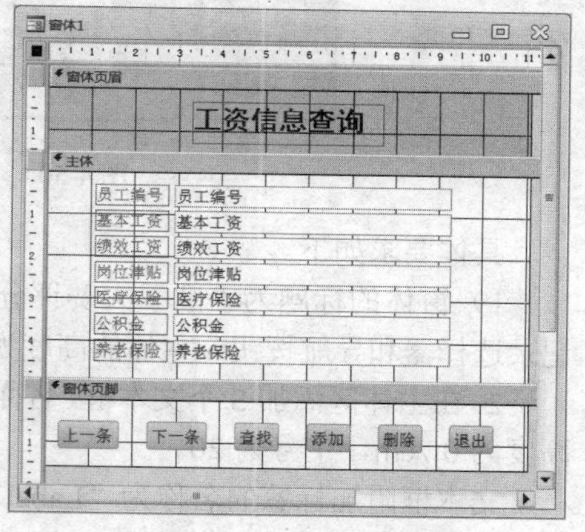

图 4-48　添加记录导航按钮

（5）调整按钮的布局和位置。同时选中所有按钮，单击“排列”选项卡“调整大小和排序”组中的“对齐”按钮，在打开的下拉列表中选择“靠上”选项；单击“大小/空格”按钮，在打开的下拉列表中选择“水平相等”选项，如图 4-49 所示。

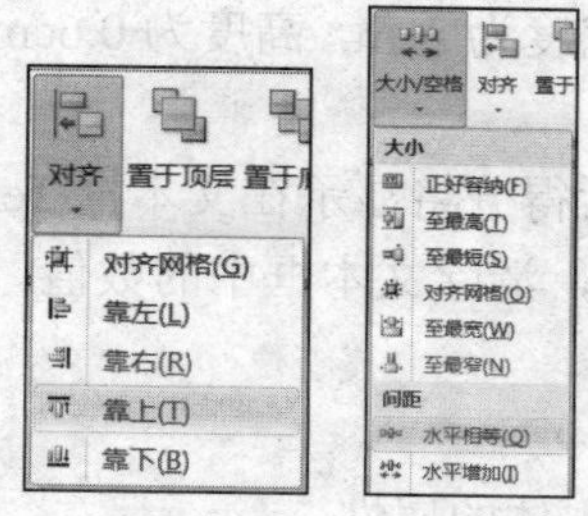

图 4-49　调整按钮的布局选项

5）适当调整对象的布局和位置，保存窗体，将其命名为“实验 4-7”。切换到窗体视图，运行界面如图 4-40 所示。

任务 4.8　标签、按钮、文本框（未绑定型）控件的使用

1. 任务要求

设计一个歌手大赛评分系统的窗体，在 5 个文本框中输入评委的打分，单击“计算”按钮，最后得分将显示在第 6 个文本框中。单击“清除”按钮，清除文本框中的数值。将窗体保存为“实验 4-8”，运行界面如图 4-50 所示。

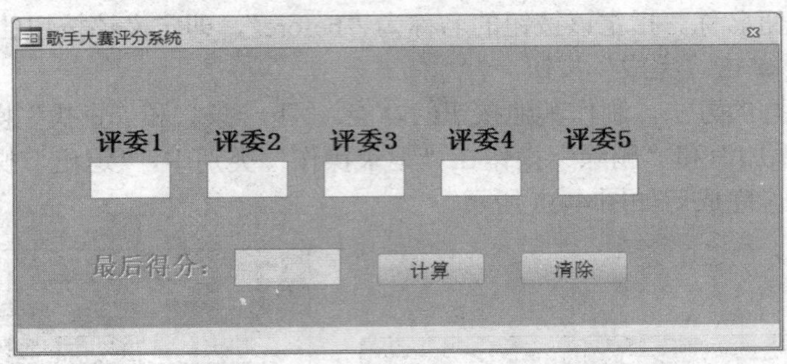

图 4-50　“实验 4-8-1”运行界面

具体要求如下。

1）窗体的标题为“歌手大赛评分系统”，边框样式为“对话框边框”，取消窗体的记录选择器和导航按钮，主体的高度为 5cm，背景色为浅绿色。

2）在主体区添加 5 个文本框，名称为“Text1”～“Text5”。5 个文本框的宽度为 1.5cm，高度为 0.7cm，字号为 20。

文本框附加标签的名称为“Label1”～“Label5”,标题为“评委 1”～“评委 5”，标签的宽度为 1.5cm，高度为 0.7cm，字体颜色为黑色，14 号字，加粗，居中对齐。

3）在主体区添加 1 个文本框，名称为“Text6”，此文本框为不可用状态，高度为 0.7cm，宽度为 2cm，字号为 20，其附加标签的标题为“最后得分：”，标签的宽度为 2.5cm，高度为 0.7cm，字体颜色为黑色，14 号字，加粗，居中对齐。

4）在主体区添加两个按钮，按钮 Command1 的标题为“计算”，按钮 Command2 的标题为“清除”，两个按钮的宽度为 2cm，高度为 0.6cm，当鼠标指针悬停在按钮上时，按钮变为红色。

5）单击“计算”按钮，最后得分将显示在文本框 Text6 中，最后得分的计算方法是总分除以 5。单击“清除”按钮，清除文本框中的数值。

2. 操作步骤

1）新建窗体，设置窗体和主体的属性。

单击“创建”选项卡“窗体”组中的“窗体设计”按钮，打开窗体的设计视图。

单击“设计”选项卡“工具”组中的“属性表”按钮，打开“属性表”窗格。对象的格式属性设置如表4-3所示。

表4-3 窗体和主体的属性设置

控件名称	标题	边框样式	记录选择器	导航按钮	高度	背景色
窗体	歌手大赛评分系统	对话框边框	否	否	—	—
主体	—	—	—	—	5cm	浅绿

2）在主体区添加文本框“Text1”～“Text5”，并设置其属性。

（1）单击“设计”选项卡“控件”组中的“文本框”按钮，在主体区空白处单击，在弹出的“文本框向导”对话框中单击“取消”按钮。

（2）调整文本框和附加标签的位置和布局。将鼠标指针指向控件左上角的控制柄，当其变为“✥”形状时，可拖动鼠标独立移动该控件。

（3）利用相同的方法，再创建四组文本框和标签。

（4）设置文本框和附加标签的属性。

提示：由于几组控件的属性设置基本相同，可以先设置一组控件的属性，然后对其进行复制，最后再修改不同的属性值。或者同时选中需要设置相同属性的控件，统一进行属性设置。

在“属性表”窗格中，设置对象的属性如表4-4所示。

表4-4 文本框和附加标签的属性设置

控件名称	标题	宽度	高度	字号	文本对齐	字体粗细	前景色
Label1～Label5	“评委1”～“评委5”	1.5cm	0.7cm	14	居中	加粗	黑色
控件名称	名称（其他属性）	宽度	高度	字号	—		
Text1～Text5	Text1~Text5	1.5cm	0.7cm	20	—		

3）在主体区添加文本框“Text6”，并设置其属性。

单击“设计”选项卡“控件”组中的“文本框”按钮，在主体区5个文本框的下方位置单击，在弹出的“文本框向导”对话框中单击“取消”按钮。

在“属性表”窗格中，设置文本框“Text6”和附加标签的属性如表4-5所示。

表4-5 文本框和附加标签的属性设置

控件名称	标题	宽度	高度	字号	文本对齐	字体粗细	前景色
Label6	最后得分:	2.5cm	0.7cm	14	居中	加粗	黑色
控件名称	名称（其他属性）	宽度	高度	字号	可用（数据属性）		
Text6	Text6	2cm	0.7cm	20	否		

4）在主体区添加两个按钮，并设置其属性。

单击“设计”选项卡的“控件”组中的“按钮”按钮，在主体区右下方位置单击，在弹出的“命令按钮向导”对话框中单击“取消”按钮。

在“属性表”窗格中，设置按钮的格式属性如表 4-6 所示。属性设置完成后如图 4-51 所示。

表 4-6　按钮的属性设置

控件名称	名称	标题	宽度	高度	悬停颜色
Command1	Command1	计算	2cm	0.6cm	红色
Command2	Command2	清除	2cm	0.6cm	红色

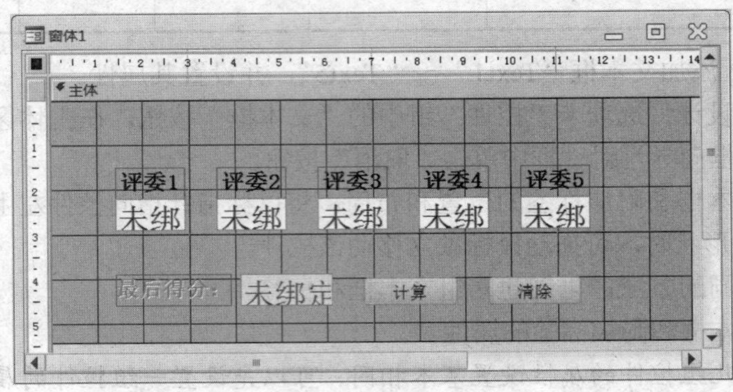

图 4-51　设置对象属性及布局

5）编写代码。

单击“设计”选项卡“工具”组中的“查看代码”按钮，打开 VBA（Visual Basic for Applications）代码窗口。在窗口的对象下拉列表中选择对象“Command1”（“计算”按钮），编辑按钮的 Click（单击）事件代码，如图 4-52 所示。

选择对象“Command2”（“清除”按钮），在窗口中编辑按钮的 Click（单击）事件代码，如图 4-53 所示。

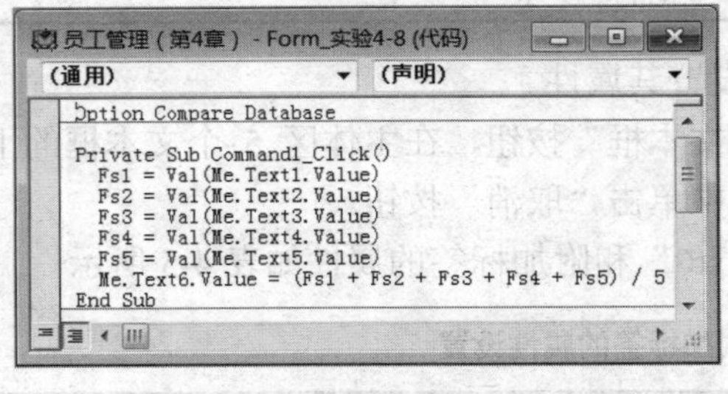

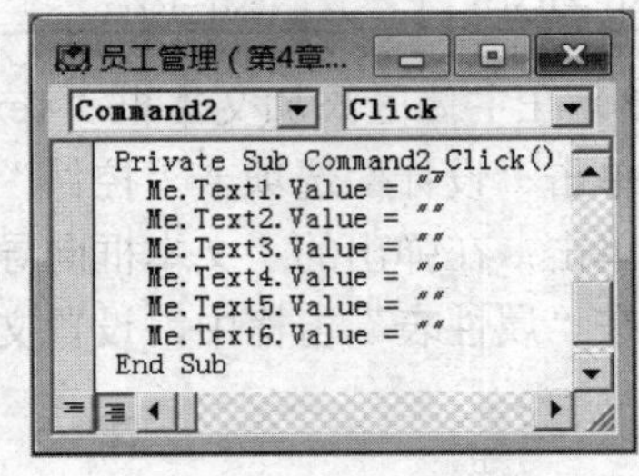

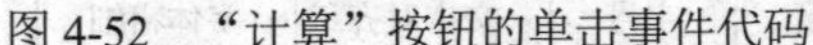

图 4-52　“计算”按钮的单击事件代码　　　　图 4-53　“清除”按钮的单击事件代码

说明：打开 VBA 代码窗口还有下列两种方法。

① 右击要设置代码的控件，在弹出的快捷菜单中选择“事件生成器”命令，在弹出的“选择生成器”对话框中选择“代码生成器”选项，单击“确定”按钮。

② 在“属性表”窗格中单击“事件”选项卡，在事件名称属性框的下拉列表中选择“事件过程”选项，单击事件名称属性框右侧的“生成器”按钮，即可打开 VBA 代码窗口。

6）适当调整对象的布局和位置，保存窗体，将其命名为“实验 4-8”。切换到窗体视图，运行界面如图 4-50 所示。

提示：为了在保存窗体时不更改窗体的标题，可以先使用系统提供的窗体名称保存，然后在关闭该窗体后，在导航窗格中右击该窗体，在弹出的快捷菜单中选择“重命名”命令，重新输入窗体名称即可。采用此方法保存窗体，已设置的窗体标题不会再更改，否则需要再次打开窗体的设计视图，重新修改窗体的标题。

练一练

设计一个能够变换不同字体颜色并具有显示、隐藏、退出功能的窗体，窗体中包含 1 个标签和 6 个按钮，将窗体保存为“练习 4-8”，运行界面如图 4-54 所示。

图 4-54 “练习 4-8”运行界面

具体要求如下。

（1）窗体的标题为“欢迎”，边框样式为“对话框边框”，取消窗体的记录选择器和导航按钮，主体的高度为 6cm，背景色为白色。

（2）在主体区添加一个标签 Label0，标题为“你好，ACCESS!”，宽度为 8cm，高度为 1.5cm，字体为微软雅黑，字号 28，字体颜色为黑色，居中对齐。

（3）在主体区添加 6 个按钮，按钮 Command1 的标题为“红色”，当鼠标指针悬停在按钮上时，按钮变为红色；按钮 Command2 的标题为“绿色”，当鼠标指针悬停在按钮上时，按钮变为绿色；按钮 Command3 的标题为“蓝色”，当鼠标指针悬停在按钮上时，按钮变为蓝色；按钮 Command4 的标题为“显示”，按钮 Command5 的标题为“隐藏”，按钮 Command6 的标题为“退出”。所有按钮的标题的字体为幼圆，字号为 12，加粗，宽度为 3cm，高度为 0.7cm。

提示：同时选中所有按钮，统一设置字体、字号、字体粗细、宽度和高度。

“退出”按钮可以使用“命令按钮向导”（“窗体操作”→“关闭窗体”）来完成，也可以创建自定义按钮，通过编写代码来实现退出功能。

（4）单击“红色”按钮，标签上字体颜色变为红色；单击“绿色”按钮，标签上字体颜色变为绿色；单击“蓝色”按钮，标签上字体颜色变为蓝色。

（5）单击“显示”按钮，显示标签；单击“隐藏”按钮，隐藏标签；单击“退出”

按钮，关闭窗体。

提示：按钮 Command1～Command6 的 Click（单击）事件的代码如下：

"红色"按钮（Command1）：

```
Me.Label0.ForeColor=RGB(255, 0, 0)
```

或

```
Me.Label0.ForeColor=vbRed
```

"绿色"按钮（Command2）：

```
Me.Label0.ForeColor=RGB(0, 255, 0)
```

或

```
Me.Label0.ForeColor=vbGreen
```

"蓝色"按钮（Command3）：

```
Me.Label0.ForeColor=RGB(0, 0, 255)
```

或

```
Me.Label0.ForeColor=vbBlue
```

"显示"按钮（Command4）：

```
Me.Label0.Visible=True
```

"隐藏"按钮（Command5）：

```
Me.Label0.Visible=False
```

"退出"按钮（Command6）：

```
DoCmd.Close
```

（6）适当调整对象的布局和位置，保存窗体，将其命名为"练习 4-8"。

提示：先使用系统提供的窗体名称保存，关闭该窗体后，在导航窗格中右击该窗体，在弹出的快捷菜单中选择"重命名"命令，重新输入窗体名称。

任务 4.9　标签、按钮、文本框（计算型）控件的使用

1. 任务要求

设计一个显示工资信息的窗体，将窗体保存为"实验 4-9"，运行界面如图 4-55 所示。具体要求如下。

1）该窗体显示"工资表"中除"月份"字段外的所有字段。计算实发工资，实发工资=基本工资+绩效工资+岗位津贴-医疗保险-公积金-养老保险。

2）窗体页脚的高度为1.5cm，“实发工资”标签和文本框的字体颜色为深红色，字体加粗。

3）在窗体页脚区中添加一个“关闭”按钮，单击该按钮，可关闭窗体。

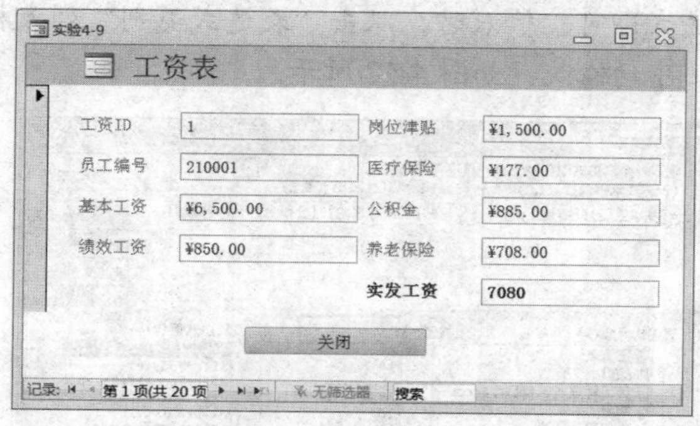

图4-55 “实验4-9”运行界面

2. 操作步骤

1）利用“窗体”按钮创建窗体，该窗体显示“工资表”中所有信息。

打开“员工管理”数据库，在导航窗格中选择“工资表”。单击“创建”选项卡“窗体”组中的“窗体”按钮，即可自动创建如图4-56所示的窗体。

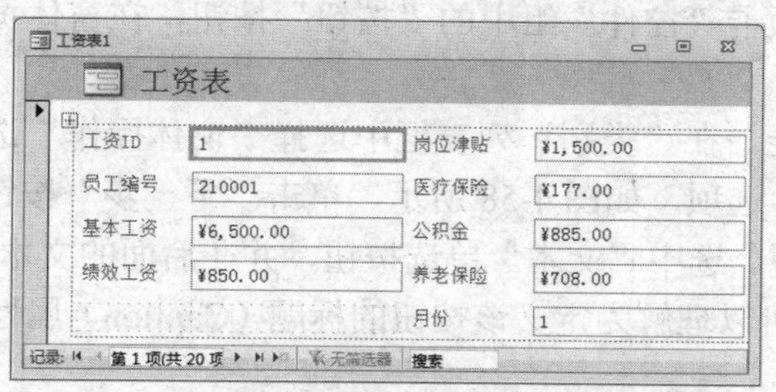

图4-56 使用“窗体”按钮为“工资表”创建窗体

2）设置对象属性。

（1）右击窗体标题栏，切换到窗体的设计视图。

（2）单击“设计”选项卡“工具”组中的“属性表”按钮，打开“属性表”窗格。修改窗体页脚、“月份”标签和文本框的属性，属性设置如表4-7所示。

表4-7 属性设置

控件名称	标题	字体粗细	前景色	控件来源（数据属性）	高度
“月份”标签（Label24）	实发工资	加粗	深红	—	—
“月份”文本框	—	加粗	深红	=[基本工资]+[绩效工资]+[岗位津贴]-[医疗保险]-[公积金]-[养老保险]	—
窗体页脚	—	—	—	—	1.5 cm

说明： 修改文本框的控件来源有以下两种方法。

① 直接在属性框中输入表达式。

② 单击属性框右侧的“生成器”按钮，弹出“表达式生成器”对话框，删除原有的表达式后，输入新表达式即可。输入时，双击“表达式类别”列表框中的字段名，可以直接添加字段名，无须手动输入，如图 4-57 所示。

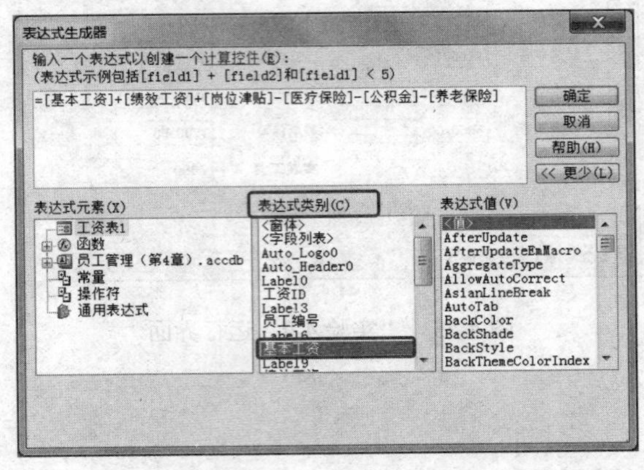

图 4-57　“表达式生成器”对话框

3）在窗体页脚区中添加“关闭”按钮。

单击“设计”选项卡“控件”组中的“按钮”按钮，在窗体页脚处单击，弹出“命令按钮向导”对话框。

（1）确定按钮功能。在“类别”列表框中选择“窗体操作”选项，在“操作”列表框中选择“关闭窗体”选项，如图 4-58 所示，单击“下一步”按钮。

（2）设置按钮外观。选中“文本”单选按钮，并在后面的文本框中输入“关闭”，如图 4-59 所示。此操作可以理解为定义该按钮的标题（Caption）属性为“关闭”，单击“下一步”按钮。

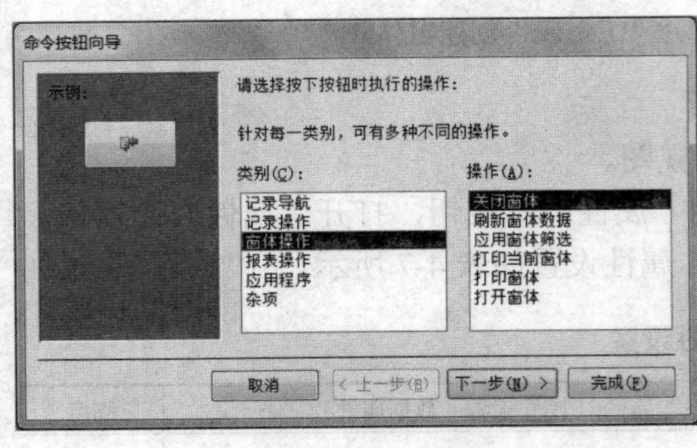

图 4-58　确定按钮功能

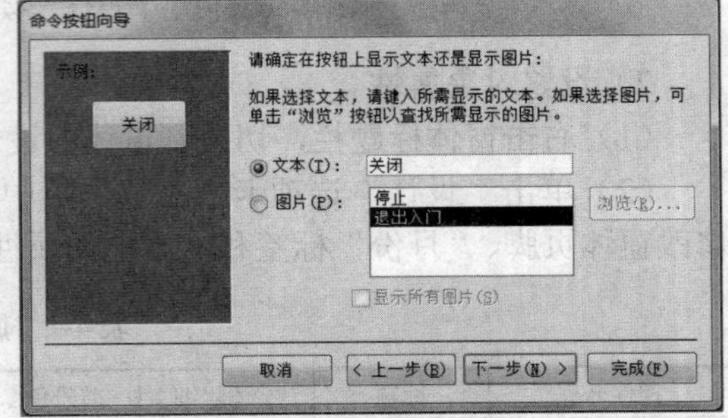

图 4-59　设置按钮外观

（3）设置按钮名称。使用系统提供的默认名称，单击“完成”按钮。

（4）适当调整按钮的宽度。

保存窗体，将其命名为“实验 4-9”，切换到窗体视图，运行界面如图 4-55 所示。

练一练

设计一个可实现放大、缩小功能的窗体，包含 1 个文本框和 3 个按钮，将窗体保存为“练习 4-9”，运行界面如图 4-60 所示。

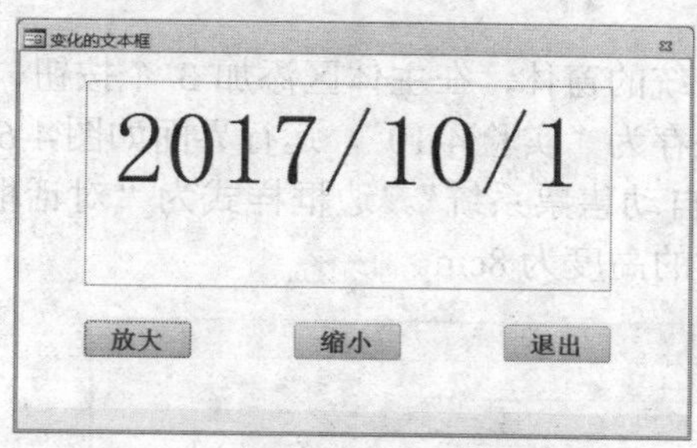

图 4-60 练习 4-9 运行界面

具体要求如下。

（1）窗体的标题为“变化的文本框”，边框样式为“对话框边框”，取消窗体的记录选择器和导航按钮，主体的高度为 7cm。

（2）在主体区添加一个文本框，宽度为 10cm，高度为 4cm，居中对齐，控件来源为当前系统日期。

提示：

① 添加文本框时按住 Ctrl 键，添加的文本框不带附加标签。

② 设置文本框的控件来源属性为“=date()”，输入时不加“ ”。

（3）在主体区添加 3 个按钮，按钮 Command2 的标题为“放大”，按钮 Command3 的标题为“缩小”，按钮 Command4 的标题为“退出”，所有按钮的标题的字体为 14 号字，加粗，宽度为 2cm，高度为 0.7cm。

提示：

① 同时选中所有按钮，统一设置其字号、字体粗细、宽度和高度。

② “退出”按钮可以使用“命令按钮向导”（“窗体操作”→“关闭窗体”）来完成，也可以创建自定义按钮，通过编写代码来实现退出功能。

（4）单击“放大”按钮，文本框中的文字变大；单击“缩小”按钮，文本框中的文字变小；单击“退出”按钮，关闭窗体。

提示：

“放大”按钮（Command2）的 Click（单击）事件代码如下：

```
Me.Text0.FontSize = Me.Text0.FontSize + 5
```

“缩小”按钮（Command3）的 Click（单击）事件代码如下：

```
Me.Text0.FontSize = Me.Text0.FontSize - 5
```

“退出”按钮（Command4）的 Click（单击）事件代码如下：

```
DoCmd.Close
```

任务 4.10　列表框和组合框控件的使用

1. 任务要求

设计一个自动售票系统的窗体，在主体区添加 3 个按钮、2 个组合框、1 个列表框和 1 个文本框，将窗体保存为“实验 4-10”，运行界面如图 4-61 所示。具体要求如下。

1）窗体的标题为“自动售票系统”。边框样式为“对话框边框”，取消窗体的记录选择器和导航按钮，主体的高度为 8cm。

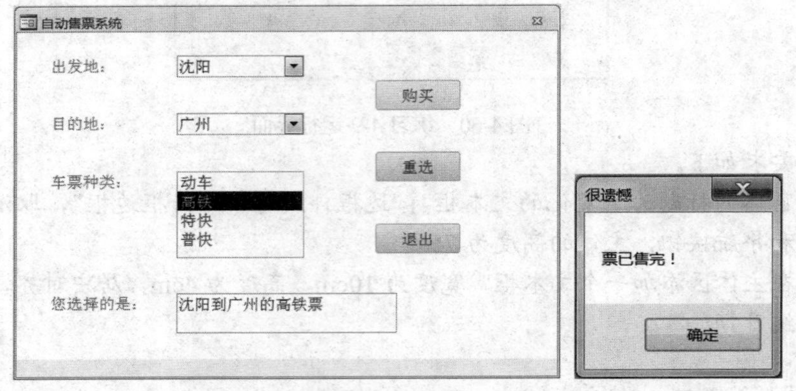

图 4-61　“实验 4-10”运行界面

2）在主体区添加 2 个组合框，组合框 Combo0 的列表项为“沈阳”“大连”“长春”“哈尔滨”，其附加标签的标题为“出发地:”；组合框 Combo2 的列表项为“北京”“上海”“广州”“杭州”，其附加标签的标题为“目的地:”。

3）在主体区添加一个列表框 List4，列表项为“动车”“高铁”“特快”“普快”，其附加标签的标题为“车票种类:”。

4）在主体区添加一个文本框 Text6，其附加标签的标题为“您选择的是:”。

5）在主体区添加 3 个按钮，按钮 Command8 的标题为“购买”，且此按钮不可用；按钮 Command9 的标题为“重选”；按钮 Command10 的标题为“退出”。

6）在两个组合框中分别选择出发地和目的地，在列表框中选择车票种类时，“购买”按钮变为可用状态，且文本框中显示用户所设置的内容，如“沈阳到广州的高铁票”。单击“购买”按钮，弹出“票已售完！”消息框；单击“重选”按钮，清除所有选项；单击“退出”按钮，关闭窗体。

2. 操作步骤

1）新建窗体，并设置窗体和主体的属性。

（1）单击“创建”选项卡“窗体”组中的“窗体设计”按钮，打开窗体的设计视图。

（2）单击“设计”选项卡“工具”组中的“属性表”按钮，打开“属性表”窗格。对象的格式属性设置如表 4-8 所示。

表 4-8　窗体和主体的属性设置

控件名称	标题	边框样式	记录选择器	导航按钮	高度
窗体	自动售票系统	对话框边框	否	否	—
主体	—	—	—	—	8cm

2）创建组合框。

单击“设计”选项卡“控件”组中的“组合框”按钮，在主体区空白处单击，弹出“组合框向导”对话框。

（1）确定列表框获取数值的方式。在对话框中选中“自行键入所需的值”单选按钮，如图 4-62 所示，单击“下一步”按钮。

（2）输入列表项。在“第 1 列”列表中依次输入“沈阳”“大连”“长春”“哈尔滨”，如图 4-63 所示，单击“下一步”按钮。

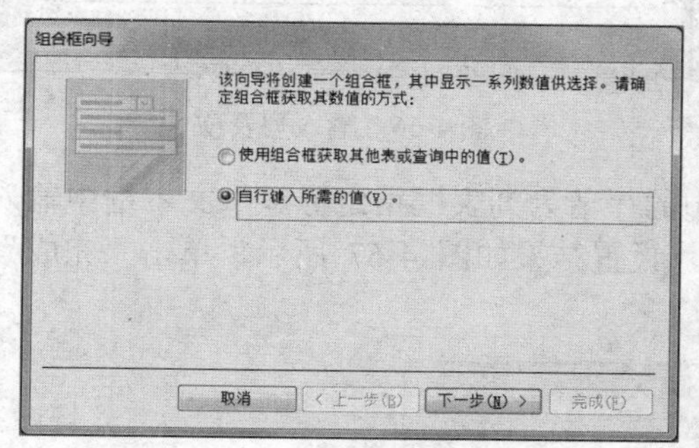

图 4-62　确定组合框获取数值的方式

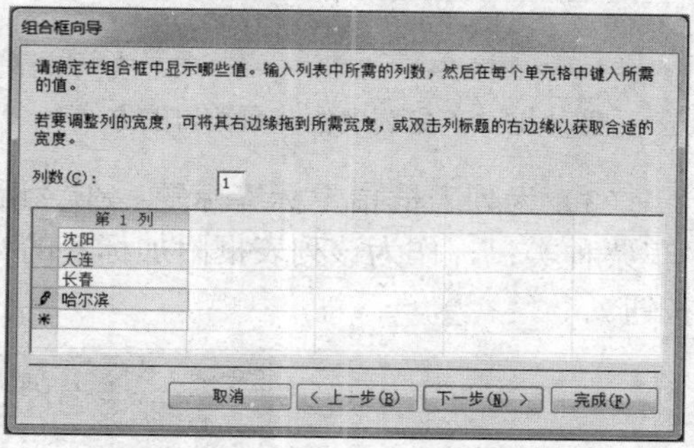

图 4-63　输入列表项

（3）为组合框指定标签标题。在对话框中的“请为组合框指定标签”文本框中输入“出发地：”，作为该组合框附加标签的标题，设置结果如图 4-64 所示，单击“完成”按钮。

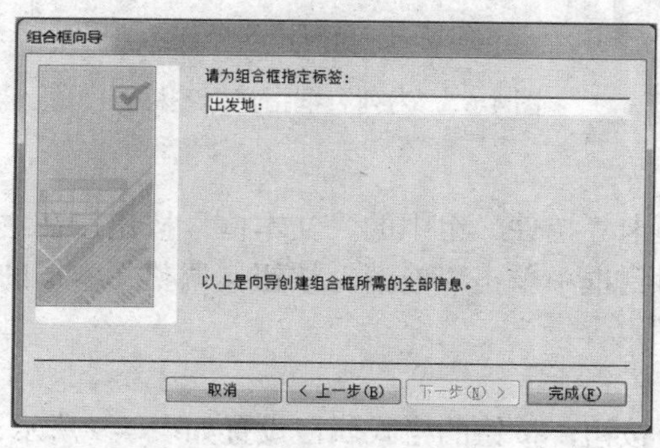

图 4-64　为组合框指定标签标题

（4）使用相同的方法，创建“目的地”为“北京”“上海”“广州”“杭州”的组合框。

3）创建列表框。

单击“设计”选项卡“控件”组中的“列表框”按钮，在主体区空白处单击，弹出

“列表框向导”对话框。

（1）确定列表框获取数值的方式。在对话框中选中“自行键入所需的值”单选按钮，如图 4-65 所示，单击“下一步”按钮。

（2）输入列表项。在“第 1 列”列表中依次输入“动车”“高铁”“特快”“普快”，如图 4-66 所示，单击“下一步”按钮。

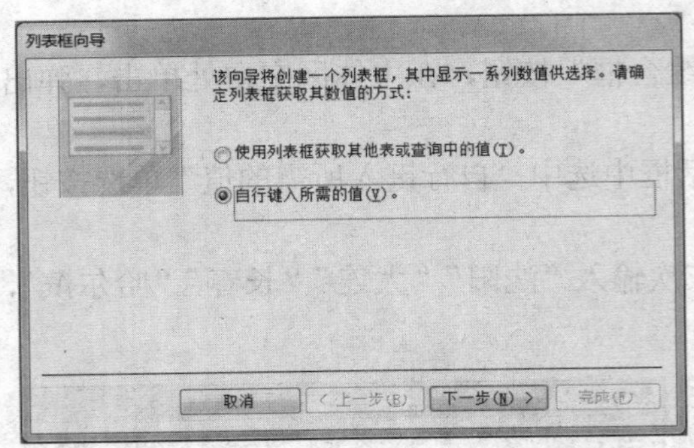

图 4-65　确定列表框获取数值的方式

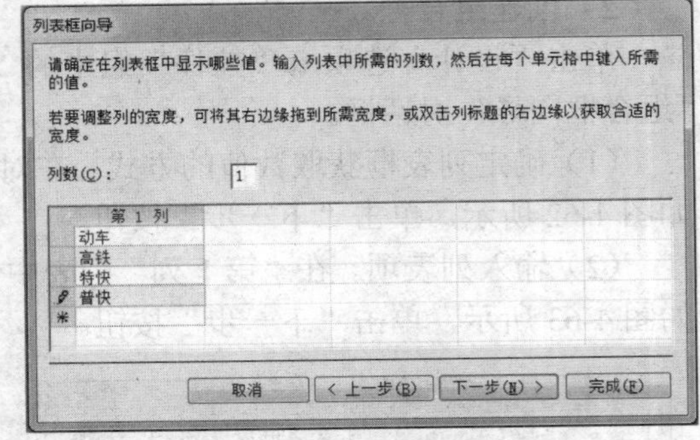

图 4-66　输入列表项

（3）为列表框指定标签标题。在对话框中的“请为列表框指定标签”文本框中输入“车票种类：”，作为该列表框附加标签的标题，设置结果如图 4-67 所示，单击“完成”按钮。

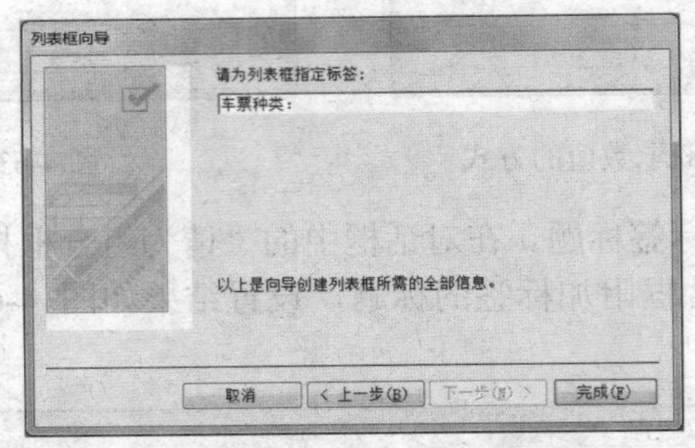

图 4-67　为列表框指定标签标题

4）创建文本框。

单击“设计”选项卡“控件”组中的“文本框”按钮，在主体区空白处单击，在弹出的“文本框向导”对话框中单击“取消”按钮。调整文本框的大小并修改附加标签的标题为“您选择的是：”。

5）创建按钮。

在主体区添加 3 个按钮，按钮的格式属性设置如表 4-9 所示。

表 4-9　按钮的属性设置

控件名称	标题	宽度	高度	可用
Command8	购买	2cm	0.7cm	否
Command9	重选	2cm	0.7cm	—
Command10	退出	2cm	0.7cm	—

提示：“退出”按钮可以使用“命令按钮向导”（“窗体操作”→“关闭窗体”）来完成，也可以创建自定义按钮，通过编写代码来实现退出功能。

适当调整控件的布局及位置，如图 4-68 所示。

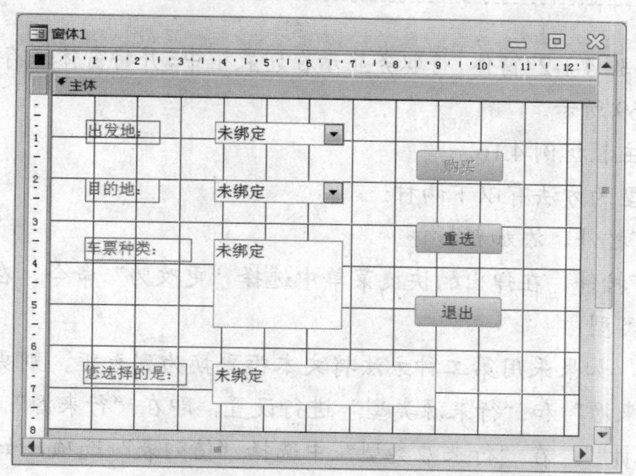

图 4-68 设置对象属性及布局

6）代码设置。

单击“设计”选项卡“工具”组中的“查看代码”按钮，打开 VBA 代码窗口。在窗口的对象下拉列表中选择对象名称，在窗口的事件下拉列表中选择事件名称。或者右击要设置代码的控件，在弹出的快捷菜单中选择“事件生成器”命令，在弹出的“选择生成器”对话框中选择“代码生成器”选项，也可以打开 VBA 代码窗口。

（1）列表框 List4 的 Click（单击）事件代码如下：

提示：如果列表框默认的事件不是 Click（单击）事件，需要重新选择事件名称。

```
Me.Command8.Enabled = True
Me.Text6.Value=Me.Combo0.Value+"到"+Me.Combo2.Value+"的"+Me.List4.
Value+"票"
```

（2）“购买”按钮 Command8 的 Click（单击）事件代码如下：

```
MsgBox  "票已售完！", vbOKOnly, "很遗憾"
```

（3）“重选”按钮 Command9 的 Click（单击）事件代码如下：

```
Me.Combo0.Value = ""
Me.Combo2.Value = ""
Me.List4.Value = ""
Me.Text6.Value = ""
```

（4）“退出”按钮 Command10 的 Click（单击）事件代码如下：

```
DoCmd.Close
```

7）保存窗体，将其命名为“实验 4-10”，切换到窗体视图，运行界面如图 4-61 所示。

提示：先按系统提供的窗体名称保存，关闭该窗体后，重命名该窗体。

练一练

（1）修改“实验 4-1-2”窗体，将职务显示在列表框中，并将窗体保存为“练习 4-10-1”，运行界面如图 4-69 所示。

提示：参考主教材例 4.16。

更改控件类型的方法有以下两种：

① 删除原有控件，添加新控件。

② 右击原有控件，在弹出的快捷菜单中选择“更改为”命令，在其级联菜单中选取要更改的控件类型。

在本任务中，如果采用第二种方法将文本框更换为列表框，则更改完成后需要在属性表中对“行来源”和“行来源类型”进行设置，即在“行来源”中输入“"顾问";"经理";"主管";"职员"”，在“行来源类型”中选择“值列表”选项，如图 4-70 所示。

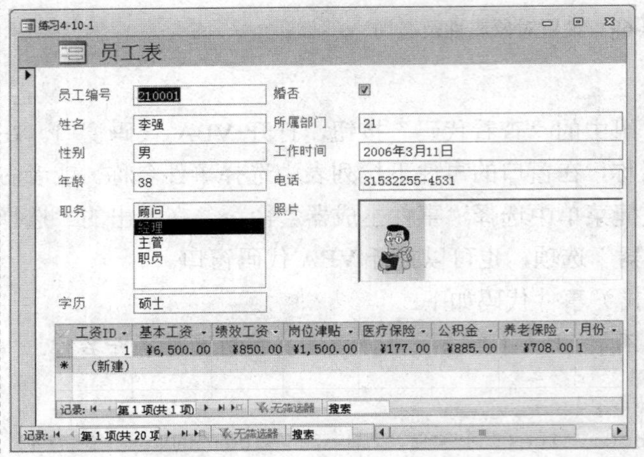

图 4-69　“练习 4-10-1”运行界面

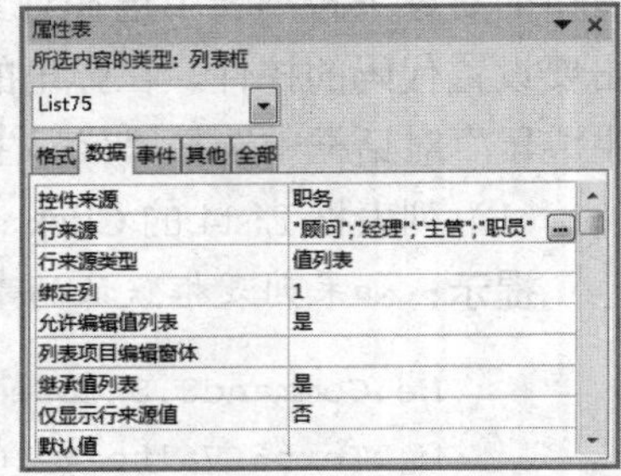

图 4-70　列表框属性设置

（2）修改“练习 4-10-1”窗体，将学历显示在组合框中，并将窗体保存为“练习 4-10-2”，运行界面如图 4-71 所示。

提示：参考主教材例 4.17。

在本任务中，如果采用快捷菜单更换的方法将文本框更换为组合框，则更改完成后，需要在“属性表”窗格中对“行来源”和“行来源类型”进行设置，即在“行来源”文本框中输入“"本科";"硕士";"博士"”，在“行来源类型”下拉列表中选择“值列表”选项，如图 4-72 所示。

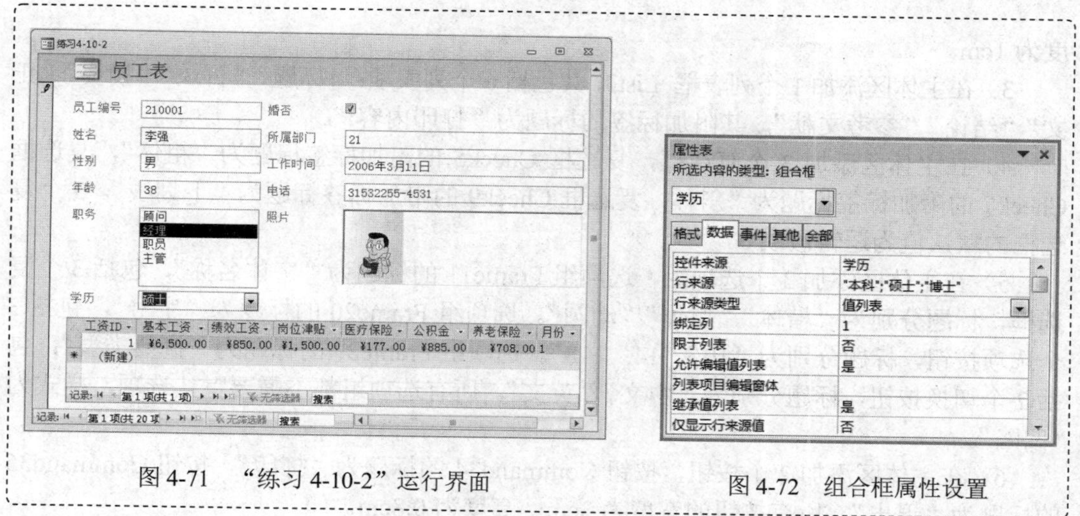

图 4-71 “练习 4-10-2”运行界面　　图 4-72 组合框属性设置

任务 4.11 复选框、选项按钮、切换按钮和选项组控件的使用

1. 任务要求

设计一个论文格式打印设置窗体，窗体中包含标签、文本框、按钮、列表框、复选框、选项按钮、切换按钮和选项组，单击列表框中某一选项时，该选项内容显示在文本框中；选中某一个复选框或选项按钮时，文本框中的文字发生相应的变化。将窗体保存为“实验 4-11”，运行界面如图 4-73 所示。

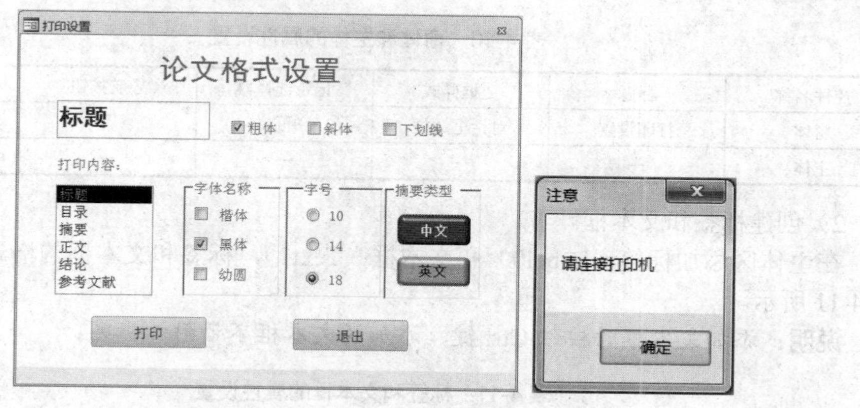

图 4-73 “实验 4-11”的运行界面

具体要求如下。

1）窗体的标题为“打印设置”，边框样式为“对话框边框”，取消窗体的记录选择器和导航按钮，主体的高度为 9cm。

2）在主体区添加标签 Label0，标题为“论文格式设置”，宽度为 6cm，高度为 1.5cm，字体为黑体，字号为 22，居中对齐。在主体区添加 1 个文本框 Text1，宽度为 4cm，高度为 1cm。

3）在主体区添加 1 个列表框 List3，其包括 6 个列表项："标题""目录""摘要""正文""结论""参考文献"，其附加标签的标题为"打印内容:"。

4）在主体区添加 3 个复选框，复选框 Check5 的附加标签标题为"粗体"，复选框 Check7 的附加标签标题为"斜体，复选框 Check9 的附加标签标题为"下划线"。3 个复选框的默认值为逻辑假或 0。

5）在主体区添加 3 个选项组，选项组 Frame11 的标题为"字体名称"，包括 3 个复选框，标题分别为"楷体""黑体""幼圆"。选项组 Frame20 的标题为"字号"，包括 3 个选项按钮，标题分别为"10""14""18"。选项组 Frame29 的标题为"摘要类型"，包括 2 个切换按钮，标题分别为"中文""英文"。所有选项组都不需要默认选项，样式为"凹陷"。

6）在主体区添加 2 个按钮，按钮 Command34 的标题为"打印"，按钮 Command35 的标题为"退出"。所有按钮的宽度为 3cm，高度为 0.8cm。

7）单击列表框中某一选项时，该选项内容显示在文本框中；选中某一个复选框或选项按钮时，文本框中的文字发生相应的变化；单击"打印"按钮，弹出"请连接打印机"消息框；单击"退出"按钮，关闭窗体。

2. 操作步骤

1）新建窗体，并设置窗体和主体的属性。

（1）单击"创建"选项卡"窗体"组中的"窗体设计"按钮，打开窗体的设计视图。

（2）单击"设计"选项卡"工具"组中的"属性表"按钮，打开"属性表"窗格。对象的格式属性设置如表 4-10 所示。

表 4-10　窗体和主体的属性设置

控件名称	标题	边框样式	记录选择器	导航按钮	高度
窗体	打印设置	对话框边框	否	否	—
主体	—	—	—	—	9cm

2）创建标签和文本框。

在主体区添加标签（Label0）和文本框（Text1），标签和文本框的格式属性设置如表 4-11 所示。

说明： 添加文本框时按住 Ctrl 键，添加的文本框不带附加标签。

表 4-11　标签和文本框的属性设置

控件名称	标题	宽度	高度	字体名称	字号	文本对齐
Label0	论文格式设置	6cm	1.5cm	黑体	22	居中
Text1	—	4cm	1cm	—	—	—

3）创建列表框。

单击"设计"选项卡"控件"组中的"列表框"按钮，在主体区空白处单击，弹出"列表框向导"对话框。

（1）确定列表框获取数值的方式。在对话框中选中“自行键入所需的值”单选按钮，如图4-74所示，单击“下一步”按钮。

（2）输入列表项。在“第1列”列表中依次输入“标题”“目录”“摘要”“正文”“结论”“参考文献”，如图4-75所示，单击“下一步”按钮。

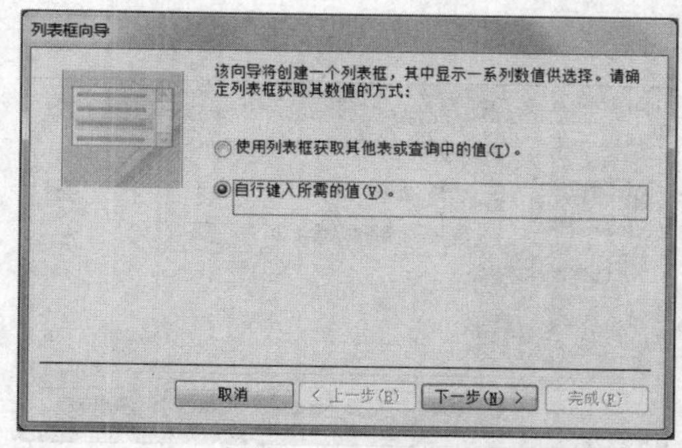

图4-74 确定列表框获取数值的方式

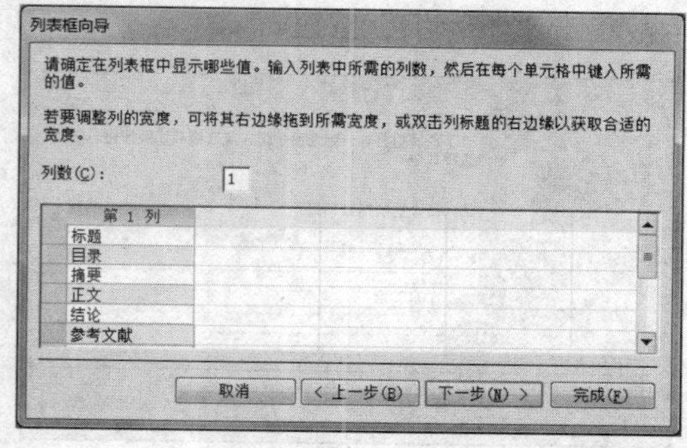

图4-75 输入列表项

（3）为列表框指定标签标题。在对话框中的“请为列表框指定标签”文本框中输入“打印内容:”，作为该列表框附加标签的标题，设置结果如图4-76所示，单击“完成”按钮。

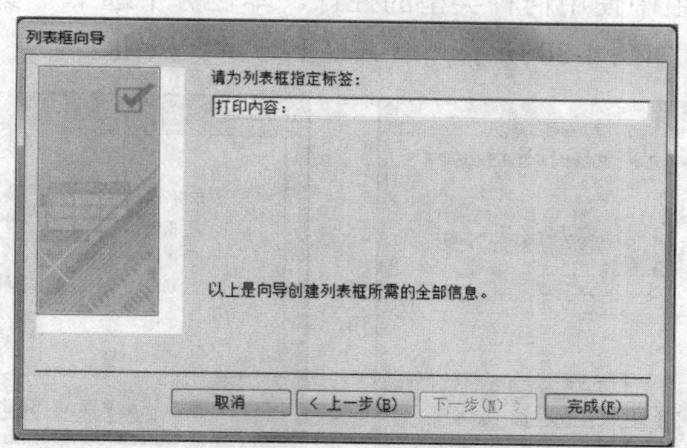

图4-76 为列表框指定标签标题

4）创建复选框。

单击“设计”选项卡“控件”组中的“复选框”按钮，在主体区空白处单击，即可创建复选框。属性设置如表4-12所示。

表4-12 复选框和附加标签的属性设置

复选框控件名称	默认值（数据属性）	附加标签控件名称	标题
Check5	=False（或0）	Label6	粗体
Check7	=False（或0）	Label8	斜体
Check9	=False（或0）	Label10	下划线

5）创建选项组。

单击“设计”选项卡“控件”组中的“选项组”按钮，在主体区空白处单击，弹出

“选项组向导”对话框。

（1）为每个选项指定标签。输入 3 个选项的标签名称为“楷体”“黑体”“幼圆”，如图 4-77 所示，单击“下一步”按钮。

（2）设置默认选项。本任务中选中“否，不需要默认选项”单选按钮，如图 4-78 所示，单击“下一步”按钮。

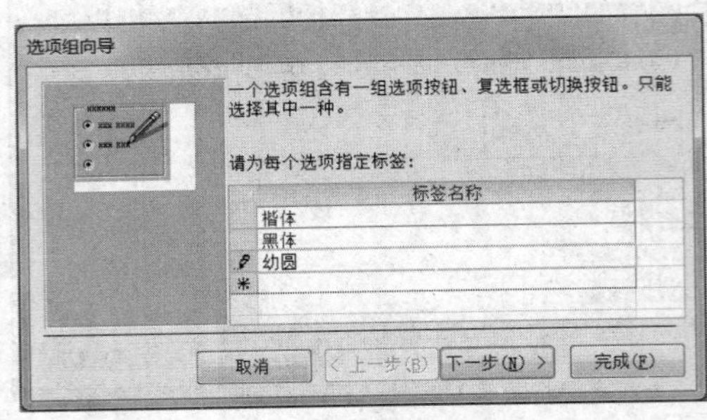

图 4-77　为每个选项指定标签

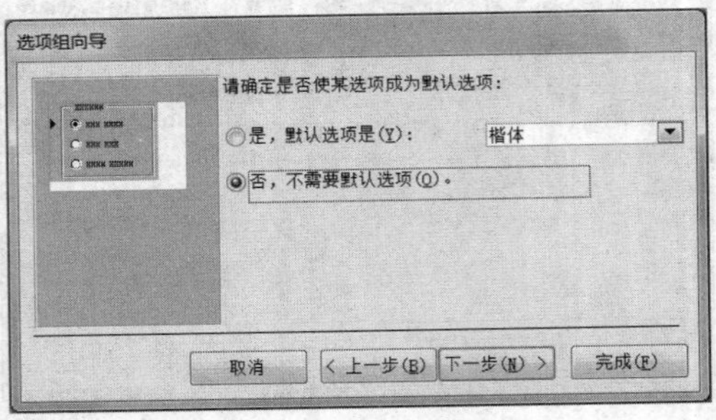

图 4-78　设置默认选项

（3）为每个选项赋值。系统自动为选项赋值为“1”，“2”，“3”，如图 4-79 所示，本任务中采用系统默认赋值，单击“下一步”按钮。

（4）确定在选项组中使用何种类型的控件。本任务中选中“复选框”复选框，选项组的样式为“凹陷”，如图 4-80 所示，单击“下一步”按钮。

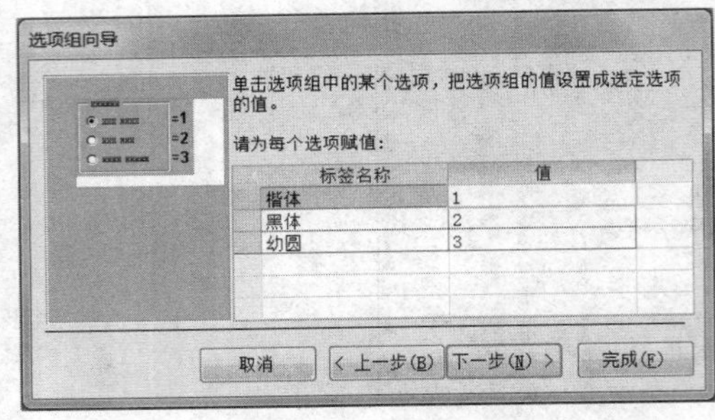

图 4-79　为每个选项赋值

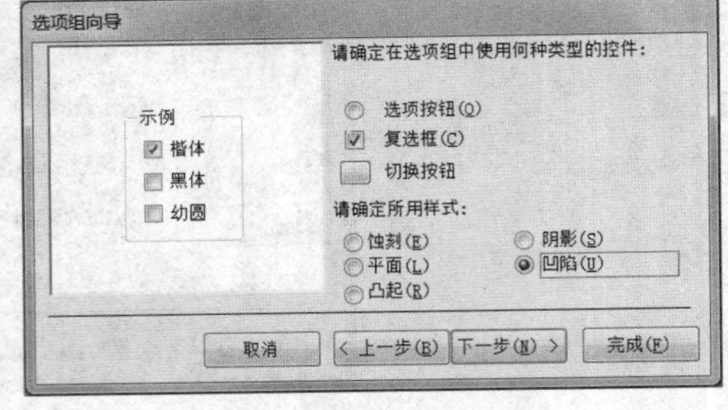

图 4-80　确定选项组中使用的控件类型

（5）为选项组指定标题。在对话框中的“请为选项组指定标题：”文本框中输入“字体名称”，作为该选项组附加标签的标题，设置结果如图 4-81 所示，单击“完成”按钮。

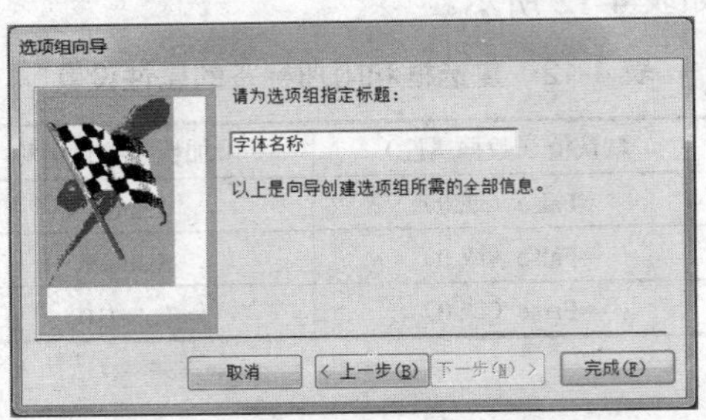

图 4-81　为选项组指定标签标题

（6）使用相同的方法，按照相同的设置，创建“字号”选项组（包括3个选项按钮，标题分别为“10”“14”“18”）和“摘要类型”选项组（包括两个切换按钮，标题分别为“中文”和“英文”）。

6）创建按钮。

在主体区添加两个按钮，按钮的格式属性设置如表4-13所示。

表4-13 按钮的属性设置

控件名称	标题	宽度	高度
Command34	打印	3cm	0.8cm
Command35	退出	3cm	0.8cm

提示：“退出”按钮可以使用“命令按钮向导”（“窗体操作”→“关闭窗体”）来完成，也可以创建自定义按钮，通过编写代码来实现退出功能。

适当调整控件的布局及位置，如图4-82所示。

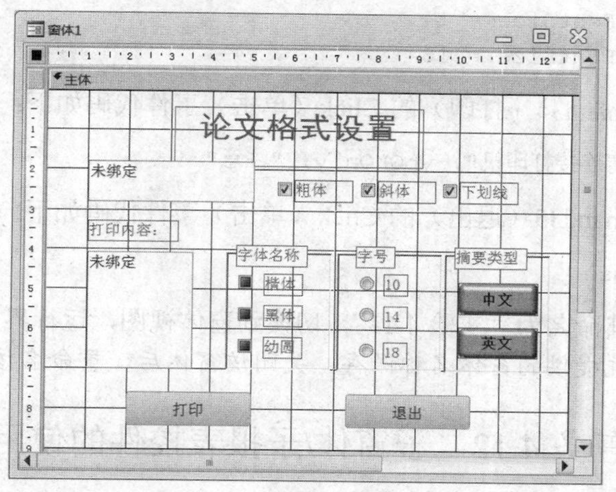

图4-82 设置对象属性及布局

7）代码设置。

单击“设计”选项卡“工具”组中的“查看代码”按钮，打开VBA代码窗口。在窗口的对象下拉列表中选择对象名称，在窗口的事件下拉列表中选择事件名称。或者右击要设置代码的控件，在弹出的快捷菜单中选择“事件生成器”命令，在弹出的“选择生成器”对话框中选择“代码生成器”选项，也可以打开VBA代码窗口。

（1）列表框List3的Click（单击）事件代码如下：

提示：如果列表框默认的事件不是Click（单击）事件，需要重新选择事件名称。

```
Me.Text1.Value = Me.List3.Value
```

（2）复选框Check5（粗体）、Check7（斜体）和Check9（下划线）的Click（单击）事件代码如下：

```
Me.Text1.FontBold = IIf(Text1.FontBold = 0, 1, 0)
Me.Text1.FontItalic = Not Me.Text1.FontItalic
```

```
Me.Text1.FontUnderline = Not Me.Text1.FontUnderline
```

（3）复选框 Check14（楷体）、Check16（黑体）和 Check18（幼圆）的 GotFocus（获得焦点）事件代码如下：

提示：如果复选框默认的事件不是 GotFocus（获得焦点）事件，需要重新选择事件名称。

```
Me.Text1.FontName = "楷体"
Me.Text1.FontName = "黑体"
Me.Text1.FontName = "幼圆"
```

（4）选项按钮 Option23（10）、Option25（14）和 Option27（18）的 GotFocus（获得焦点）事件代码如下：

提示：如果选项按钮默认的事件不是获得焦点事件，需要重新选择事件名称。

```
Me.Text1.FontSize = 10
Me.Text1.FontSize = 14
Me.Text1.FontSize = 18
```

（5）按钮 Command34（打印）的 Click（单击）事件代码如下：

```
MsgBox "请连接打印机", vbOKOnly, "注意"
```

（6）按钮 Command35（退出）的 Click（单击）事件代码如下：

```
DoCmd.Close
```

保存窗体，将其命名为“实验 4-11”，切换到窗体视图，运行界面如图 4-73 所示。

提示：先按系统提供的窗体名称保存，关闭该窗体后，重命名该窗体。

任务 4.12　子窗体/子报表控件的使用

1. 任务要求

修改“实验 4-9”和“实验 4-2”窗体，在“实验 4-2”窗体中添加一个子窗体，用于显示“实验 4-9”窗体中的信息，即主窗体中显示员工信息，子窗体中显示该员工的工资信息。将窗体保存为“实验 4-12”，运行界面如图 4-83 所示。

具体要求如下。

1）修改“实验 4-9”窗体，设置窗体的边框样式为“对话框边框”，取消窗体的记录选择器和导航按钮。设置窗体页脚的高度为 0cm，并删除窗体页脚区中的“关闭”按钮。将该窗体另存为“实验 4-12 子窗体”。

2）修改“实验 4-2”窗体，设置窗体的边框样式为“对话框边框”，取消窗体的记录选择器和导航按钮，窗体的宽度为 15cm，主体的高度为 14cm。将该窗体另存为“实验 4-12”。

3）将“实验 4-12 子窗体”窗体作为子窗体添加到“实验 4-12”窗体中。

4）在主体区添加 3 个按钮，按钮 Command58 的标题为“前一项记录”，按钮

Command59 的标题为“下一项记录”，按钮 Command60 的标题为“关闭”。所有按钮的宽度为 3cm，高度为 0.7cm。

5）单击“前一项记录”按钮，显示上一条记录；单击“下一项记录”按钮，显示下一条记录；单击“关闭”按钮，关闭窗体。

图 4-83 “实验 4-12”运行界面

2. 操作步骤

1）设置子窗体。

打开“实验 4-9”窗体，将其另存为“实验 4-12 子窗体”。右击窗体的标题栏，在弹出的快捷菜单中选择“设计视图”命令，切换到窗体的设计视图。

删除窗体页脚区中的“关闭”按钮。单击“设计”选项卡“工具”组中的“属性表”按钮，打开“属性表”窗格。设置窗体和窗体页脚的属性，如表 4-14 所示。属性设置完成后，窗体视图如图 4-84 所示，保存并关闭窗体。

表 4-14 窗体和窗体页脚的属性设置

控件名称	边框样式	记录选择器	导航按钮	高度
窗体	对话框边框	否	否	—
窗体页脚	—	—	—	0cm

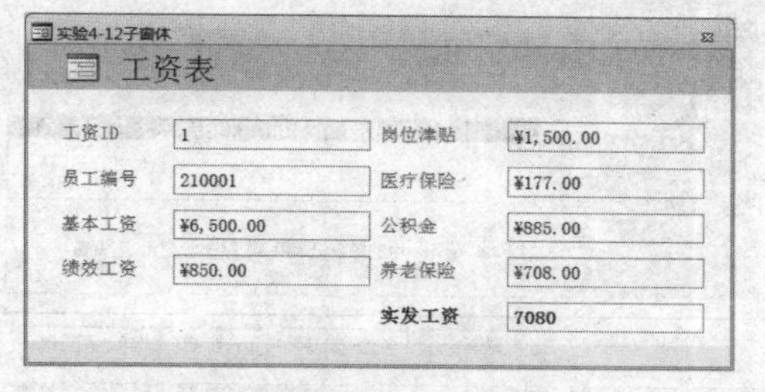

图 4-84 设置子窗体

2）设置主窗体。

打开“实验 4-2”窗体，将其另存为“实验 4-12”。右击窗体的标题栏，切换到窗体的设计视图。

在“属性表”窗格中，设置窗体和主体的属性如表 4-15 所示。

表 4-15　窗体和主体的属性设置

控件名称	宽度	边框样式	记录选择器	导航按钮	高度
窗体	15cm	对话框边框	否	否	—
主体	—	—	—	—	14cm

3）添加子窗体。

单击“设计”选项卡“控件”组中的“子窗体/子报表”按钮，在主体区的空白位置处单击，弹出“子窗体向导”对话框。

（1）选择子窗体的数据源。在对话框中选中“使用现有的窗体”单选按钮，在下面列表框中选择“实验 4-12 子窗体”选项作为数据源，如图 4-85 所示，单击“下一步”按钮。

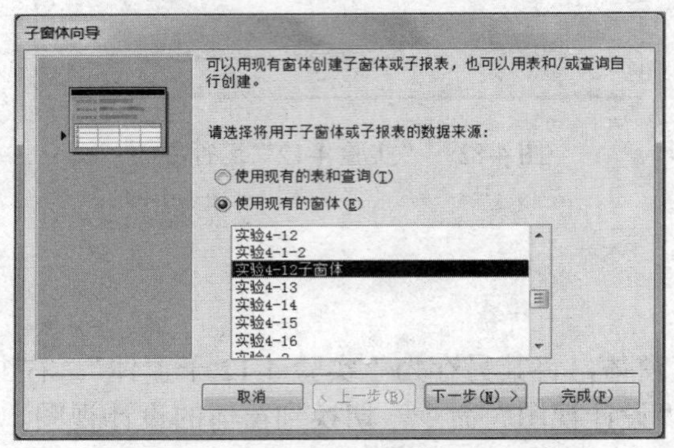

图 4-85　设置子窗体的数据源

（2）设置主、子窗体的链接字段。在对话框中选中“从列表中选择”单选按钮，并在下面列表框中选择“对〈SQL 语句〉中的每个记录用 员工编号 显示 工资表”选项，设置结果如图 4-86 所示，单击“下一步”按钮。

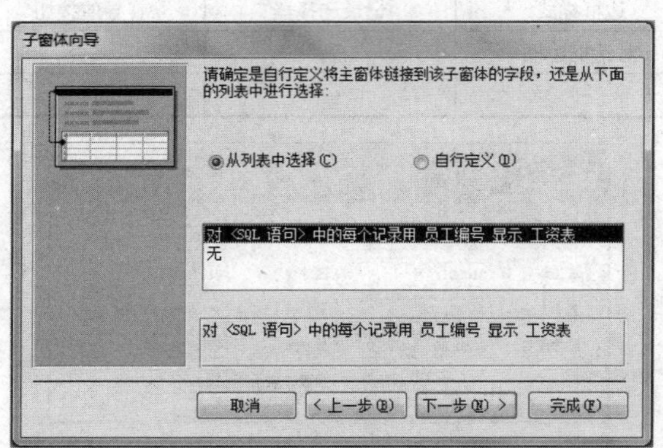

图 4-86　设置主、子窗体的链接字段

(3）设置子窗体标题。在对话框中的“请指定子窗体或子报表的名称：”文本框中输入“工资”，作为子窗体的附加标签标题，设置界面如图 4-87 所示，单击“完成”按钮。

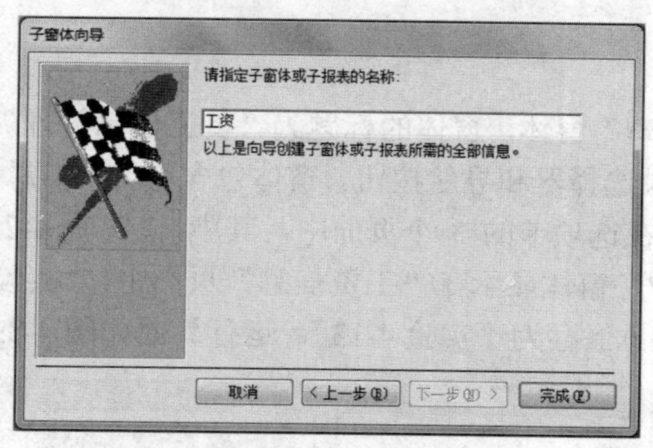

图 4-87　设置子窗体的标题

4）添加按钮。

利用命令按钮向导创建 3 个按钮。按钮的属性设置如表 4-16 所示。

表 4-16　按钮的属性设置

控件名称	标题	宽度	高度
Command58	前一项记录	3cm	0.7cm
Command59	下一项记录	3cm	0.7cm
Command60	关闭	3cm	0.7cm

适当调整控件的布局及位置，如图 4-88 所示。

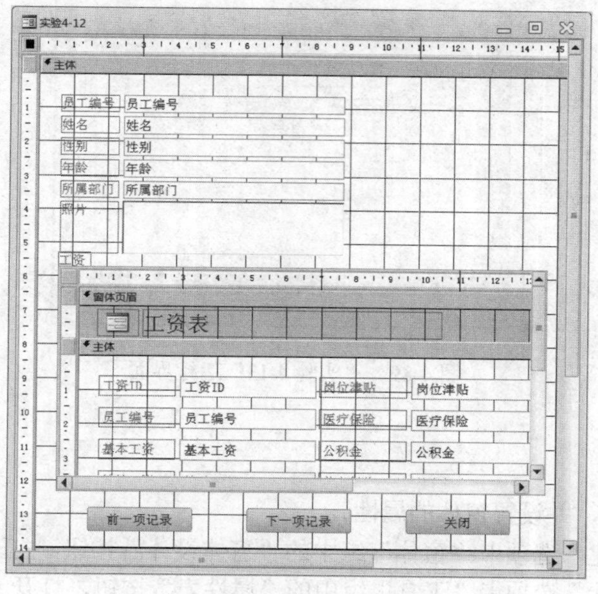

图 4-88　设置对象属性及布局

5）保存窗体，切换到窗体视图，运行界面如图 4-83 所示。

任务 4.13　选项卡控件的使用

1. 任务要求

创建“员工信息管理”窗体，窗体的标题为“员工信息管理”，边框样式为“对话框边框”，取消窗体的记录选择器和导航按钮。窗体包含“员工信息”“工资信息”“部门信息”3 部分内容，显示在选项卡的 3 个页面中，其中，“实验 4-2”窗体显示在“员工信息”页面中，“实验 4-7”窗体显示在“工资信息”页面中，“实验 4-4”窗体显示在“部门信息”页面中。将窗体保存为“实验 4-13”，运行界面如图 4-89 所示。

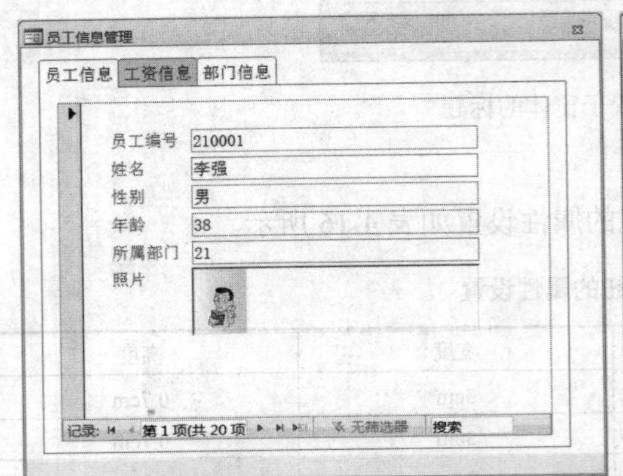

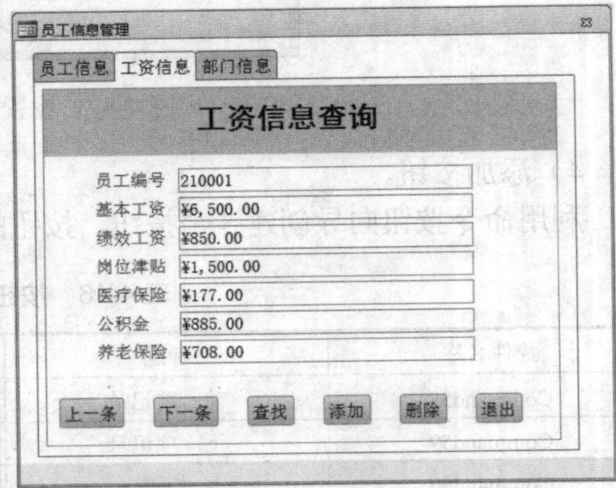

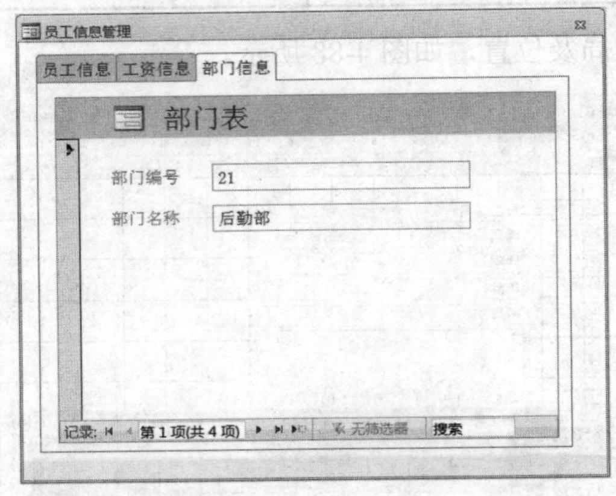

图 4-89　“实验 4-13”运行界面

2. 操作步骤

(1) 新建窗体，并设置窗体的属性。

① 单击“创建”选项卡“窗体”组中的“窗体设计”按钮，打开窗体的设计视图。

② 单击“设计”选项卡“工具”组中的“属性表”按钮，打开“属性表”窗格。窗体的属性设置如表 4-17 所示。

表 4-17 窗体的属性设置

控件名称	标题	边框样式	记录选择器	导航按钮
窗体	员工信息管理	对话框边框	否	否

（2）添加选项卡控件。单击“设计”选项卡“控件”组中的“选项卡控件”按钮，在主体区的空白位置单击，即可添加一个选项卡控件。右击选项卡控件的“页 1”页面，在弹出的快捷菜单中选择“插入页”命令，为选项卡添加一个页面，如图 4-90 所示。

选项卡的格式属性设置如表 4-18 所示。设置完成后的界面如图 4-91 所示。

表 4-18 选项卡的属性设置

控件名称	标题
页 1	员工信息
页 2	工资信息
页 3	部门信息

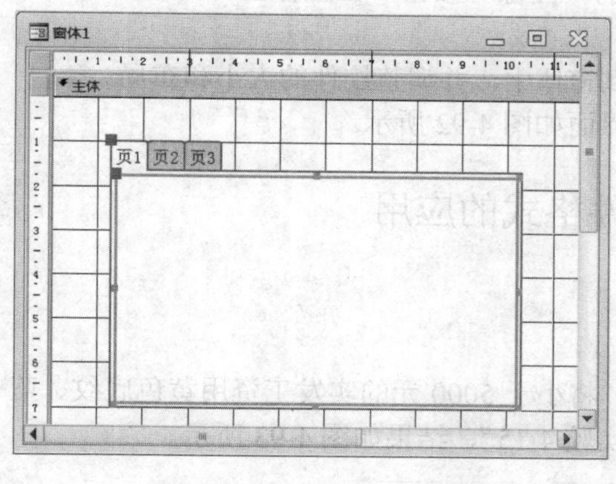

图 4-90 具有 3 个页面的选项卡

图 4-91 设置对象的属性

（3）在页面中添加窗体。选择“员工信息”页面，选中导航窗格中的“实验 4-2”窗体，按住 Ctrl 键将其拖放至“员工信息”页面中，并调整控件的大小和布局。

使用相同的方法，将“实验 4-7”窗体拖放至“工资信息”页面中，将“实验 4-4”窗体拖放至“部门信息”页面中，并调整控件的大小和布局。

（4）保存窗体，将其命名为“实验 4-13”，切换到窗体视图，运行界面如图 4-89 所示。

提示： 先按系统提供的窗体名称保存，关闭窗体后，重命名该窗体。

任务 4.14 图像控件的使用

1. 任务要求

修改“实验 4-8”窗体，用五幅图像代替标签“评委 1”～“评委 5”。将窗体保存为“实验 4-14”，运行界面如图 4-92 所示。

图 4-92　“实验 4-14”运行界面

2. 操作步骤

（1）打开“实验 4-8”窗体，将其另存为“实验 4-14”。右击窗体的标题栏，在弹出的快捷菜单中选择“设计视图”命令，切换到窗体的设计视图。

（2）删除标签“评委 1”～“评委 5”。

（3）单击“设计”选项卡“控件”组中的“图像”按钮，在主体区上拖动鼠标绘制一个矩形框，并选择图像文件“评委 1.jpg”。

使用相同的方法，将另外四幅图像添加到窗体中，并调整控件的大小和布局。

（4）保存窗体，切换到窗体视图，运行界面如图 4-92 所示。

任务 4.15　条件格式的应用

1. 任务要求

修改“实验 4-12”窗体，应用条件格式，将小于 5000 元的实发工资用黄色底纹、蓝色、加粗、倾斜字体显示。将窗体保存为“实验 4-15”，结果如图 4-93 所示。

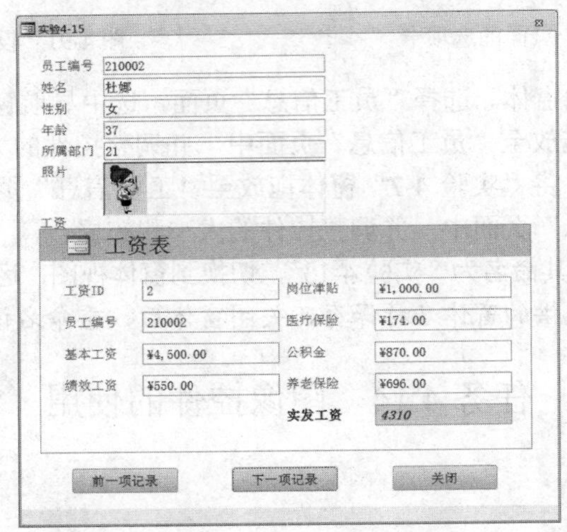

图 4-93　“实验 4-15”运行结果

2. 操作步骤

（1）打开“实验4-12”窗体，切换到窗体的设计视图，在主体区选中与“实发工资”标签绑定的文本框，如图4-94所示。

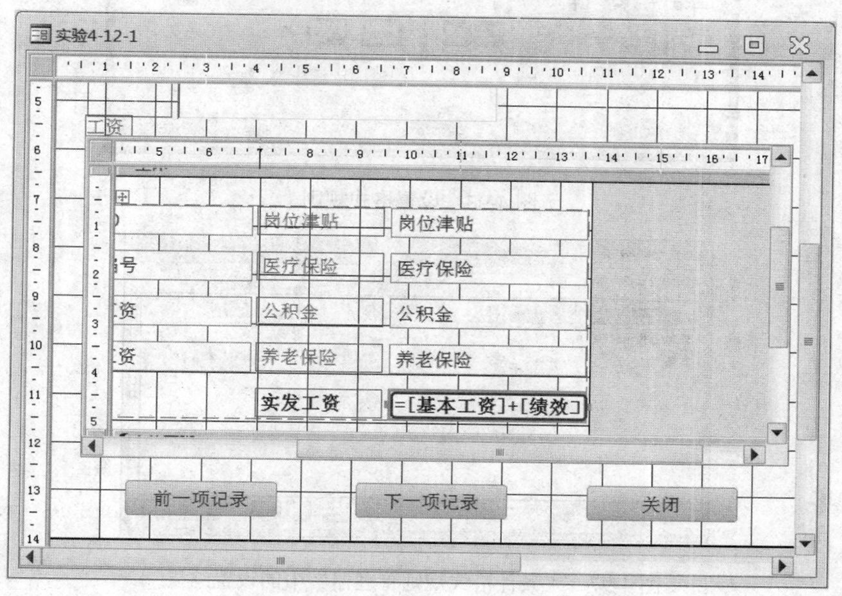

图4-94 选中文本框

（2）单击“格式”选项卡“控件格式”组中的“条件格式”按钮，弹出“条件格式规则管理器”对话框，如图4-95所示。

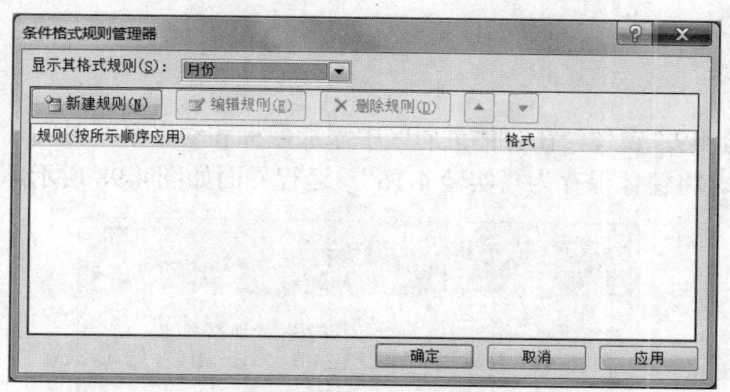

图4-95 条件格式规则管理器

单击“新建规则”按钮，弹出“新建格式规则”对话框，根据题目要求，设置工资小于5000元的条件格式，设置结果如图4-96所示，单击“确定”按钮。返回“条件格式规则管理器”对话框，如图4-97所示，单击“确定”按钮。

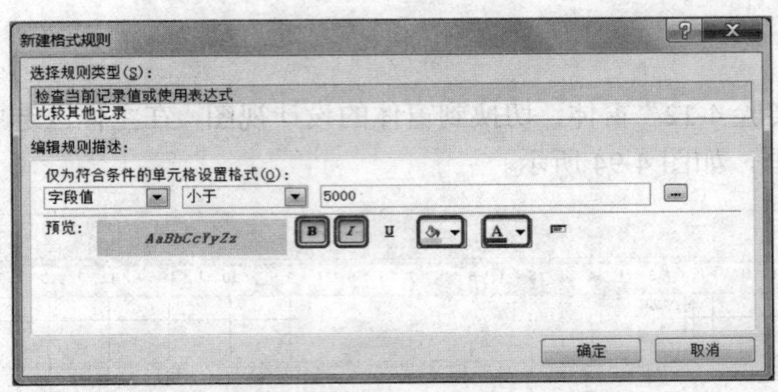

图 4-96　设置格式规则

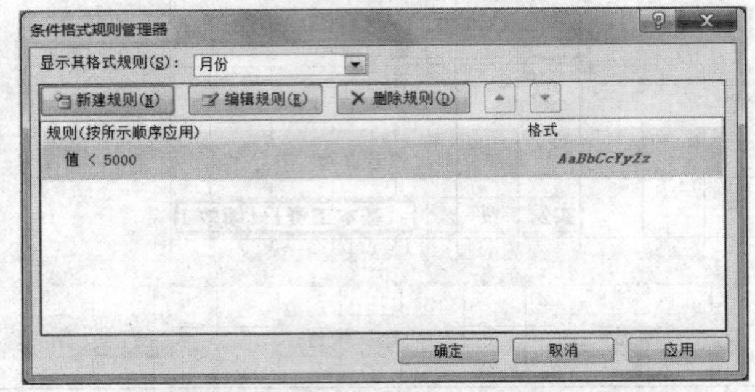

图 4-97　“条件格式规则管理器”中的设置结果

（3）将窗体另存为“实验 4-15”，切换到窗体视图，结果如图 4-93 所示。

任务 4.16　为窗体添加徽标和时间

1. 任务要求

修改“实验 4-9”窗体，在窗体页眉区中添加徽标和动态系统时间，设置徽标的缩放模式为“缩放”。将窗体保存为“实验 4-16”，运行界面如图 4-98 所示。

图 4-98　“实验 4-16”运行界面

2. 操作步骤

（1）添加徽标并设置属性。

① 打开“实验4-9”窗体，切换到窗体的设计视图，单击“设计”选项卡“页眉/页脚”组中的“徽标”按钮，在弹出的对话框中选择图片文件“工资表LOGO.bmp”。

② 选中“徽标”控件，单击“设计”选项卡“工具”组中的“属性表”按钮，打开“属性表”窗格，修改其属性如表4-19所示。

表4-19 属性设置

控件名称	缩放模式
Auto_Logo0	缩放

（2）添加日期和时间，并设置属性。

① 单击“设计”选项卡“页眉/页脚”组中的“日期和时间”按钮，弹出“日期和时间”对话框。本任务中选取默认选项，如图4-99所示，单击“确定”按钮，窗体页眉中添加了两个文本框，设计界面如图4-100所示。

图4-99 “日期和时间”对话框

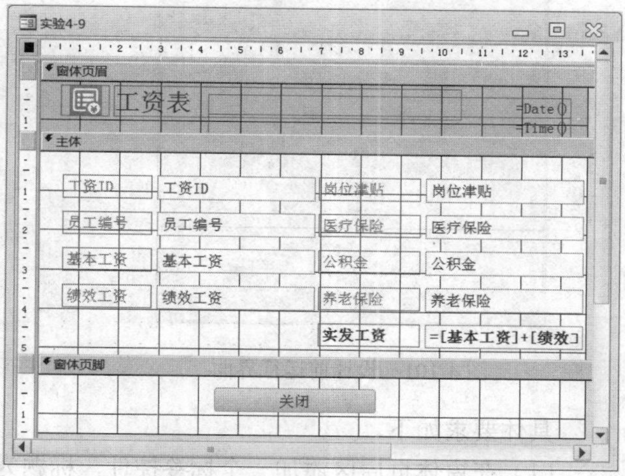

图4-100 窗体的设计界面

② 选中窗体页眉区中新添加的文本框“Auto_Time”，在“属性表”窗格中删除其“控件来源”属性值。

（3）设置窗体属性及代码。

① 设置窗体的属性，如表4-20所示。

表4-20 窗体的属性设置

控件名称	计时器间隔（事件选项卡）
窗体	1000

② 设置窗体（Form）的Timer（计时器触发）事件代码如下：

提示：如果窗体默认的事件不是 Timer（计时器触发）事件，需要重新选择事件名称。

```
Me.Auto_Time.Value = Time()
```

（4）将窗体另存为“实验 4-16”，切换到窗体视图，运行界面如图 4-98 所示。

综合练习

提示：所有综合练习中，都不允许修改窗体对象或子窗体对象中题目未涉及的控件、属性和任何 VBA 代码。只允许在“*****Add*****”与“*****Add*****”之间的空行内补充一条语句，不允许增加和修改其他位置已存在的语句。

【综合练习 4.1】在“综合练习 4.1”文件夹下有一个数据库文件“samp4.1.accdb”，其中已设计好窗体对象“fStaff”。请按照以下要求补充窗体设计。

窗体对象“fStaff”设计前的运行界面如图 4-101 所示。设计完成后的运行界面如图 4-102 所示。

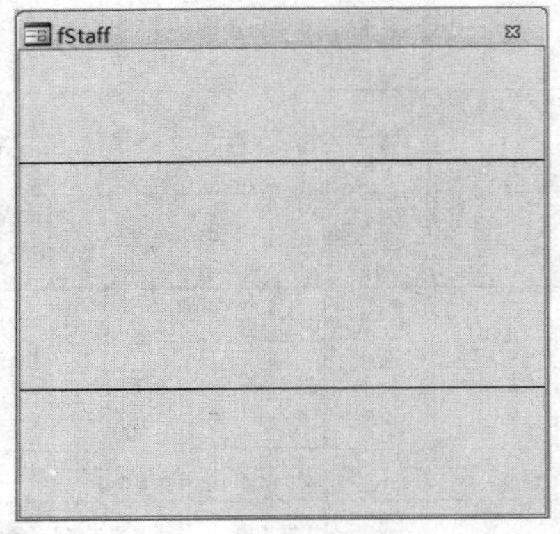

图 4-101　设计前运行界面

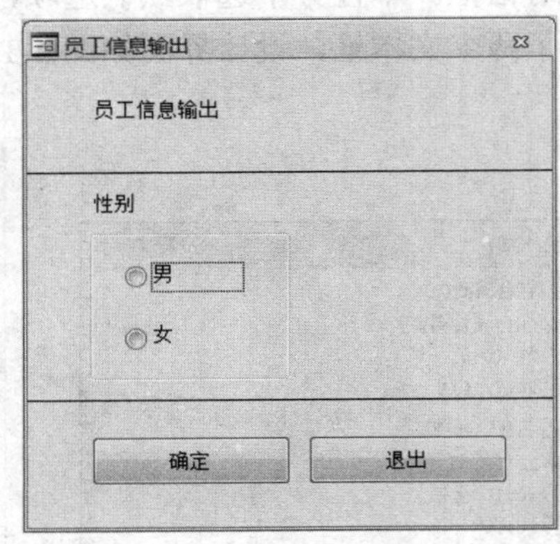

图 4-102　设计后运行界面

具体要求如下。

（1）在窗体页眉区添加一个标签控件，标题为“员工信息输出”，名称为“bTitle”。

（2）在主体区添加一个选项组控件，将其命名为“opt”，选项组标签显示内容为“性别”，名称为“bopt”。

（3）在选项组内放置两个选项按钮控件，将选项按钮分别命名为“opt1”和“opt2”，选项按钮标签显示内容分别为“男”和“女”，名称分别为“bopt1”和“bopt2”。

（4）在窗体页脚区中添加两个按钮，分别命名为“bOk”和“bQuit”，按钮标题分别为“确定”和“退出”。

（5）将窗体标题设置为“员工信息输出”。

【综合练习 4.2】在“综合练习 4.2”文件夹下有一个数据库文件“samp4.2.accdb”，其中已设计好窗体对象“fTest”。请按照以下要求补充窗体设计。

窗体对象“fTest”设计前的运行界面如图 4-103 所示。设计完成后的运行界面如图 4-104 所示。

图 4-103 设计前运行界面

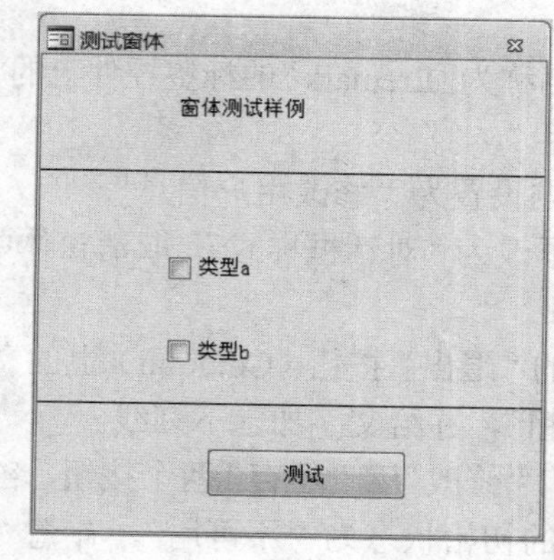

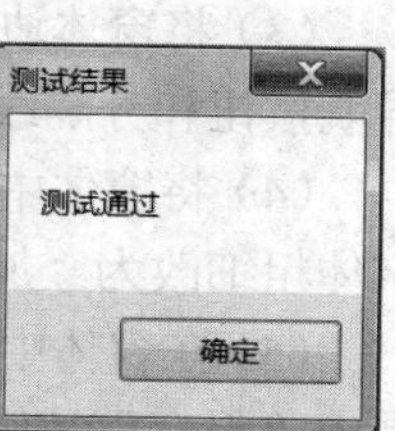

图 4-104 设计后运行界面

具体要求如下。

（1）在窗体页眉区添加一个标签控件，标题为“窗体测试样例”，名称为“bTitle”。

（2）在窗体的主体区添加两个复选框控件，并分别命名为“chk1”和“chk2”，对应的复选框标签显示内容分别为“类型 a”和“类型 b”，标签名称分别为“bchk1”和“bchk2”。

（3）分别设置复选框 chk1 和 chk2 的“默认值”属性为假值。

（4）在窗体页脚区添加一个按钮，将其命名为“bTest”，按钮标题为“测试”。

（5）设置按钮 bTest 的单击事件为弹出一个消息对话框，消息对话框中有一个“确定”按钮，消息对话框中显示的内容为“测试通过”，标题为“测试结果”。

（6）将窗体标题设置为“测试窗体”。

提示：“测试”按钮的 Click（单击）事件的代码如下：

```
MsgBox "测试通过", vbOKOnly, "测试结果"
```

【综合练习 4.3】在“综合练习 4.3”文件夹下有一个数据库文件“samp4.3.accdb”，其中已设计好表对象“tAddr”和“tUser”及窗体对象“fEdit”和 “fEuser”。请按照以下要求补充“fEdit”窗体的设计。

窗体对象“fEdit”设计前的运行界面如图 4-105 所示。设计完成后的运行界面如图 4-106 所示。

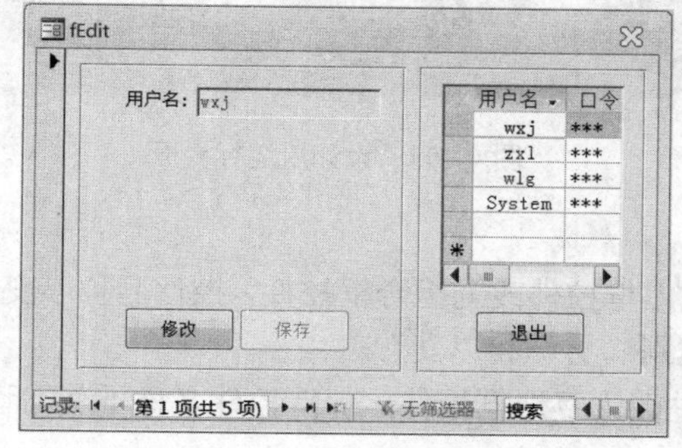

图 4-105 设计前运行界面

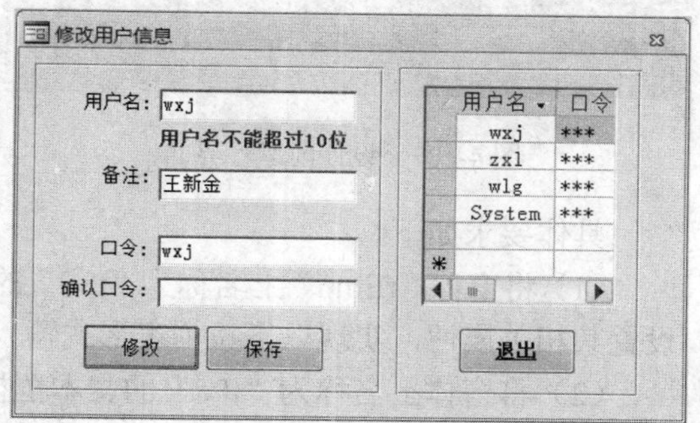

图 4-106 设计后运行界面

具体要求如下。

（1）将窗体中名称为“Lremark”的标签控件上的文字颜色改为红色（红色代码为 255），字体粗细改为“加粗”。

（2）将窗体标题设置为“修改用户信息”。

（3）将窗体边框改为“对话框样式”，取消窗体中的水平和垂直滚动条、记录选择器、导航按钮和分隔线。

（4）将窗体中的“退出”按钮（Cmdquit）上的文本颜色改为深棕（深棕代码为 128）、字体粗细改为“加粗”，并给文字加上下划线。

（5）在窗体中有“修改”和“保存”两个按钮，名称分别为“CmdEdit”和“CmdSave”，其中“保存”按钮的初始状态为“不可用”，补充“修改”按钮的 Click（单击）事件代码，使单击该按钮后，“保存”按钮变为可用。

提示：“修改”按钮（CmdEdit）的 Click（单击）事件代码:

```
Me.CmdSave.Enabled = True
```

【综合练习 4.4】在“综合练习 4.4”文件夹下有一个数据库文件“samp4.4.accdb”，其中已设计好表对象“tEmp”、查询对象“qEmp”和窗体对象“fEmp”。同时，给出了窗体对象“fEmp”上两个按钮的 Click（单击）事件代码，请按照以下要求补充窗体设计。

窗体对象“fEmp”设计前的运行界面如图 4-107 所示。设计完成后的运行界面如图 4-108 所示。

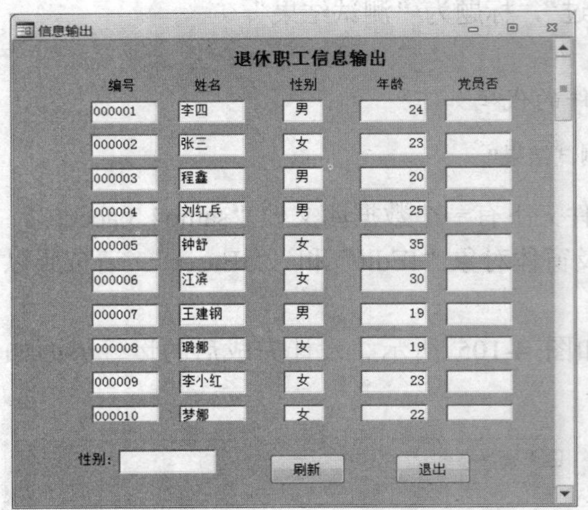

图 4-107　设计前运行界面

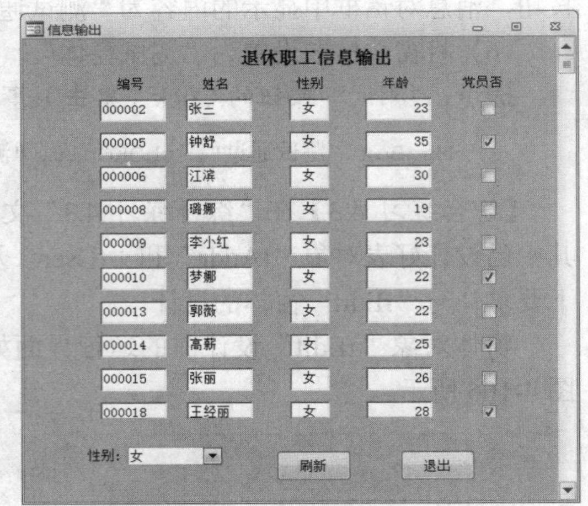

图 4-108　设计后运行界面

具体要求如下。

（1）将窗体“fEmp”上名称为“tSS”的文本框控件改为组合框控件，控件名称不变。设置其相关属性，实现以下拉列表形式输入性别“男”和“女”。

（2）将窗体上名称为“tPa”的文本框控件改为复选框控件，保持控件名称不变，设置控件来源属性以输出“党员否”字段值。

（3）在窗体中有“刷新”和“退出”两个按钮，名称分别为“bt1”和“bt2”。补充“刷新”按钮的Click(单击)事件代码，使单击该按钮后，窗体的记录源为查询“qEmp”；单击“退出”按钮，关闭窗体。

提示：

① “tSS”组合框的行来源类型选择“值列表”选项，行来源属性为“"男";"女"”。

② 删除文本框“tPa”，按住Ctrl键，在原来的位置添加复选框，设置该复选框的名称为“tPa”，控件来源为“党员否”。

③ “刷新”按钮的Click（单击）事件代码如下：

```
Me.RecordSource = "qEmp"
```

“退出”按钮的Click（单击）事件代码如下：

```
DoCmd.Close
```

【综合练习 4.5】在“综合练习 4.5”文件夹下有一个数据库文件“samp4.5.accdb”，其中已设计好表对象“tStud”和“tScore”、窗体对象“fStud”及子窗体对象“fScore 子窗体”。请按照以下要求补充窗体“fStud”和“fScore 子窗体”的设计。

窗体对象“fStud”设计前的运行界面如图 4-109 所示。设计完成后的运行界面如图 4-110 所示。

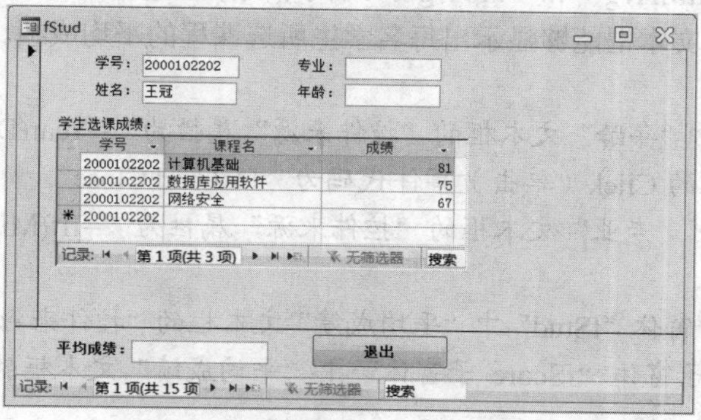

图 4-109　设计前运行界面

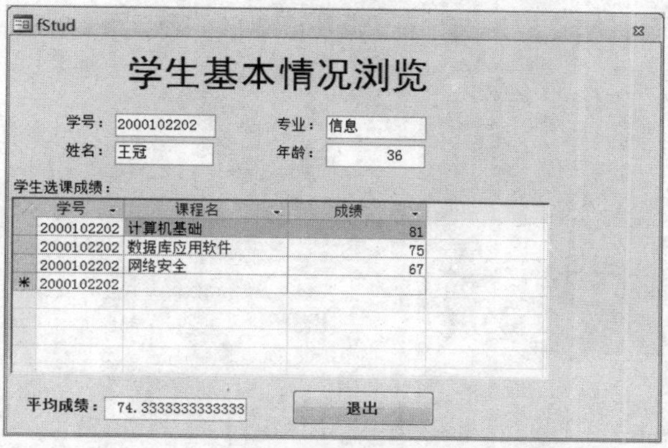

图 4-110　设计后运行界面

具体要求如下。

（1）在“f Stud”窗体的页眉区中距左边 2.5cm、距上边 0.3cm 处添加一个宽 6.5cm、高 0.95cm 的标签控件（名称为 bTitle），标签控件上的文字为“学生基本情况浏览”，颜色为“蓝色”（蓝色代码为 16711680）、字体为“黑体”、字号为 22。

（2）将“f Stud”窗体边框改为“细边框”样式，取消窗体中的水平和垂直滚动条、最大化和最小化按钮；取消“fScore 子窗体”中的记录选择器、浏览按钮（导航按钮）和分隔线。

（3）在“f Stud”窗体中有一个“年龄”文本框和一个“退出”按钮，名称分别为“tAge”和“CmdQuit”。对“年龄”文本框进行适当的设置，使之能够显示学生的年龄；“退出”按钮的功能是关闭“f Stud”窗体，请按照 VBA 代码中的指示将实现此功能的代码填入指定的位置中。

（4）假设“t Stud”表中“学号”字段的第 5 位和第 6 位编码代表该生的专业信息，当这两位编码为“10”时表示“信息”专业，为其他值时表示“经济”专业。对“f Stud”窗体中名称为“t Sub”的文本框控件进行适当设置，使其根据“学号”字段的第 5 位和第 6 位编码显示对应的专业名称。

（5）在窗体“f Stud”和子窗体“fScore 子窗体”中各有一个“平均成绩”文本框控件，名称分别为“txtMAvg”和“txtAvg”，对两个文本框进行适当设置，使“f Stud”窗体中的“txtMAvg”文本框能够显示出每名学生所选课程的平均成绩。

提示：

① 步骤（3）中“年龄”文本框的“控件来源”属性为“=Year(Date())−Year([出生日期])”。“退出”按钮的 Click（单击）事件代码为“DoCmd.Close”。

② 步骤（4）中“专业”文本框的“控件来源”属性为“=IIf(Mid([学号],5,2)="10","信息","经济")”。

③ 步骤（5）中窗体“fStud”中“平均成绩”文本框的“控件来源”属性为“=[fScore 子窗体]![txtavg]”，子窗体“fScore 子窗体”中“平均成绩”文本框的“控件来源”属性为=Avg([成绩])。

实验 5　设 计 报 表

在进行实验 5 的所有实验操作之前，将数据库的文档窗口的样式更改为重叠窗口。操作步骤参考任务 1.2。

任务 5.1　利用“报表”按钮自动创建报表

1. 任务要求

利用“报表”按钮给“员工管理”数据库中的“工资表”自动创建报表。报表预览效果如图 5-1 所示，将报表保存为“实验 5-1”。

工资表　　2017年11月23日　13:52:51

工资ID	员工编号	基本工资	绩效工资	岗位津贴	医疗保险	公积金	养老保险	月份
1	210001	¥6,500.00	¥850.00	¥1,500.00	¥177.00	¥885.00	¥708.00	1
2	210002	¥4,500.00	¥550.00	¥1,000.00	¥174.00	¥870.00	¥696.00	1
3	210003	¥4,000.00	¥400.00	¥900.00	¥168.00	¥840.00	¥672.00	1
4	210004	¥4,600.00	¥500.00	¥1,000.00	¥168.00	¥840.00	¥672.00	1
5	220001	¥6,000.00	¥900.00	¥1,500.00	¥149.00	¥745.00	¥596.00	1
6	220002	¥5,500.00	¥750.00	¥1,200.00	¥144.00	¥720.00	¥576.00	1
7	220003	¥6,500.00	¥800.00	¥1,400.00	¥138.00	¥690.00	¥552.00	1
8	220004	¥4,500.00	¥650.00	¥1,000.00	¥121.00	¥605.00	¥484.00	1
9	220005	¥4,400.00	¥550.00	¥1,000.00	¥122.00	¥610.00	¥488.00	1
10	220006	¥4,300.00	¥600.00	¥900.00	¥123.00	¥615.00	¥492.00	1
11	220007	¥4,300.00	¥550.00	¥900.00	¥119.00	¥595.00	¥476.00	1
12	230001	¥6,000.00	¥900.00	¥1,500.00	¥113.00	¥565.00	¥452.00	1
13	230002	¥5,300.00	¥700.00	¥1,200.00	¥120.00	¥600.00	¥480.00	1
14	230003	¥3,800.00	¥400.00	¥800.00	¥116.00	¥580.00	¥464.00	1
15	230004	¥4,200.00	¥600.00	¥900.00	¥113.00	¥565.00	¥452.00	1
16	230005	¥4,400.00	¥600.00	¥1,000.00	¥115.00	¥575.00	¥460.00	1
17	230006	¥4,300.00	¥450.00	¥900.00	¥114.00	¥570.00	¥456.00	1
18	240001	¥4,300.00	¥450.00	¥900.00	¥112.00	¥560.00	¥448.00	1
19	240002	¥4,200.00	¥500.00	¥900.00	¥106.00	¥530.00	¥424.00	1
20	240003	¥5,000.00	¥700.00	¥1,200.00	¥100.00	¥500.00	¥400.00	1
							¥10,448.00	

共 1 页，第 1 页

图 5-1　“实验 5-1”报表预览效果

2. 操作步骤

（1）打开“员工管理”数据库，在导航窗格中选中“工资表”。

（2）单击“创建”选项卡“报表”组中的“报表”按钮，系统自动生成报表，如图 5-2 所示。

工资表

工资表　　2017年11月2日　08:48:21

工资ID	员工编号	基本工资	绩效工资	岗位津贴	医疗保险	公积金	养老保险	月份
1	210001	¥6,500.00	¥850.00	¥1,500.00	¥177.00	¥885.00	¥708.00	1
2	210002	¥4,500.00	¥550.00	¥1,000.00	¥174.00	¥870.00	¥696.00	1
3	210003	¥4,000.00	¥400.00	¥900.00	¥168.00	¥840.00	¥672.00	1
4	210004	¥4,600.00	¥500.00	¥1,000.00	¥168.00	¥840.00	¥672.00	1
5	220001	¥6,000.00	¥900.00	¥1,500.00	¥149.00	¥745.00	¥596.00	1
6	220002	¥5,500.00	¥750.00	¥1,200.00	¥144.00	¥720.00	¥576.00	1
7	220003	¥6,500.00	¥800.00	¥1,400.00	¥138.00	¥690.00	¥552.00	1
8	220004	¥4,500.00	¥650.00	¥1,000.00	¥121.00	¥605.00	¥484.00	1
9	220005	¥4,400.00	¥550.00	¥1,000.00	¥122.00	¥610.00	¥488.00	1
10	220006	¥4,300.00	¥600.00	¥900.00	¥123.00	¥615.00	¥492.00	1
11	220007	¥4,300.00	¥550.00	¥900.00	¥119.00	¥595.00	¥476.00	1
12	230001	¥6,000.00	¥900.00	¥1,500.00	¥113.00	¥565.00	¥452.00	1
13	230002	¥5,300.00	¥700.00	¥1,200.00	¥120.00	¥600.00	¥480.00	1
14	230003	¥3,800.00	¥400.00	¥800.00	¥116.00	¥580.00	¥464.00	1
15	230004	¥4,200.00	¥600.00	¥900.00	¥113.00	¥565.00	¥452.00	1
16	230005	¥4,400.00	¥600.00	¥1,000.00	¥115.00	¥575.00	¥460.00	1
17	230006	¥4,300.00	¥450.00	¥900.00	¥114.00	¥570.00	¥456.00	1
18	240001	¥4,300.00	¥450.00	¥900.00	¥112.00	¥560.00	¥448.00	1
19	240002	¥4,200.00	¥500.00	¥900.00	¥106.00	¥530.00	¥424.00	1
20	240003	¥5,000.00	¥700.00	¥1,200.00	¥100.00	¥500.00	¥400.00	1

¥10,448.00

共 1 页，第 1 页

图 5-2　系统自动生成的报表

（3）单击选中字段，将鼠标指针定位在两个字段的交界处，当鼠标指针变为“◀|▶”形状时，按住并拖动鼠标，调整字段的宽度；单击选中页码，按住并拖动鼠标，调整页码的位置。使所有字段和页码都显示在一页，如图 5-3 所示。

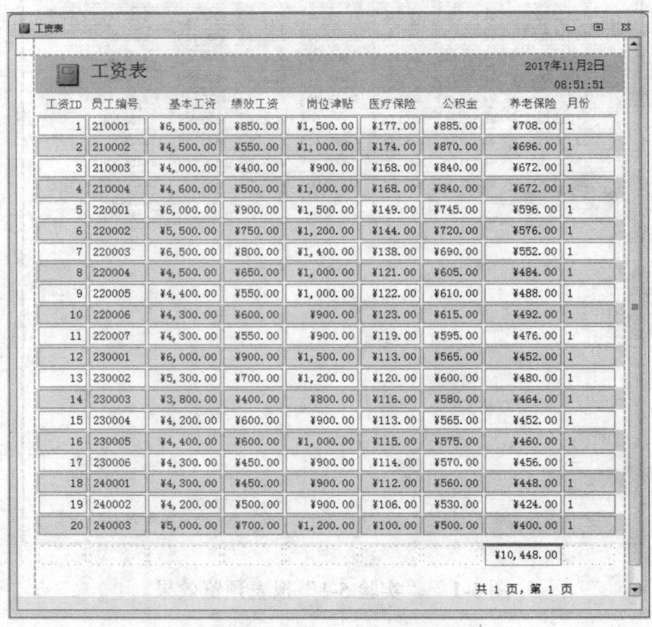

工资表

工资表　　2017年11月2日　08:51:51

工资ID	员工编号	基本工资	绩效工资	岗位津贴	医疗保险	公积金	养老保险	月份
1	210001	¥6,500.00	¥850.00	¥1,500.00	¥177.00	¥885.00	¥708.00	1
2	210002	¥4,500.00	¥550.00	¥1,000.00	¥174.00	¥870.00	¥696.00	1
3	210003	¥4,000.00	¥400.00	¥900.00	¥168.00	¥840.00	¥672.00	1
4	210004	¥4,600.00	¥500.00	¥1,000.00	¥168.00	¥840.00	¥672.00	1
5	220001	¥6,000.00	¥900.00	¥1,500.00	¥149.00	¥745.00	¥596.00	1
6	220002	¥5,500.00	¥750.00	¥1,200.00	¥144.00	¥720.00	¥576.00	1
7	220003	¥6,500.00	¥800.00	¥1,400.00	¥138.00	¥690.00	¥552.00	1
8	220004	¥4,500.00	¥650.00	¥1,000.00	¥121.00	¥605.00	¥484.00	1
9	220005	¥4,400.00	¥550.00	¥1,000.00	¥122.00	¥610.00	¥488.00	1
10	220006	¥4,300.00	¥600.00	¥900.00	¥123.00	¥615.00	¥492.00	1
11	220007	¥4,300.00	¥550.00	¥900.00	¥119.00	¥595.00	¥476.00	1
12	230001	¥6,000.00	¥900.00	¥1,500.00	¥113.00	¥565.00	¥452.00	1
13	230002	¥5,300.00	¥700.00	¥1,200.00	¥120.00	¥600.00	¥480.00	1
14	230003	¥3,800.00	¥400.00	¥800.00	¥116.00	¥580.00	¥464.00	1
15	230004	¥4,200.00	¥600.00	¥900.00	¥113.00	¥565.00	¥452.00	1
16	230005	¥4,400.00	¥600.00	¥1,000.00	¥115.00	¥575.00	¥460.00	1
17	230006	¥4,300.00	¥450.00	¥900.00	¥114.00	¥570.00	¥456.00	1
18	240001	¥4,300.00	¥450.00	¥900.00	¥112.00	¥560.00	¥448.00	1
19	240002	¥4,200.00	¥500.00	¥900.00	¥106.00	¥530.00	¥424.00	1
20	240003	¥5,000.00	¥700.00	¥1,200.00	¥100.00	¥500.00	¥400.00	1

¥10,448.00

共 1 页，第 1 页

图 5-3　所有内容显示在一页的报表

（4）单击快速访问工具栏中的“保存”按钮，弹出“另存为”对话框，输入报表名称为“实验 5-1”，如图 5-4 所示，单击“确定”按钮。

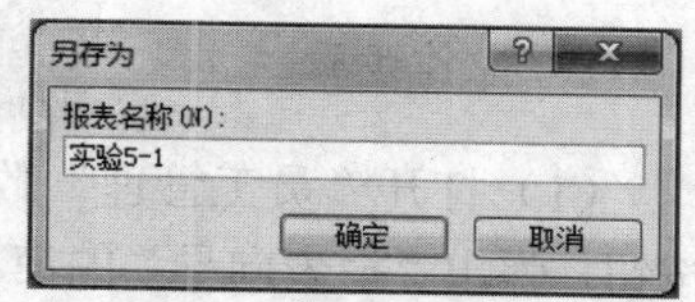

图 5-4 报表的“另存为”对话框

（5）单击“开始”选项卡“视图”组中的“视图”下拉按钮，在打开的下拉列表中选择“打印预览”选项，报表预览效果如图 5-1 所示。

任务 5.2 利用“报表向导”按钮创建报表

1. 任务要求

利用“报表向导”按钮给“员工管理”数据库中的“部门表”和“员工表”创建报表。报表中显示“部门名称”“员工编号”“姓名”“性别”“年龄”“职务”“学历”“工作时间”“电话”字段，查看数据的方式为“通过部门表”，不添加分组级别，按“员工编号”升序排序，布局为“递阶”，方向为“纵向”，报表标题为“各部门员工信息表”。报表预览效果如图 5-5 所示，将报表保存为“实验 5-2”。

各部门员工信息表

部门名称	员工编	姓名	性别	年龄	职务	学历	工作时间	电话
后勤部								
	210001	李强	男	38	经理	硕士	2006年3月11日	31532255
	210002	杜娜	女	37	职员	硕士	2007年4月15日	31532255
	210003	王宝	女	35	职员	本科	2012年5月16日	31532255
	210004	王成	男	35	职员	博士	2011年1月5日	31532255
生产部								
	220001	陈好	女	44	经理	本科	1997年6月5日	31532255
	220002	苏家	男	37	主管	硕士	2007年5月9日	31532255
	220003	王福	男	40	顾问	硕士	2001年9月5日	31532255
	220004	董小	女	33	职员	硕士	2011年8月9日	31532255
	220005	张娜	女	32	职员	硕士	2011年6月18日	31532255
	220006	张梦	女	29	职员	硕士	2014年3月14日	31532255
	220007	王刚	男	25	职员	硕士	2016年9月8日	31532255
市场部								
	230001	张小	男	59	经理	本科	1982年9月9日	31532255
	230002	金钢	男	41	主管	本科	1998年5月6日	31532255
	230003	高强	男	39	职员	专科	1999年3月5日	31532255
	230004	程金	男	27	职员	本科	2015年1月3日	31532255
	230005	李小	女	30	职员	博士	2014年3月14日	31532255
	230006	郭薇	女	29	职员	硕士	2014年7月5日	31532255
人力资源部								
	240001	王刚	男	26	职员	硕士	2016年1月5日	31532255
	240002	赵薇	女	29	职员	本科	2012年7月5日	31532255
	240003	吴晓	男	31	主管	博士	2013年5月18日	31532255

2017年11月23日　　共 1 页，第 1 页

图 5-5 “实验 5-2”报表预览效果

2. 操作步骤

（1）打开“员工管理”数据库，单击“创建”选项卡“报表”组中的“报表向导”按钮，弹出“报表向导”的第 1 个对话框，在“表/查询”下拉列表中选择“表: 部门表”，双击“可用字段”列表框中的“部门名称”字段，将它添加到“选定字段”列表框中，如图 5-6 所示。

（2）在“表/查询”下拉列表中选择“表: 员工表”，在“可用字段”列表框中，依次双击“员工编号”“姓名”“性别”“年龄”“职务”“学历”“工作时间”“电话”字段，将它们添加到“选定字段”列表框中，如图 5-7 所示。

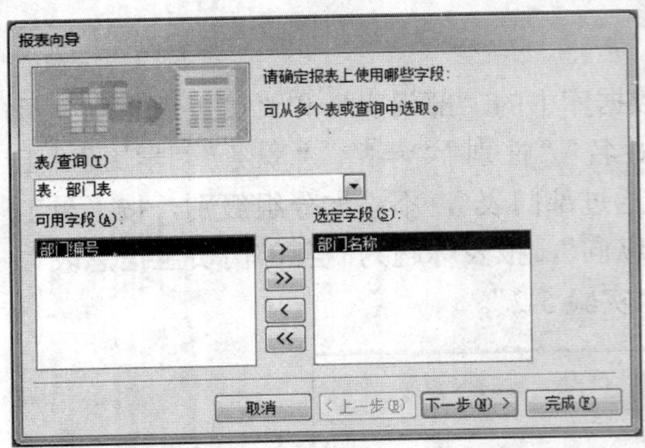

图 5-6　在“部门表”中选取字段

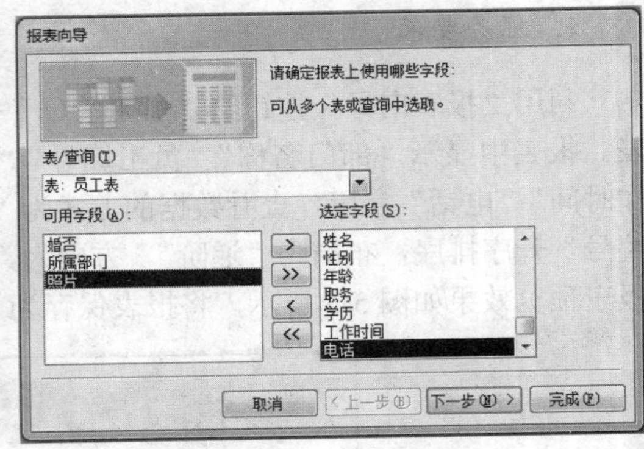

图 5-7　在“员工表”中选取字段

（3）单击“下一步”按钮，弹出“报表向导”的第 2 个对话框，选择查看数据的方式为“通过 部门表”，如图 5-8 所示。

（4）单击“下一步”按钮，弹出“报表向导”的第 3 个对话框，本任务中不添加分组级别，如图 5-9 所示。

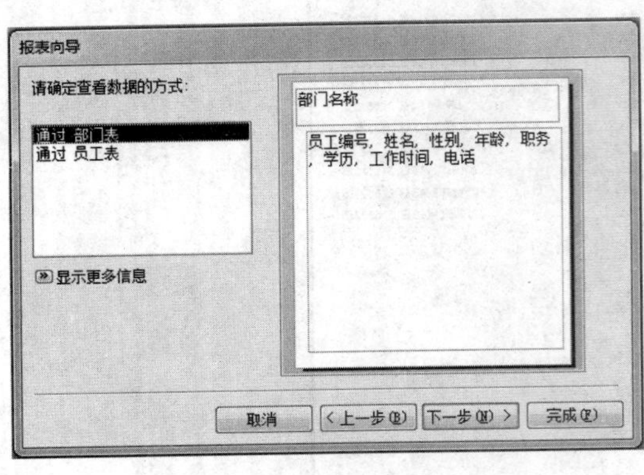

图 5-8　确定查看数据的方式

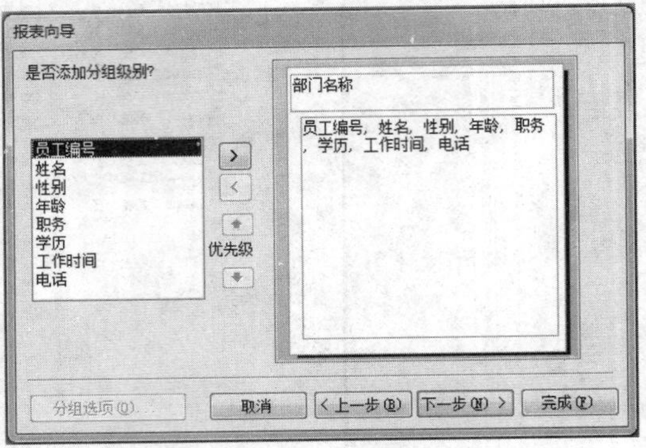

图 5-9　确定是否添加分组级别

（5）单击“下一步”按钮，弹出“报表向导”的第 4 个对话框，在“1”下拉列表中选择“员工编号”选项，如图 5-10 所示。

（6）单击“下一步”按钮，弹出“报表向导”的第5个对话框，设置“布局”为“递阶”，“方向”为“纵向”，如图5-11所示。

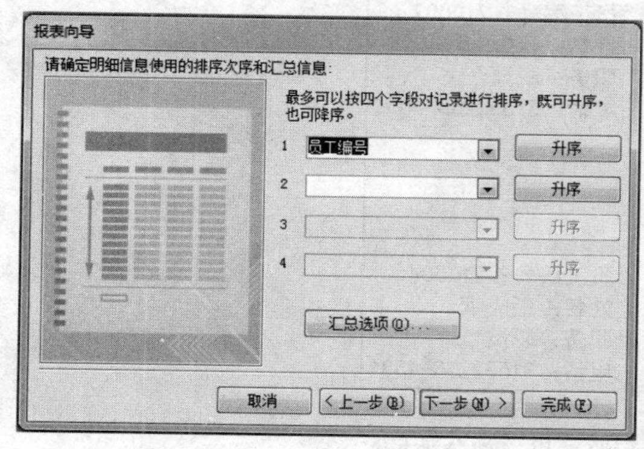

图5-10　确定排序次序和汇总信息

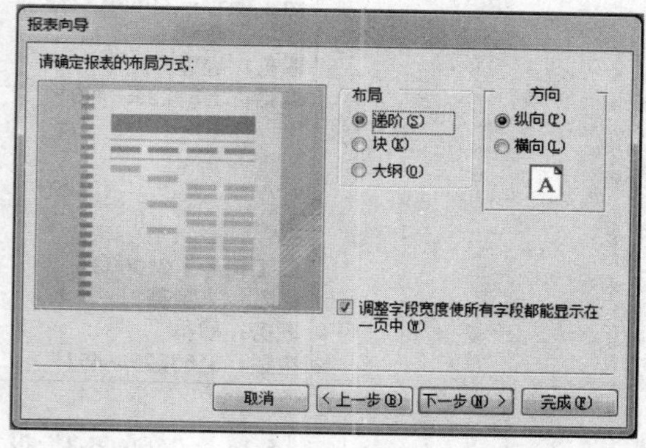

图5-11　确定报表的布局方式

（7）单击“下一步”按钮，弹出“报表向导”的第6个对话框，输入报表的标题为“各部门员工信息表”，如图5-12所示。

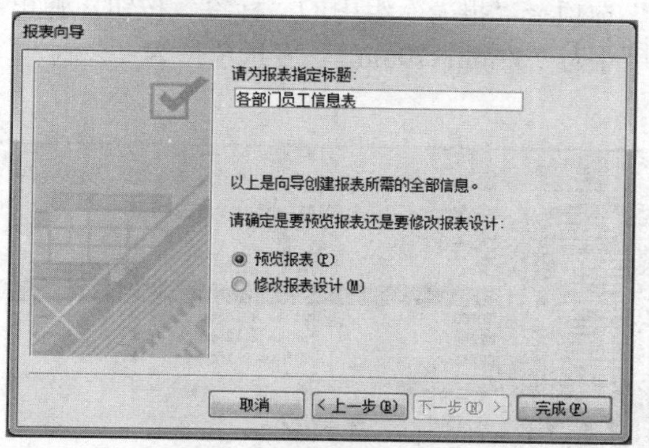

图5-12　为报表指定标题

（8）单击“完成”按钮，报表预览效果如图5-5所示。

（9）关闭报表，在导航窗格中右击报表“各部门员工信息表”，在弹出的快捷菜单中选择“重命名”命令，设置报表名称为“实验5-2”，按Enter键确认。

任务5.3　利用“标签”按钮创建报表

1. 任务要求

利用“标签”按钮给“员工管理”数据库中的“员工表”创建标签式报表。标签尺寸为“52mm×70mm”，度量单位为“公制”，标签类型为“送纸”，文本字体为“黑体”，字号为“16”，颜色为“黑色”，标签中显示“员工编号”“姓名”“职务”“电话”字段，标签按“员工编号”排序，报表名称为“实验 5-3”。部分数据的报表预览效果如图 5-13 所示。

员工编号：210001 姓名：李强 职务：经理 电话：31532255-4531	员工编号：210002 姓名：杜娜 职务：职员 电话：31532255-4531
员工编号：210003 姓名：王宝芬 职务：职员 电话：31532255-4531	员工编号：210004 姓名：王成钢 职务：职员 电话：31532255-4531

图 5-13　“实验 5-3”报表预览效果（部分数据）

2. 操作步骤

（1）打开“员工管理”数据库，在导航窗格中选中“员工表”。

（2）单击“创建”选项卡“报表”组中的“标签”按钮，弹出“标签向导”的第 1 个对话框，选择标签尺寸为“52mm×70mm”，度量单位为“公制”，标签类型为“送纸”，如图 5-14 所示。

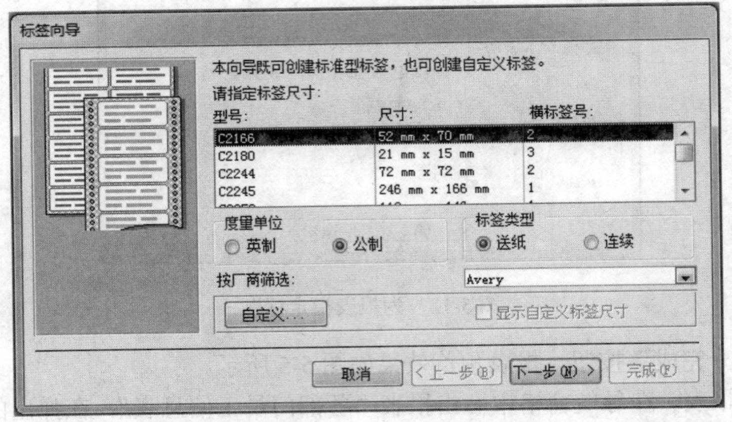

图 5-14　指定标签尺寸

（3）单击“下一步”按钮，弹出“标签向导”的第 2 个对话框，设置字体为“黑体”，字号为“16”，文本颜色为“黑色”，如图 5-15 所示。

（4）单击“下一步”按钮，弹出“标签向导”的第 3 个对话框，在“原型标签”列表框中输入“员工编号:”，在“可用字段”列表框中双击“员工编号”字段，将其添加到“原型标签”列表框中“员工编号:”的后面，按 Enter 键另起一行。按相同的方法依次添加“姓名”“职务”“电话”字段，如图 5-16 所示。

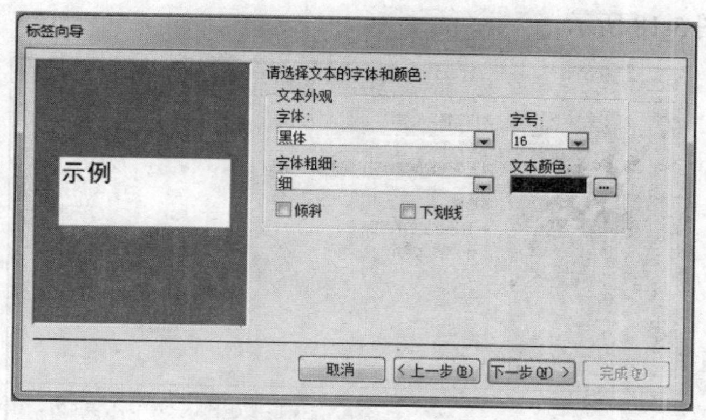

图 5-15　选择文本的字体和颜色

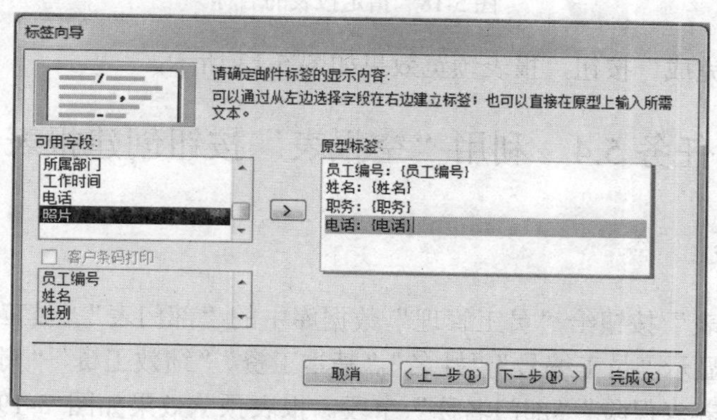

图 5-16　确定邮件标签的显示内容

（5）单击“下一步”按钮，弹出“标签向导”的第 4 个对话框，双击“可用字段”列表框中的“员工编号”字段，将其添加到“排序依据”列表框中，如图 5-17 所示。

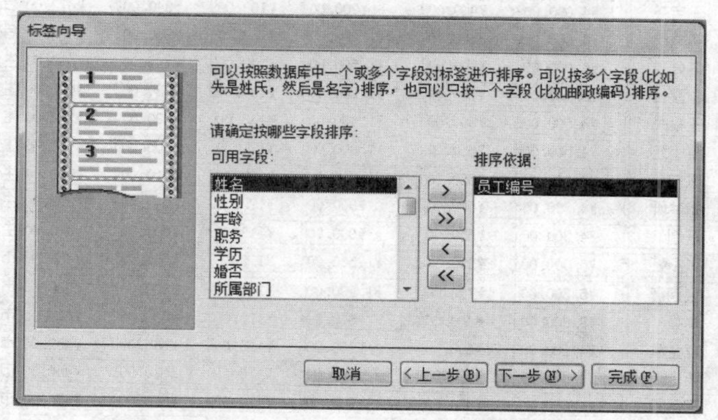

图 5-17　确定排序字段

（6）单击“下一步”按钮，弹出“标签向导”的第 5 个对话框，输入报表的名称为

“实验 5-3”，如图 5-18 所示。

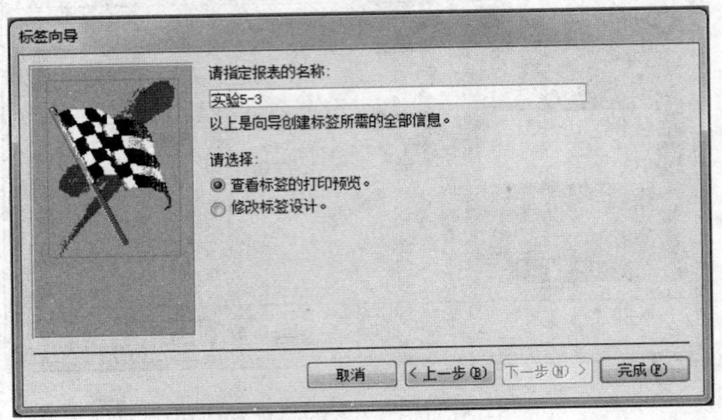

图 5-18　指定报表的名称

（7）单击“完成”按钮，报表预览效果如图 5-13 所示。

任务 5.4　利用“空报表”按钮创建报表

1. 任务要求

利用“空报表”按钮给“员工管理”数据库中的“部门表”“员工表”“工资表”创建报表。报表中显示“员工编号”“姓名”“基本工资”“绩效工资”“岗位津贴”“医疗保险”“公积金”“养老保险”“部门名称”字段。报表预览效果如图 5-19 所示，将报表保存为“实验 5-4”。

员工编号	姓名	基本工资	绩效工资	岗位津贴	医疗保险	公积金	养老保险	部门名称
210001	李强	¥6, 500.00	¥850.00	¥1, 500.00	¥177.00	¥885.00	¥708.00	后勤部
210002	杜娜	¥4, 500.00	¥550.00	¥1, 000.00	¥174.00	¥870.00	¥696.00	后勤部
210003	王宝芬	¥4, 000.00	¥400.00	¥900.00	¥168.00	¥840.00	¥672.00	后勤部
210004	王成钢	¥4, 600.00	¥500.00	¥1, 000.00	¥168.00	¥840.00	¥672.00	后勤部
220001	陈好	¥6, 000.00	¥900.00	¥1, 500.00	¥149.00	¥745.00	¥596.00	生产部
220002	苏家强	¥5, 500.00	¥750.00	¥1, 200.00	¥144.00	¥720.00	¥576.00	生产部
220003	王福民	¥6, 500.00	¥800.00	¥1, 400.00	¥138.00	¥690.00	¥552.00	生产部
220004	董小红	¥4, 500.00	¥650.00	¥1, 000.00	¥121.00	¥605.00	¥484.00	生产部
220005	张娜	¥4, 400.00	¥550.00	¥1, 000.00	¥122.00	¥610.00	¥488.00	生产部
220006	张梦研	¥4, 300.00	¥600.00	¥900.00	¥123.00	¥615.00	¥492.00	生产部
220007	王刚	¥4, 300.00	¥550.00	¥900.00	¥119.00	¥595.00	¥476.00	生产部
230001	张小强	¥6, 000.00	¥900.00	¥1, 500.00	¥113.00	¥565.00	¥452.00	市场部
230002	金钢鑫	¥5, 300.00	¥700.00	¥1, 200.00	¥120.00	¥600.00	¥480.00	市场部
230003	高强	¥3, 800.00	¥400.00	¥800.00	¥116.00	¥580.00	¥464.00	市场部
230004	程金鑫	¥4, 200.00	¥600.00	¥900.00	¥113.00	¥565.00	¥452.00	市场部
230005	李小红	¥4, 400.00	¥600.00	¥1, 000.00	¥115.00	¥575.00	¥460.00	市场部
230006	郭薇薇	¥4, 300.00	¥450.00	¥900.00	¥114.00	¥570.00	¥456.00	市场部
240001	王刚	¥4, 300.00	¥450.00	¥900.00	¥112.00	¥560.00	¥448.00	人力资源部
240002	赵薇	¥4, 200.00	¥500.00	¥900.00	¥106.00	¥530.00	¥424.00	人力资源部
240003	吴晓军	¥5, 000.00	¥700.00	¥1, 200.00	¥100.00	¥500.00	¥400.00	人力资源部

图 5-19　“实验 5-4”报表预览效果

2. 操作步骤

（1）打开“员工管理”数据库，单击“创建”选项卡“报表”组中的“空报表”按钮，新建一个空白报表，屏幕右侧自动打开“字段列表”窗格，单击“显示所有表”链接，显示当前数据库中的所有表，如图5-20所示。

报表1
字段列表
仅显示当前记录源中的字段
其他表中的可用字段:
部门表
编辑表
工资表
编辑表
员工表
编辑表

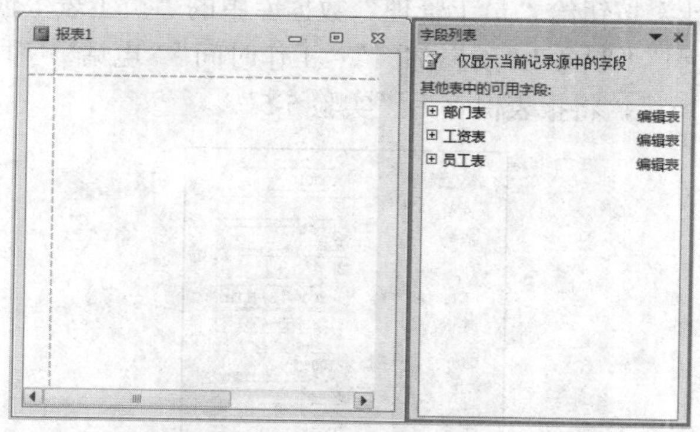

图5-20　布局视图下的空白报表

（2）单击“字段列表”窗格中的“员工表”前面的“+”号，依次双击“员工编号”和“姓名”字段；单击“工资表”前面的“+”号，依次双击“基本工资”“绩效工资”“岗位津贴”“医疗保险”“公积金”“养老保险”字段；单击“部门表”前面的“+”号，双击“部门名称”字段。调整字段的宽度，使所有字段都显示在一页，如图5-21所示。

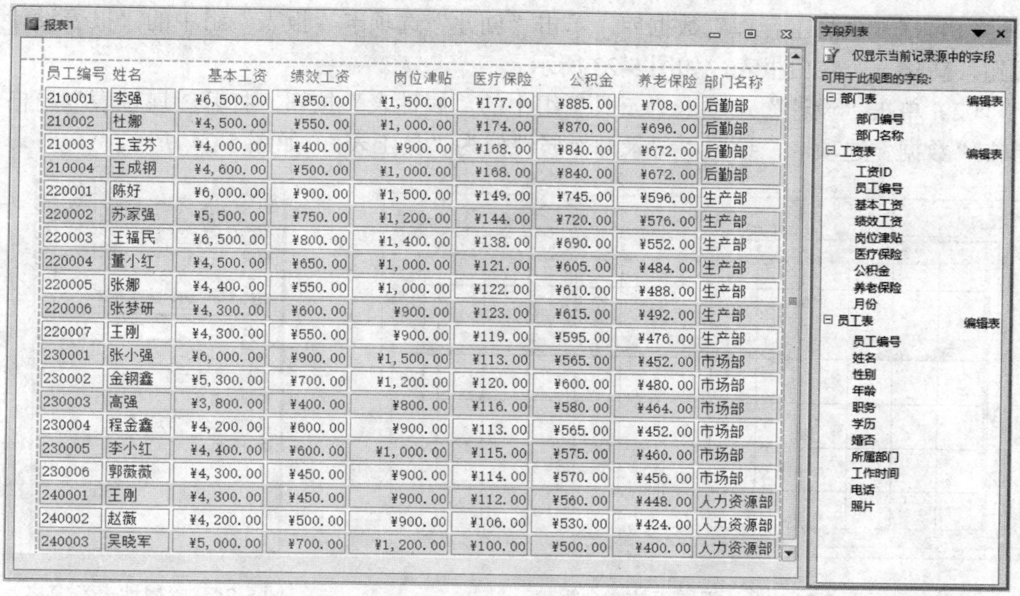

员工编号	姓名	基本工资	绩效工资	岗位津贴	医疗保险	公积金	养老保险	部门名称
210001	李强	¥6,500.00	¥850.00	¥1,500.00	¥177.00	¥885.00	¥708.00	后勤部
210002	杜娜	¥4,500.00	¥550.00	¥1,000.00	¥174.00	¥870.00	¥696.00	后勤部
210003	王宝芬	¥4,000.00	¥400.00	¥900.00	¥168.00	¥840.00	¥672.00	后勤部
210004	王成钢	¥4,600.00	¥500.00	¥1,000.00	¥168.00	¥840.00	¥672.00	后勤部
220001	陈好	¥6,000.00	¥900.00	¥1,500.00	¥149.00	¥745.00	¥596.00	生产部
220002	苏家强	¥5,500.00	¥750.00	¥1,200.00	¥144.00	¥720.00	¥576.00	生产部
220003	王福民	¥6,500.00	¥800.00	¥1,400.00	¥138.00	¥690.00	¥552.00	生产部
220004	董小红	¥4,500.00	¥650.00	¥1,000.00	¥121.00	¥605.00	¥484.00	生产部
220005	张娜	¥4,400.00	¥550.00	¥1,000.00	¥122.00	¥610.00	¥488.00	生产部
220006	张梦研	¥4,300.00	¥600.00	¥900.00	¥123.00	¥615.00	¥492.00	生产部
220007	王刚	¥4,300.00	¥550.00	¥900.00	¥119.00	¥595.00	¥476.00	生产部
230001	张小强	¥6,000.00	¥900.00	¥1,500.00	¥113.00	¥565.00	¥452.00	市场部
230002	金钢鑫	¥5,300.00	¥700.00	¥1,200.00	¥120.00	¥600.00	¥480.00	市场部
230003	高强	¥3,800.00	¥400.00	¥800.00	¥116.00	¥580.00	¥464.00	市场部
230004	程金鑫	¥4,200.00	¥600.00	¥900.00	¥113.00	¥565.00	¥452.00	市场部
230005	李小红	¥4,400.00	¥600.00	¥1,000.00	¥115.00	¥575.00	¥460.00	市场部
230006	郭薇薇	¥4,300.00	¥450.00	¥900.00	¥114.00	¥570.00	¥456.00	市场部
240001	王刚	¥4,300.00	¥450.00	¥900.00	¥112.00	¥560.00	¥448.00	人力资源部
240002	赵薇	¥4,200.00	¥500.00	¥900.00	¥106.00	¥530.00	¥424.00	人力资源部
240003	吴晓军	¥5,000.00	¥700.00	¥1,200.00	¥100.00	¥500.00	¥400.00	人力资源部

报表1
字段列表
仅显示当前记录源中的字段
可用于此视图的字段:
部门表
编辑表
部门编号
部门名称
工资表
编辑表
工资ID
员工编号
基本工资
绩效工资
岗位津贴
医疗保险
公积金
养老保险
月份
员工表
编辑表
员工编号
姓名
性别
年龄
职务
学历
婚否
所属部门
工作时间
电话
照片

图5-21　布局视图下报表的完成效果

（3）保存报表，将其命名为“实验5-4”。预览报表，效果如图5-19所示。

任务 5.5　利用“报表设计”按钮创建报表

1. 任务要求

利用“报表设计”按钮给“员工管理”数据库中的“员工表”创建报表。报表中显示“员工编号”“性别”“职务”“所属部门”“工作时间”“电话”字段。部分数据的报表预览效果如图 5-22 所示，将报表保存为“实验 5-5”。

图 5-22　“实验 5-5”报表预览效果（部分数据）

2. 操作步骤

（1）打开“员工管理”数据库，单击“创建”选项卡“报表”组中的“报表设计”按钮，新建一个空白报表，如图 5-23 所示。

（2）单击“设计”选项卡“工具”组中的“属性表”按钮，打开“属性表”窗格，单击“数据”选项卡，设置“记录源”属性值为“员工表”，如图 5-24 所示。

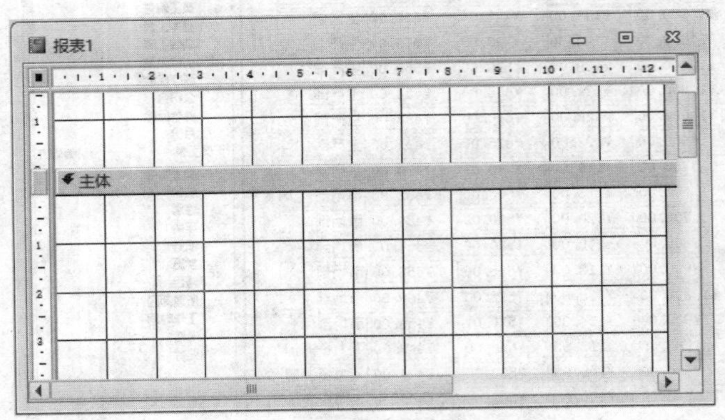

图 5-23　设计视图下的空白报表

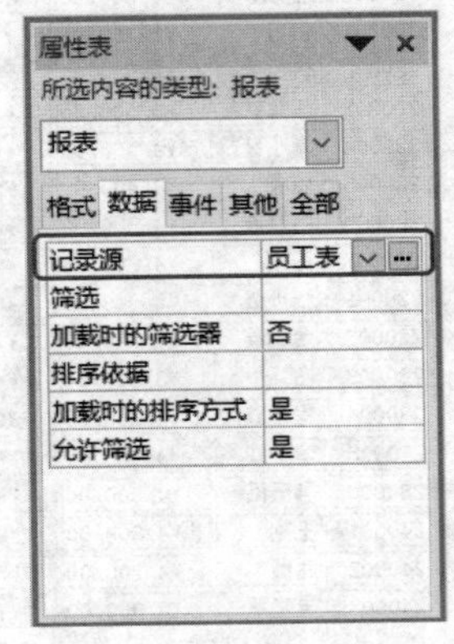

图 5-24　“属性表”窗格

（3）单击“设计”选项卡“工具”组中的“添加现有字段”按钮，打开“字段列表”窗格，单击“仅显示当前记录源中的字段”链接，依次双击“员工编号”“性别”“职务”

“所属部门”“工作时间”“电话”字段。适当调整控件的位置及“主体”节的高度，如图5-25所示。

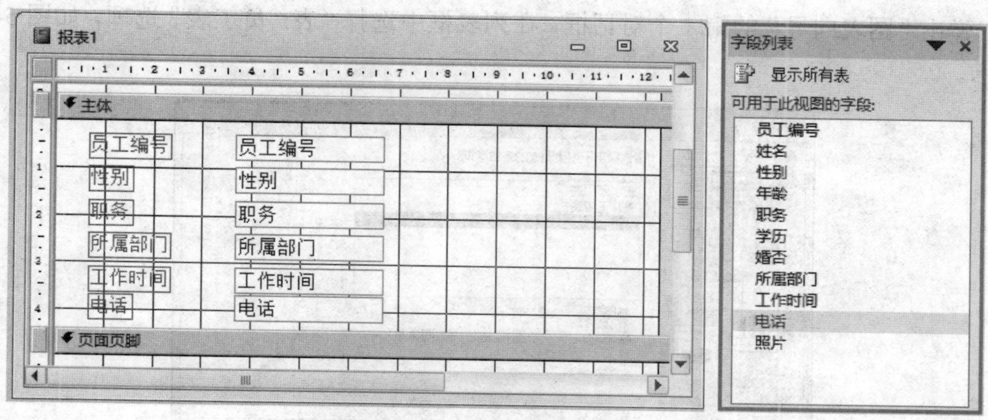

图5-25 设计视图下报表的完成效果

（4）保存报表，将其命名为“实验5-5”。预览报表，效果如图5-22所示。

任务5.6 创建图表报表

1. 任务要求

使用“图表向导”给“员工管理”数据库中的“员工表”创建图表报表。以“柱形图”的形式表示各职务职工的平均年龄，图表标题为“员工平均年龄”。报表预览效果如图5-26所示，将报表保存为“实验5-6”。

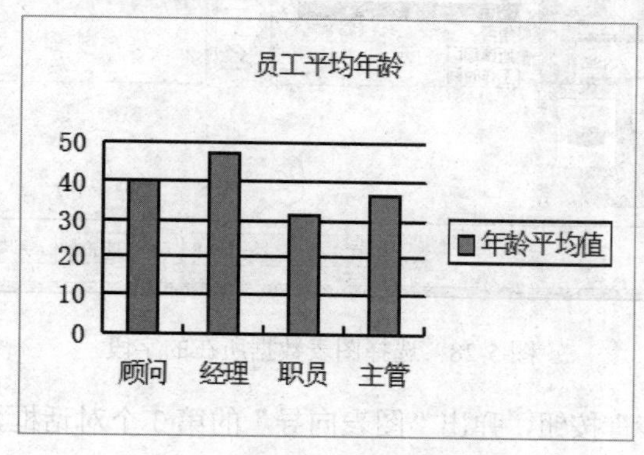

图5-26 “实验5-6”报表预览效果

2. 操作步骤

（1）打开“员工管理”数据库，单击“创建”选项卡“报表”组中的“报表设计”

按钮，新建一个空白报表。

（2）单击“设计”选项卡“控件”组中的“图表”按钮，在“主体”节的空白处单击，弹出“图表向导”的第 1 个对话框，在列表框中选择“表: 员工表”选项，如图 5-27 所示。

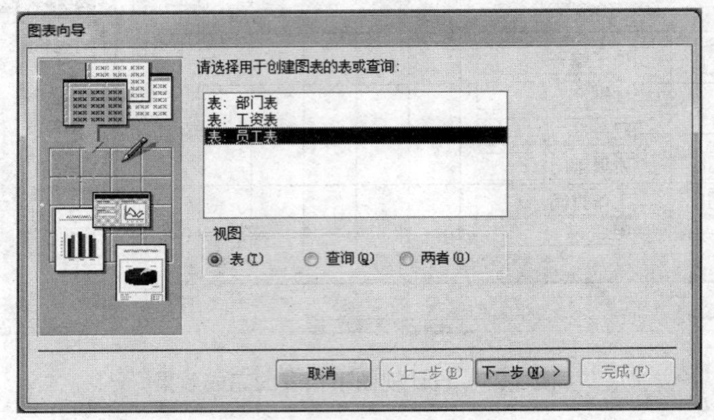

图 5-27　选择用于创建图表的表或查询

（3）单击“下一步”按钮，弹出“图表向导”的第 2 个对话框，依次双击“可用字段”列表框中的“职务”和“年龄”字段，将它们添加到“用于图表的字段”列表框中，如图 5-28 所示。

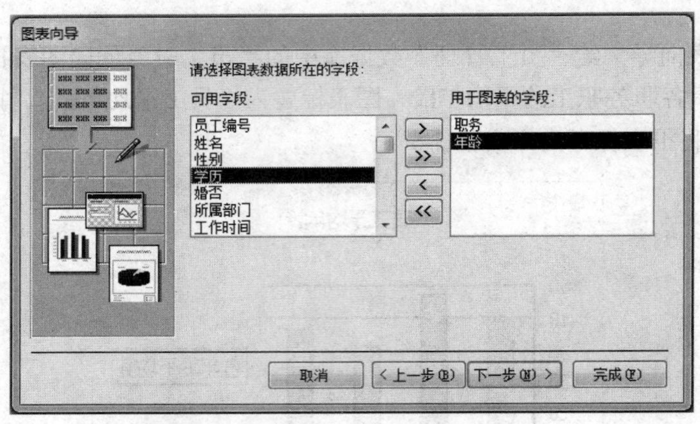

图 5-28　选择图表数据所在的字段

（4）单击“下一步”按钮，弹出“图表向导”的第 3 个对话框，在对话框中选择“柱形图”选项，如图 5-29 所示。

（5）单击“下一步”按钮，弹出“图表向导”的第 4 个对话框，如图 5-30 所示。双击“年龄合计”，弹出“汇总”对话框，在对话框中选择“平均值”选项，如图 5-31 所示，单击“确定”按钮。

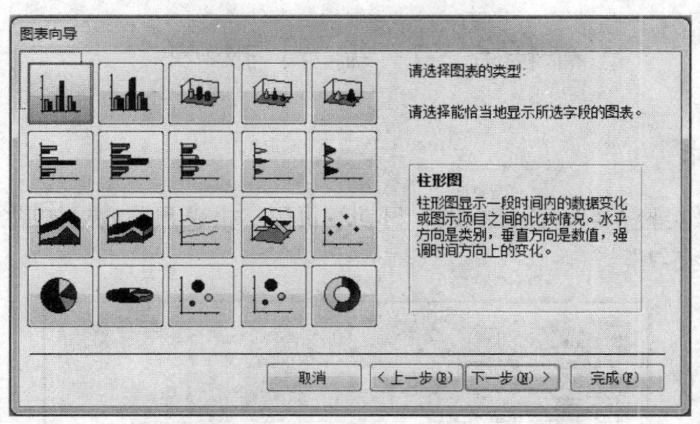

图 5-29　选择图表的类型

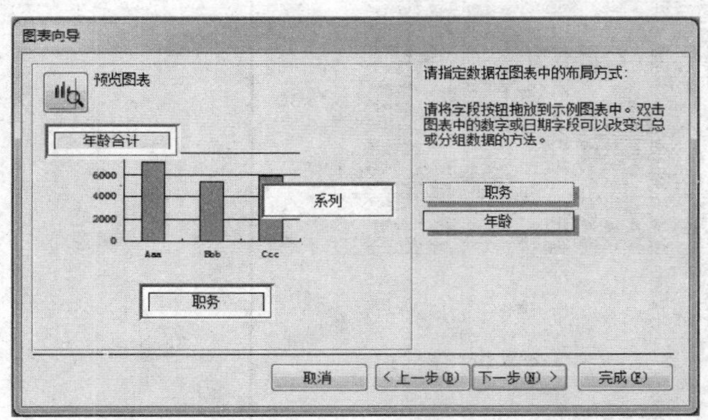

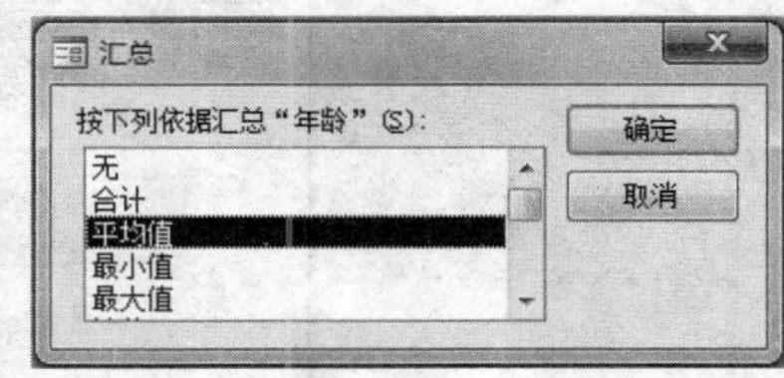

图 5-30　指定数据在图表中的布局方式　　　　　　图 5-31　“汇总”对话框

（6）单击“下一步”按钮，弹出“图表向导”的第 5 个对话框，输入图表的标题为“员工平均年龄”，如图 5-32 所示。

（7）单击“完成”按钮，完成图表的创建，效果如图 5-33 所示。保存报表，将其命名为“实验 5-6”。预览报表，效果如图 5-26 所示。

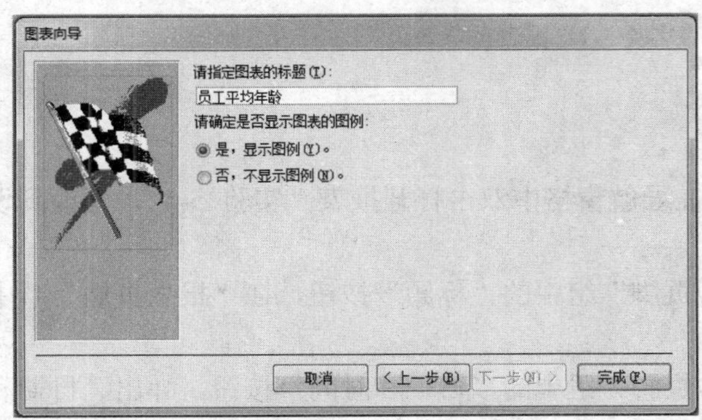

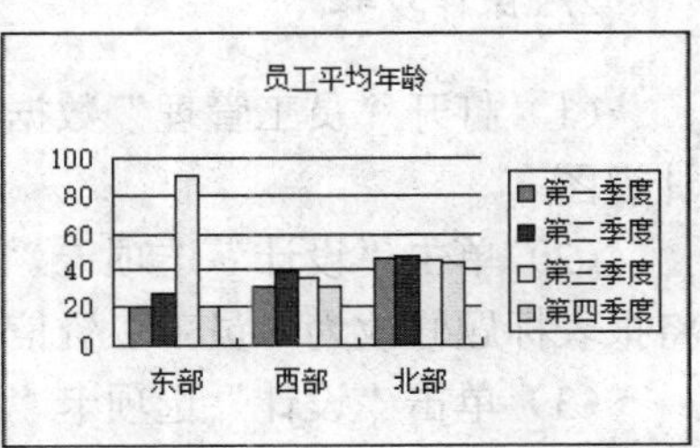

图 5-32　指定图表的标题　　　　　　　　　　　　图 5-33　图表完成效果

任务 5.7　编 辑 报 表

1. 任务要求

修改报表“实验 5-4”，添加标题、日期和页码。报表预览效果如图 5-34 所示，将报表另存为“实验 5-7”。

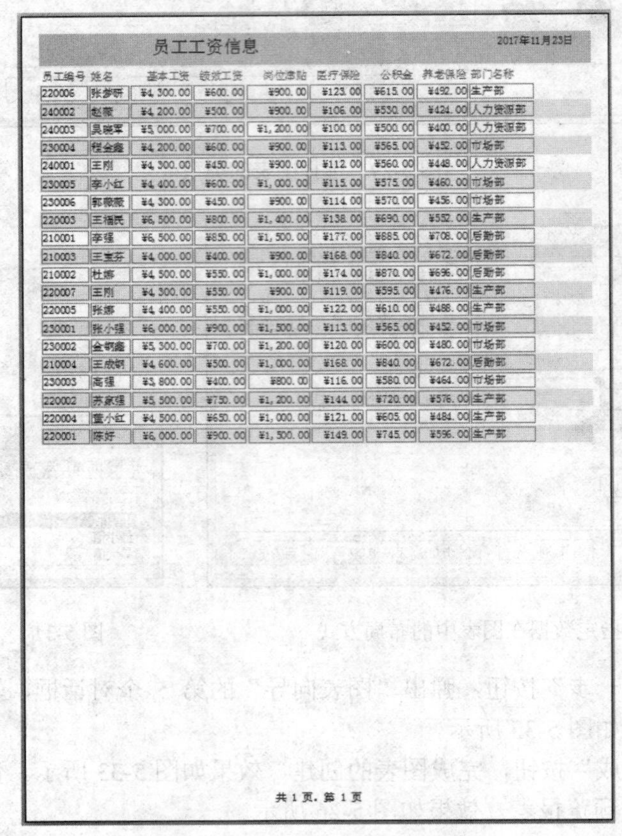

员工工资信息　　2017年11月23日

员工编号	姓名	基本工资	绩效工资	岗位津贴	医疗保险	公积金	养老保险	部门名称
220006	张梦研	¥4,300.00	¥600.00	¥900.00	¥123.00	¥615.00	¥492.00	生产部
240002	赵薇	¥4,200.00	¥500.00	¥900.00	¥106.00	¥530.00	¥424.00	人力资源部
240003	吴晓军	¥5,000.00	¥700.00	¥1,200.00	¥100.00	¥500.00	¥400.00	人力资源部
230004	程金鑫	¥4,200.00	¥600.00	¥900.00	¥113.00	¥565.00	¥452.00	市场部
240001	王刚	¥4,300.00	¥450.00	¥900.00	¥112.00	¥560.00	¥448.00	人力资源部
230005	李小红	¥4,400.00	¥600.00	¥1,000.00	¥115.00	¥575.00	¥460.00	市场部
230006	郭薇薇	¥4,300.00	¥450.00	¥900.00	¥114.00	¥570.00	¥456.00	市场部
220003	王福民	¥6,500.00	¥800.00	¥1,400.00	¥138.00	¥690.00	¥552.00	生产部
210001	李强	¥6,500.00	¥850.00	¥1,500.00	¥177.00	¥885.00	¥708.00	后勤部
210003	王美芬	¥4,000.00	¥400.00	¥900.00	¥168.00	¥840.00	¥672.00	后勤部
210002	杜娜	¥4,500.00	¥550.00	¥1,000.00	¥174.00	¥870.00	¥696.00	后勤部
220007	王刚	¥4,300.00	¥550.00	¥900.00	¥119.00	¥595.00	¥476.00	生产部
220005	张娜	¥4,400.00	¥550.00	¥1,000.00	¥122.00	¥610.00	¥488.00	生产部
230001	张小强	¥6,000.00	¥900.00	¥1,500.00	¥113.00	¥565.00	¥452.00	市场部
230002	金钢鑫	¥5,300.00	¥700.00	¥1,200.00	¥120.00	¥600.00	¥480.00	市场部
210004	王成钢	¥4,600.00	¥500.00	¥1,000.00	¥168.00	¥840.00	¥672.00	后勤部
230003	高强	¥3,800.00	¥400.00	¥800.00	¥116.00	¥580.00	¥464.00	市场部
220002	苏家强	¥5,500.00	¥750.00	¥1,200.00	¥144.00	¥720.00	¥576.00	生产部
220004	董小红	¥4,500.00	¥650.00	¥1,000.00	¥121.00	¥605.00	¥484.00	生产部
220001	陈好	¥6,000.00	¥900.00	¥1,500.00	¥149.00	¥745.00	¥596.00	生产部

共 1 页，第 1 页

图 5-34　“实验 5-7”报表预览效果

2. 操作步骤

（1）打开“员工管理”数据库，在导航窗格中双击打开报表“实验 5-4”，切换到设计视图。

（2）单击“设计”选项卡“页眉/页脚”组中的“标题”按钮，在“报表页眉”节中将报表标题修改为“员工工资信息”。

（3）单击“设计”选项卡“页眉/页脚”组中的“日期和时间”按钮，弹出“日期和时间”对话框，选中“包含日期”复选框，设置日期格式为“2017 年 11 月 2 日”，取消

“包含时间”复选框的选中状态，如图5-35所示，单击“确定”按钮。

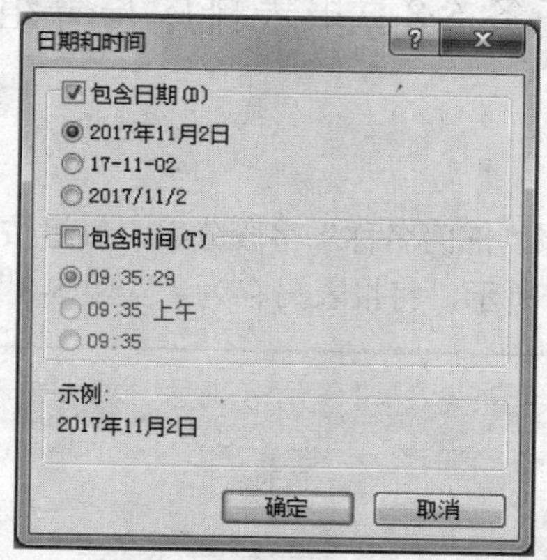

图5-35 “日期和时间”对话框

（4）单击“设计”选项卡“页眉/页脚”组中的“页码”按钮，弹出“页码”对话框，设置页码“格式”为“第N页，共M页”，“位置”为“页面底端（页脚）”，“对齐”方式为“居中”，选中“首页显示页码”复选框，如图5-36所示，单击“确定”按钮。适当调整“报表页眉”节的高度，如图5-37所示。

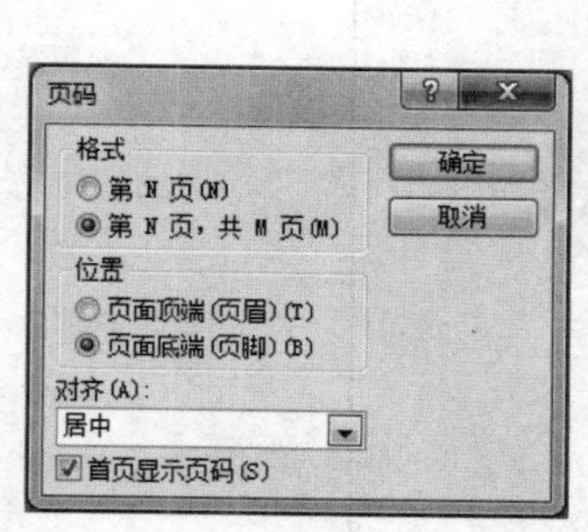

图5-36 “页码”对话框

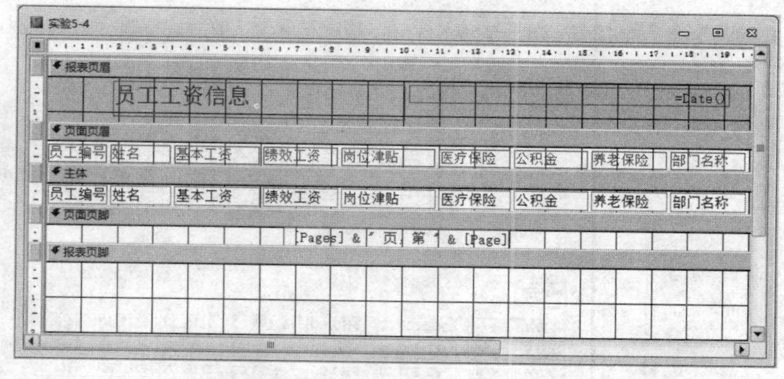

图5-37 设计视图下报表的完成效果

（5）选择“文件”→“对象另存为”命令，弹出“另存为”对话框，输入报表的名称为“实验5-7”，如图5-38所示，单击“确定”按钮。预览报表，效果如图5-34所示。

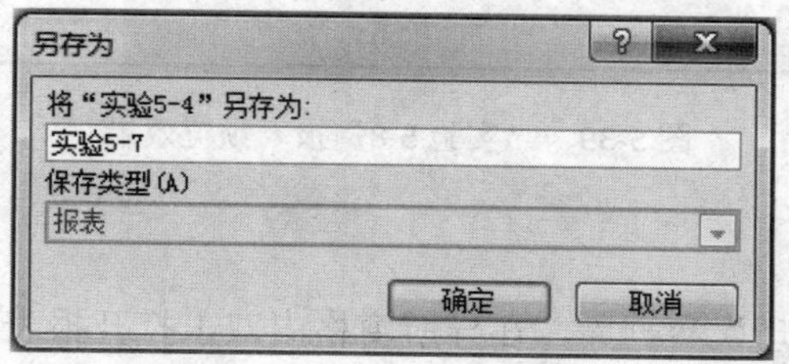

图5-38 对象的“另存为”对话框

任务 5.8　报表排序与分组

1. 任务要求

将报表“实验 5-7”按照“部门名称”字段分组，每组按照“员工编号”字段升序排列。报表预览效果如图 5-39 所示，将报表另存为“实验 5-8”。

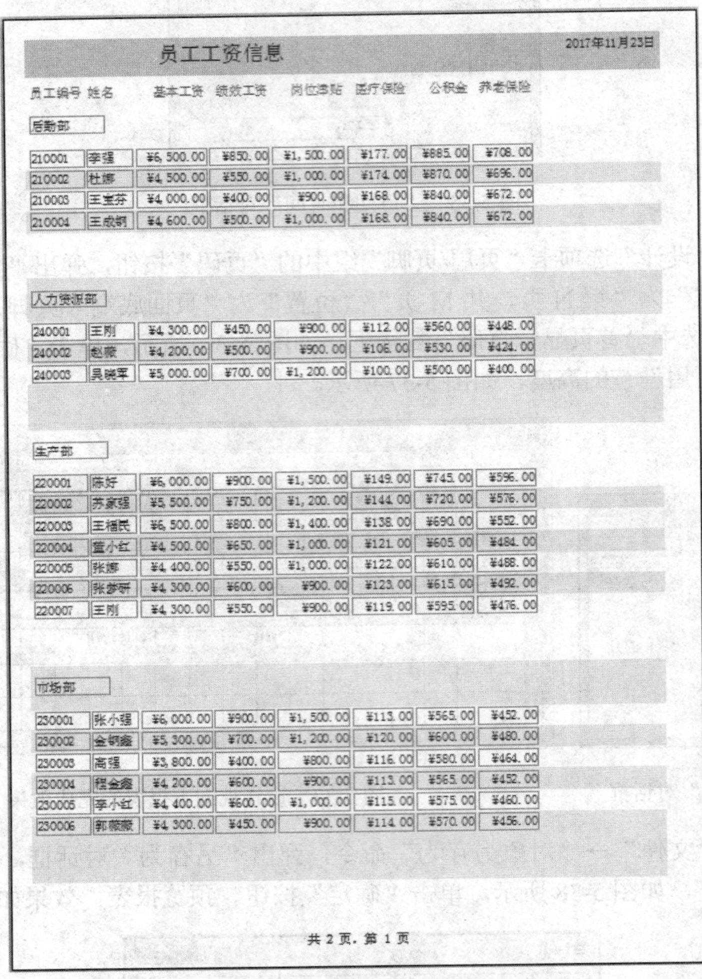

员工工资信息　　2017年11月23日

员工编号	姓名	基本工资	绩效工资	岗位津贴	医疗保险	公积金	养老保险
后勤部							
210001	李强	¥6, 500.00	¥850. 00	¥1, 500. 00	¥177. 00	¥885. 00	¥708. 00
210002	杜娜	¥4, 500.00	¥550. 00	¥1, 000. 00	¥174. 00	¥870. 00	¥696. 00
210003	王宝芬	¥4, 000.00	¥400. 00	¥900. 00	¥168. 00	¥840. 00	¥672. 00
210004	王成钢	¥4, 600.00	¥500. 00	¥1, 000. 00	¥168. 00	¥840. 00	¥672. 00
人力资源部							
240001	王刚	¥4, 300.00	¥450. 00	¥900. 00	¥112. 00	¥560. 00	¥448. 00
240002	赵薇	¥4, 200.00	¥500. 00	¥900. 00	¥106. 00	¥530. 00	¥424. 00
240003	吴晓军	¥5, 000.00	¥700. 00	¥1, 200. 00	¥100. 00	¥500. 00	¥400. 00
生产部							
220001	陈好	¥6, 000.00	¥900. 00	¥1, 500. 00	¥149. 00	¥745. 00	¥596. 00
220002	苏家强	¥5, 500.00	¥750. 00	¥1, 200. 00	¥144. 00	¥720. 00	¥576. 00
220003	王福民	¥6, 500.00	¥800. 00	¥1, 400. 00	¥138. 00	¥690. 00	¥552. 00
220004	董小红	¥4, 500.00	¥650. 00	¥1, 000. 00	¥121. 00	¥605. 00	¥484. 00
220005	张娜	¥4, 400.00	¥550. 00	¥1, 000. 00	¥122. 00	¥610. 00	¥488. 00
220006	张梦研	¥4, 300.00	¥600. 00	¥900. 00	¥123. 00	¥615. 00	¥492. 00
220007	王刚	¥4, 300.00	¥550. 00	¥900. 00	¥119. 00	¥595. 00	¥476. 00
市场部							
230001	张小强	¥6, 000.00	¥900. 00	¥1, 500. 00	¥113. 00	¥565. 00	¥452. 00
230002	金钢鑫	¥5, 300.00	¥700. 00	¥1, 200. 00	¥120. 00	¥600. 00	¥480. 00
230003	高强	¥3, 800.00	¥400. 00	¥800. 00	¥116. 00	¥580. 00	¥464. 00
230004	程金鑫	¥4, 200.00	¥600. 00	¥900. 00	¥113. 00	¥565. 00	¥452. 00
230005	李小红	¥4, 400.00	¥600. 00	¥1, 000. 00	¥115. 00	¥575. 00	¥460. 00
230006	郭薇薇	¥4, 300.00	¥450. 00	¥900. 00	¥114. 00	¥570. 00	¥456. 00

共 2 页，第 1 页

图 5-39　“实验 5-8”报表预览效果

2. 操作步骤

（1）打开“员工管理”数据库，在导航窗格中双击打开报表“实验 5-7”，切换到设计视图。

（2）单击“设计”选项卡“分组和汇总”组中的“分组和排序”按钮，在报表设计视图的下方显示“分组、排序和汇总”区域，如图 5-40 所示。

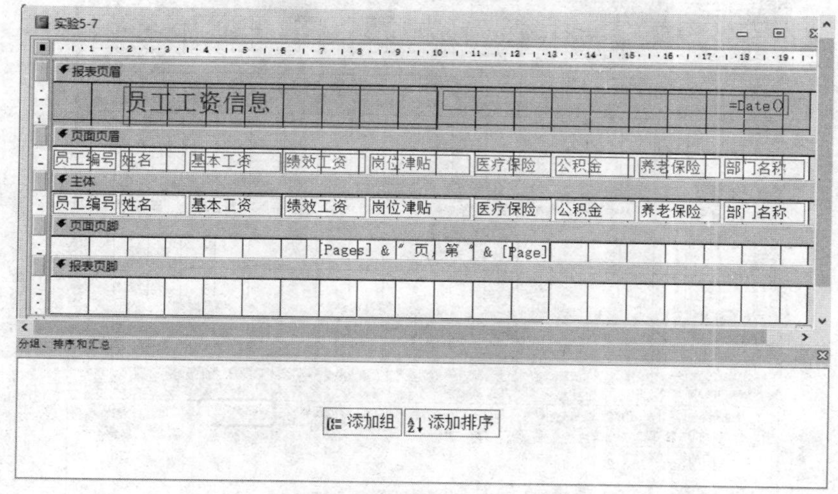

图 5-40 “分组、排序和汇总”区域

（3）单击“添加组”按钮，打开“字段列表”窗格，如图 5-41 所示，单击“部门名称”字段，将在“分组、排序和汇总”区域添加分组形式“部门名称”，并在报表设计视图的上方添加“组页眉”节（部门名称页眉），如图 5-42 所示。

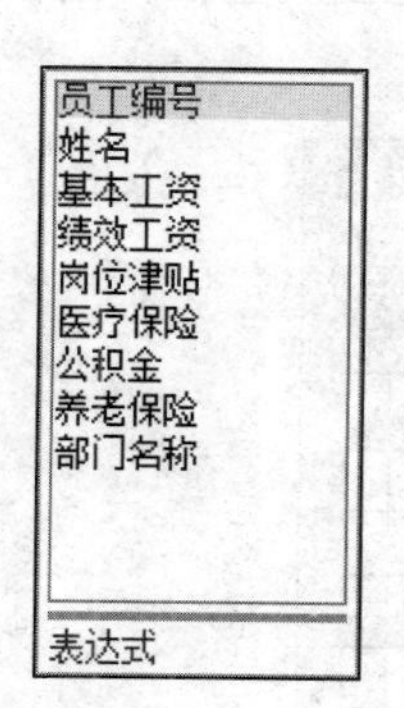

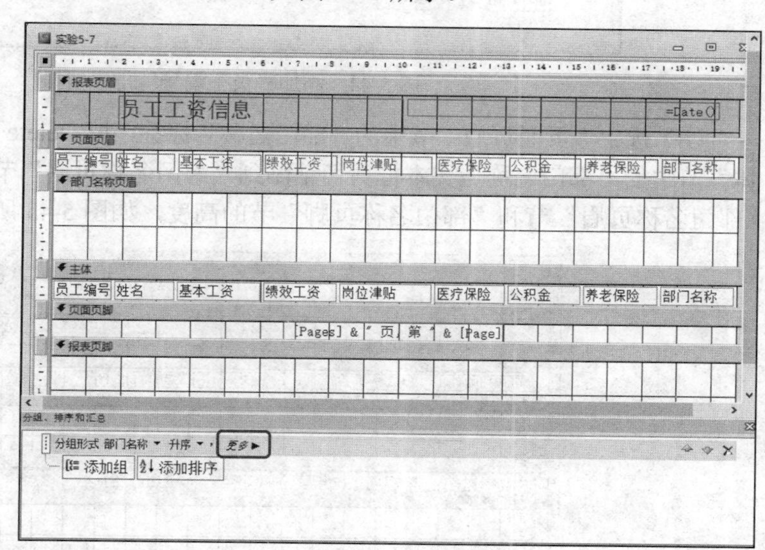

图 5-41 “字段列表”窗格　　　　图 5-42 添加“部门名称”分组形式

（4）单击“更多”按钮，设置“有页脚节”，将在报表设计视图添加“组页脚”节（部门名称页脚），如图 5-43 所示。

（5）单击“添加排序”按钮，打开“字段列表”窗格，单击“员工编号”字段，将在“分组、排序和汇总”区域添加分组排序依据“员工编号”，如图 5-44 所示。

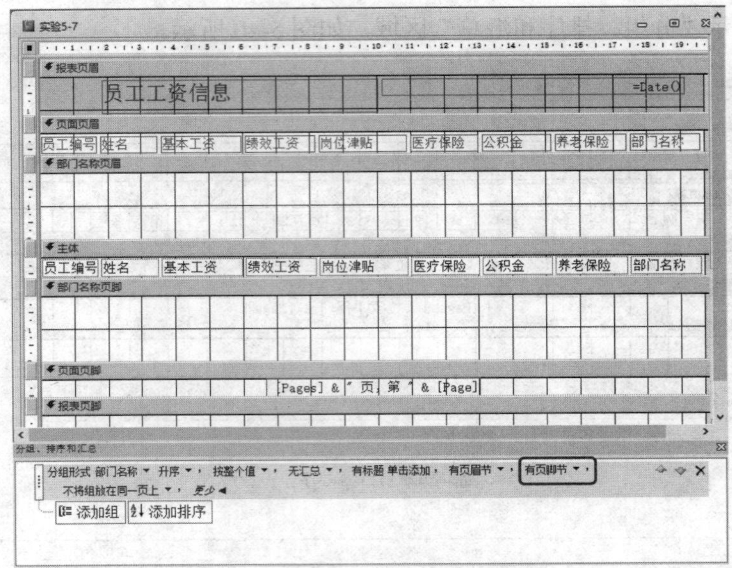

图 5-43　设置有“部门名称页脚”节

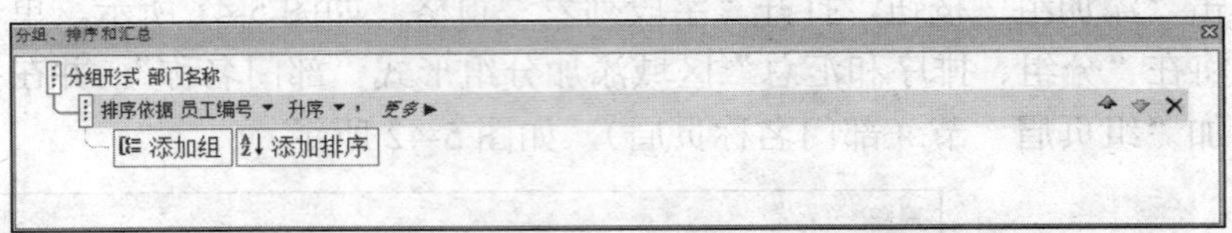

图 5-44　添加“员工编号”排序依据

（6）选中“页面页眉”节中的“部门名称”标签，按 Delete 键删除该标签。再将“主体”节中的“部门名称”文本框剪切粘贴到“部门名称页眉”节。适当调整控件的位置、“部门名称页眉”节和“部门名称页脚”节的高度，如图 5-45 所示。

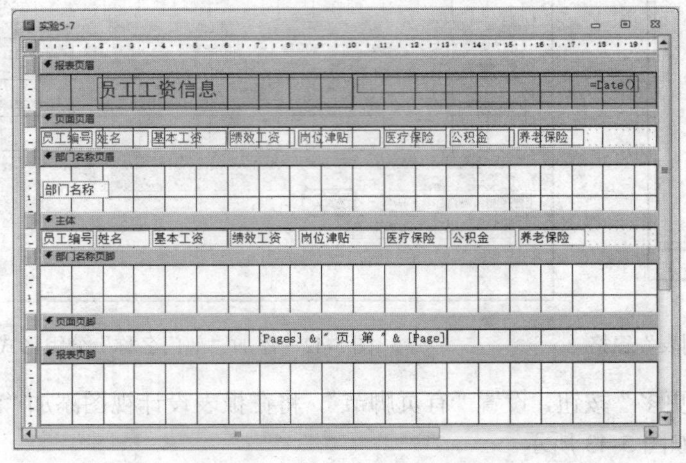

图 5-45　设计视图下报表的完成效果

（7）将报表另存为“实验 5-8”。预览报表，效果如图 5-39 所示。

任务 5.9 使用计算控件

1. 任务要求

修改报表“实验 5-8”，计算员工的实发工资（实发工资=基本工资+绩效工资+岗位津贴-医疗保险-公积金-养老保险），每个部门和所有部门的最高实发工资。报表预览效果如图 5-46 所示，将报表另存为“实验 5-9”。

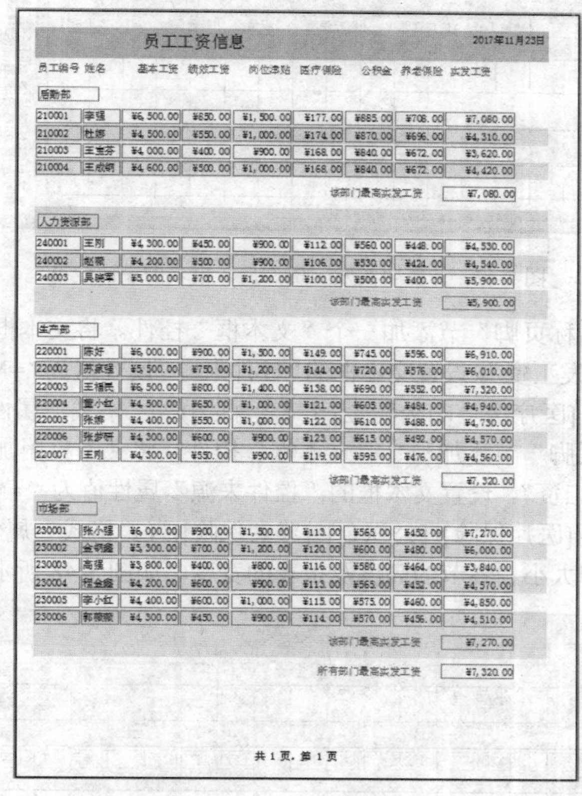

员工工资信息　　2017年11月23日

员工编号	姓名	基本工资	绩效工资	岗位津贴	医疗保险	公积金	养老保险	实发工资
后勤部								
210001	李强	¥6,500.00	¥650.00	¥1,500.00	¥177.00	¥885.00	¥708.00	¥7,080.00
210002	杜娜	¥4,500.00	¥550.00	¥1,000.00	¥174.00	¥870.00	¥696.00	¥4,310.00
210003	王宝芬	¥4,000.00	¥400.00	¥900.00	¥168.00	¥840.00	¥672.00	¥3,620.00
210004	王成钢	¥4,600.00	¥500.00	¥1,000.00	¥168.00	¥840.00	¥672.00	¥4,420.00
							该部门最高实发工资	¥7,080.00
人力资源部								
240001	王刚	¥4,300.00	¥450.00	¥900.00	¥112.00	¥560.00	¥448.00	¥4,530.00
240002	赵蕾	¥4,200.00	¥500.00	¥900.00	¥106.00	¥530.00	¥424.00	¥4,540.00
240003	吴晓军	¥5,000.00	¥700.00	¥1,200.00	¥100.00	¥500.00	¥400.00	¥5,900.00
							该部门最高实发工资	¥5,900.00
生产部								
220001	陈好	¥6,000.00	¥900.00	¥1,500.00	¥149.00	¥745.00	¥596.00	¥6,910.00
220002	苏家强	¥5,500.00	¥750.00	¥1,200.00	¥144.00	¥720.00	¥576.00	¥6,010.00
220003	王福民	¥6,500.00	¥800.00	¥1,400.00	¥138.00	¥690.00	¥552.00	¥7,320.00
220004	董小红	¥4,500.00	¥650.00	¥1,000.00	¥121.00	¥605.00	¥484.00	¥4,940.00
220005	张娜	¥4,400.00	¥550.00	¥1,000.00	¥122.00	¥610.00	¥488.00	¥4,730.00
220006	张梦妍	¥4,300.00	¥600.00	¥900.00	¥123.00	¥615.00	¥492.00	¥4,570.00
220007	王刚	¥4,300.00	¥550.00	¥900.00	¥119.00	¥595.00	¥476.00	¥4,560.00
							该部门最高实发工资	¥7,320.00
市场部								
230001	张小强	¥6,000.00	¥900.00	¥1,500.00	¥113.00	¥565.00	¥452.00	¥7,270.00
230002	金明鑫	¥5,300.00	¥700.00	¥1,200.00	¥120.00	¥600.00	¥480.00	¥6,000.00
230003	高强	¥3,800.00	¥400.00	¥800.00	¥116.00	¥580.00	¥464.00	¥3,840.00
230004	程金鑫	¥4,200.00	¥600.00	¥900.00	¥113.00	¥565.00	¥452.00	¥4,570.00
230005	李小红	¥4,400.00	¥600.00	¥1,000.00	¥115.00	¥575.00	¥460.00	¥4,850.00
230006	郭薇薇	¥4,300.00	¥450.00	¥900.00	¥114.00	¥570.00	¥456.00	¥4,510.00
							该部门最高实发工资	¥7,270.00
							所有部门最高实发工资	¥7,320.00

共 1 页，第 1 页

图 5-46 “实验 5-9”报表预览效果

2. 操作步骤

（1）打开“员工管理”数据库，在导航窗格中双击报表“实验 5-8”，切换到设计视图。

（2）在“页面页眉”节中“养老保险”标签的右侧，添加一个“标签”控件，在标签中输入“实发工资”。

（3）在“主体”节中“养老保险”文本框的右侧，按住 Ctrl 键，添加一个“文本框”控件。选中该“文本框”控件，单击“设计”选项卡“工具”组中的“属性表”按钮，打开“属性表”窗格，单击“全部”选项卡，设置“控件来源”属性值为“=[基本工资]+[绩效工资]+[岗位津贴]-[医疗保险]-[公积金]-[养老保险]”，“格式”属性值为“货币”，如图 5-47 所示。

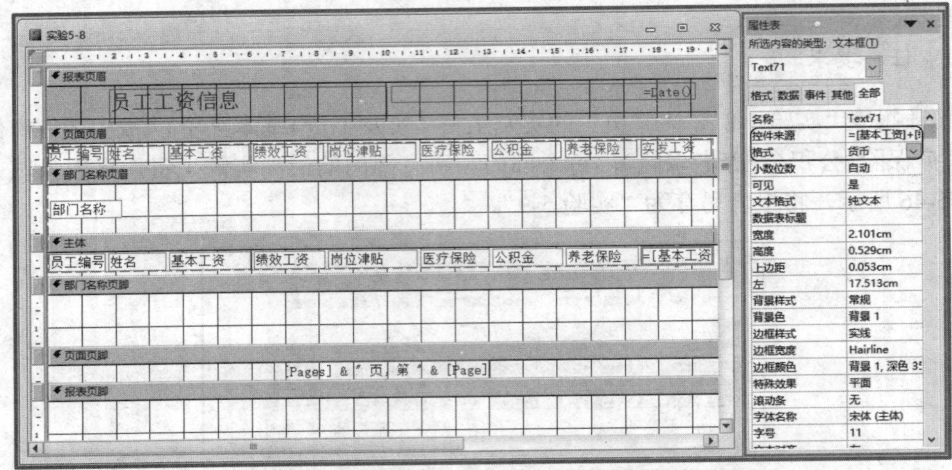

图 5-47　计算“实发工资”后，报表的设计效果

（4）在“部门名称页脚”节添加一个“文本框”控件。将文本框附加标签的内容修改为“该部门最高实发工资”。设置文本框的“控件来源”属性值为“=Max([基本工资]+[绩效工资]+[岗位津贴]-[医疗保险]-[公积金]-[养老保险])”，“格式”属性值为“货币”。

（5）在“报表页脚”节添加一个“文本框”控件。将文本框附加标签的内容修改为“所有部门最高实发工资”。设置文本框的“控件来源”属性值为“=Max([基本工资]+[绩效工资]+[岗位津贴]-[医疗保险]-[公积金]-[养老保险])”，“格式”属性值为“货币”。适当调整控件的位置和大小、各节的高度及报表的宽度，如图 5-48 所示。

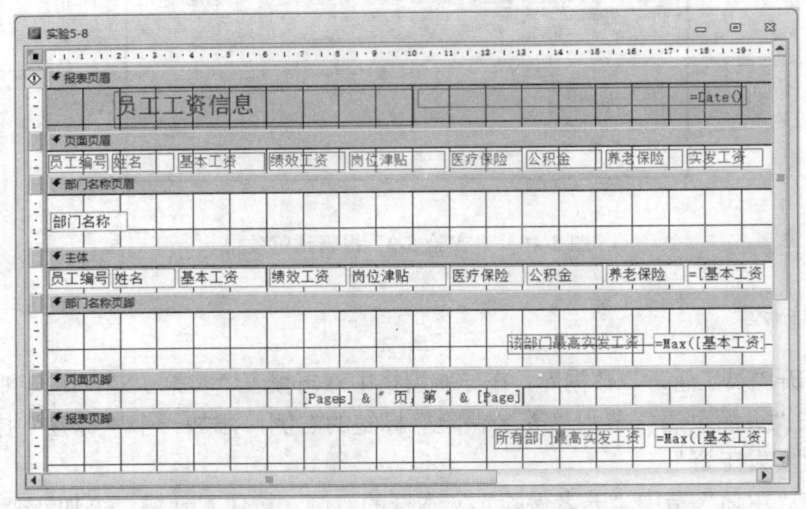

图 5-48　设计视图下报表的完成效果

（6）将报表另存为“实验 5-9”。预览报表，效果如图 5-46 所示。

任务 5.10 创建子报表

1. 任务要求

修改报表“实验 5-5”，在其中创建子报表，名称为“工资信息”，显示当前员工的工资信息。部分数据的报表预览效果如图 5-49 所示，将报表另存为“实验 5-10”。

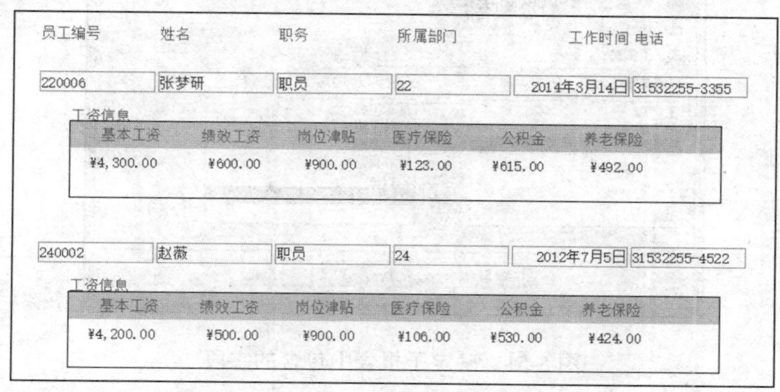

图 5-49 “实验 5-10”报表预览效果（部分数据）

2. 操作步骤

（1）打开“员工管理”数据库，在导航窗格中双击报表“实验 5-5”，切换到设计视图。

（2）在“主体”节中选中所有对象，单击“排列”选项卡“表”组中的“表格”按钮。

（3）单击“设计”选项卡“控件”组中的“子窗体/子报表”按钮，在“主体”节空白处单击，弹出“子报表向导”的第 1 个对话框，选中“使用现有的表或查询”单选按钮，如图 5-50 所示。

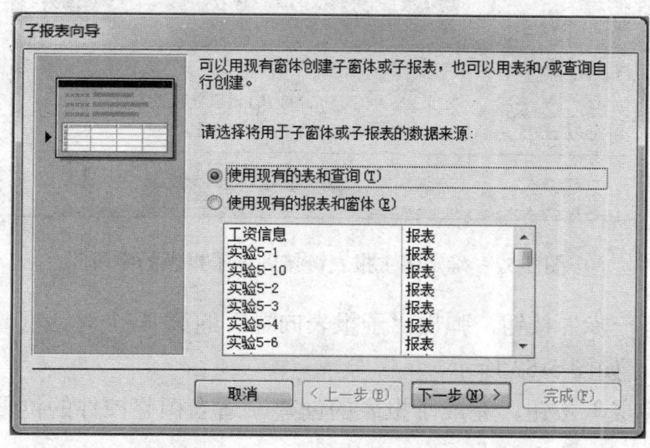

图 5-50 选择将用于子报表的数据来源

（4）单击“下一步”按钮，弹出“子报表向导”的第 2 个对话框，在“表/查询”下拉列表中选择“表: 工资表”选项。依次双击“可用字段”列表框中的“基本工资”“绩效工资”“岗位津贴”“医疗保险”“公积金”“养老保险”字段，将它们添加到“选定字段”列表框中，如图 5-51 所示。

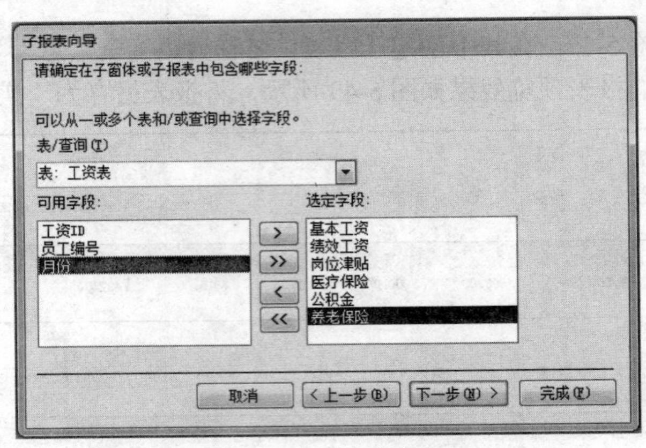

图 5-51　确定子报表中包含的字段

（5）单击“下一步”按钮，弹出“子报表向导”的第 3 个对话框，选中“从列表中选择”单选按钮，在下侧列表中选择“对 员工表 中的每个记录用 员工编号 显示 工资表”选项，如图 5-52 所示。

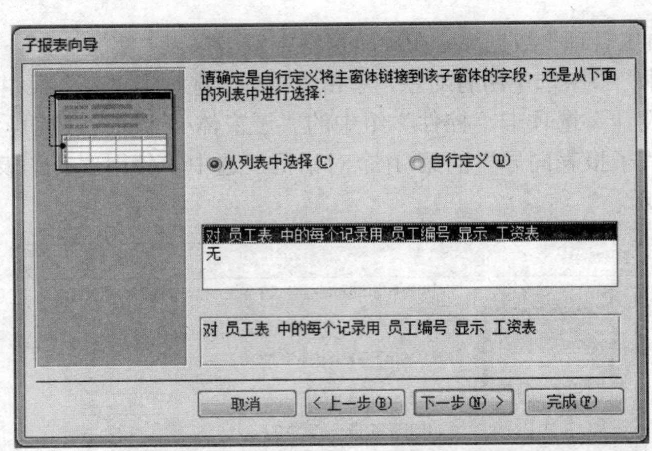

图 5-52　确定将主报表链接到该子报表的字段

（6）单击“下一步”按钮，弹出“子报表向导”的第 4 个对话框，输入子报表的名称为“工资信息”，如图 5-53 所示。

（7）单击“完成”按钮，完成子报表的创建。适当调整控件的位置和大小、各节的高度及报表的宽度，如图 5-54 所示。

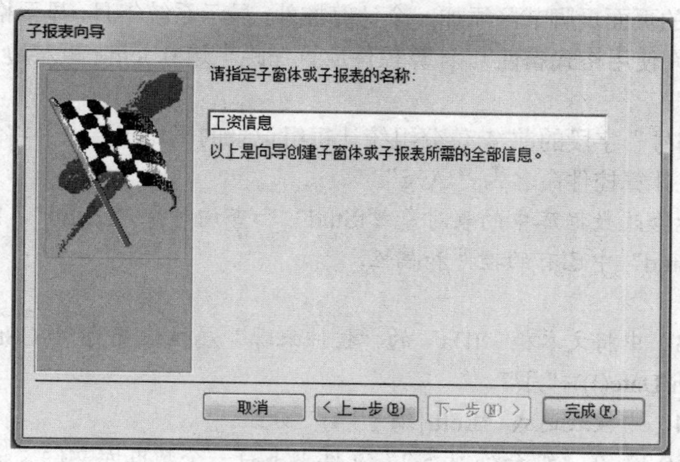

图 5-53 指定子报表的名称

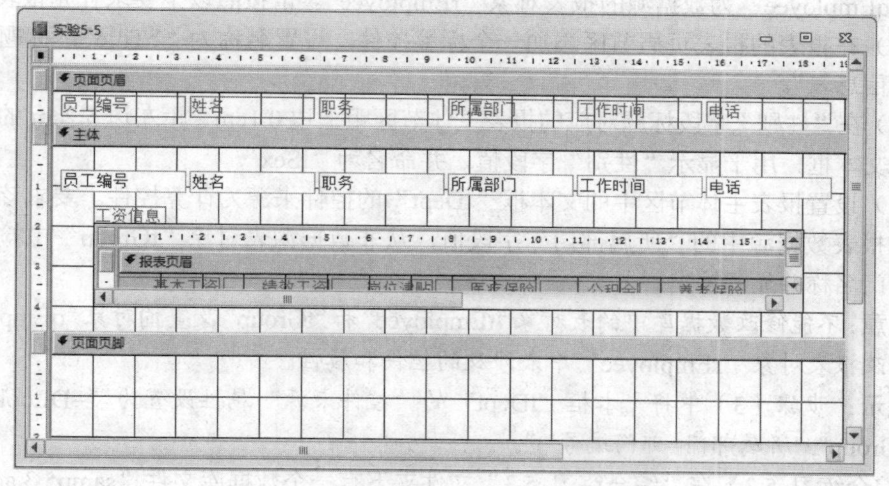

图 5-54 设计视图下报表的完成效果

（8）将报表另存为“实验 5-10”。预览报表，效果如图 5-49 所示。

综 合 练 习

【综合练习 5.1】在“综合练习 5.1”文件夹下有一个数据库文件“samp5.1.accdb”，其中已设计好表对象“tStud”和查询对象“qStud”，同时已设计好以“qStud”为数据源的报表对象“rStud”。请按照以下要求补充报表设计。

（1）在报表的报表页眉节区添加一个标签控件，设置名称为“bTitle”，标题为“97 年入学学生信息表”。

（2）在报表的主体节区添加一个文本框控件，显示“姓名”字段值。该控件放置在距上边 0.1cm、距左边 3.2cm 的位置，并命名为“tName”。

（3）在报表的页面页脚节区添加一个计算控件，显示系统年月，显示格式为××××年××月（注意，不允许使用格式属性）。计算控件放置在距上边 0.3cm、距左边 10.5cm 的位置，并命名为“tDa”。

（4）按“编号”字段的前 4 位分组统计每组记录的平均年龄，并将统计结果显示在组页脚节区。将计算控件命名为“tAvg”。

注意：不能修改数据库中的表对象“tStud”和查询对象“qStud”，同时也不允许修改报表对象“rStud”中已有的控件和属性。

提示：

① 步骤（3）中将文本框“tDa”的“控件来源”属性设置为“=CStr(Year(Date()))+"年"+CStr(Month(Date()))+"月"”。

② 步骤（4）中按表达式“Left([编号],4)”分组。

【综合练习 5.2】在“综合练习 5.2”文件夹下有一个数据库文件“samp5.2.accdb”，其中已设计好表对象“tEmployee”和“tGroup”及查询对象“qEmployee”，同时已设计好以“qEmployee”为数据源的报表对象“rEmployee”。请按照以下要求补充报表设计。

（1）在报表的报表页眉节区添加一个标签控件，设置名称为“bTitle”，标题为“职工基本信息表”。

（2）在“性别”字段标题对应的报表主体节区距上边 0.1cm、距左边 5.2cm 的位置添加一个文本框，用于显示“性别”字段值，并命名为“tSex”。

（3）设置报表主体节区中的文本框“tDept”的控件来源为计算控件。要求该控件可以根据报表数据源中的“所属部门”字段值，从非数据源表对象“tGroup”中检索出对应的部门名称并显示输出。

注意：不能修改数据库中的表对象“tEmployee”和“tGroup”及查询对象“qEmployee”；不能修改报表对象“rEmployee”中未涉及的控件和属性。

提示：步骤（3）中将文本框“tDept”的“控件来源”属性设置为“=DLookUp("名称","tGroup","所属部门=部门编号")”。

【综合练习 5.3】在“综合练习 5.3”文件夹下有一个数据库文件“samp5.3.accdb”，其中已设计好表对象“tEmployee”和查询对象“qEmployee”，同时还设计出以“tEmployee”为数据源的报表对象“rEmployee”。请按照以下要求补充报表设计。

（1）在报表的报表页眉节区添加一个标签控件，设置名称为“bTitle”，标题为“职员基本信息表”。

（2）将报表主体节区中名为“tDate”的文本框的显示内容设置为“聘用时间”字段值。

（3）在报表的页面页脚节区添加一个计算控件，用于输出页码。计算控件放置在距上边 0.25cm、距左边 14cm 的位置，并将其命名为“tPage”。规定页码显示格式为“当前页/总页数”，如 1/20、2/20、…、20/20 等。

注意：不能修改数据库中的表对象“tEmployee”和查询对象“qEmployee”，同时不能修改报表对象“rEmployee”中未涉及的控件和属性。

提示：在步骤（3）中将文本框“tPage”的“控件来源”属性设置为“=[Page]&"/"&[Pages]”。

【综合练习 5.4】在“综合练习 5.4”文件夹下有一个数据库文件“samp5.4.accdb”，其中已建立好两个关联表对象（“档案表”和“工资表”）和一个查询对象（“qT”）。请按以下要求，完成报表的各种操作。

（1）创建一个名为“eSalary”的报表，按表格布局显示查询“qT”的所有信息。

（2）设置报表的标题属性为“工资汇总表”。

（3）按职称汇总出“基本工资”的平均值和总和。设置“基本工资”的平均值计算控件名称为“sAvg”，“总和”计算控件名称为“sSum”。

注意：请在组页脚处添加计算控件。

（4）在“eSalary”报表的主体节区上添加两个计算控件，其中，命名为“sSalary”的控件用于计算输出实发工资，命名为“ySalary”的控件用于计算输出应发工资。

计算公式为

应发工资=基本工资+津贴+补贴

实发工资=基本工资+津贴+补贴−住房基金−失业保险

【综合练习 5.5】在“综合练习 5.5”文件夹下存在一个数据库文件“samp5.5.accdb”，其中已设计好表对象“tOrder”“tDetail”“tBook”，查询对象“qSell”，报表对象“rSell”。请在此基础上按照以下要求补充报表的设计。

（1）对报表进行适当设置，使报表显示“qSell”查询中的数据。

（2）对报表进行适当设置，使报表标题栏上显示的文字为“销售情况报表”；在报表页眉处添加一个标签，标签名为“bTitle”，显示文本为“图书销售情况表”，字体名称为“黑体”，颜色为褐色（褐色代码为#7A4E2B），字号为20，文字不倾斜。

（3）对报表中名称为“txtMoney”的文本框控件进行适当设置，使其显示每本书的金额（金额=数量×单价）。

（4）在报表适当位置添加一个文本框控件（控件名称为“txtAvg”），计算每本图书的平均单价。要求：使用 Round( )函数将计算出的平均单价保留两位小数。

说明：报表适当位置指报表页脚、页面页脚或组页脚。

（5）在报表页脚处添加一个文本框控件（控件名称为“txtIf’），判断所售图书的金额合计，如果金额合计大于30000，“txtIf’控件显示“达标”，否则显示“未达标”。

注意：不允许修改报表对象“rSell”中未涉及的控件和属性，不允许修改表对象“tOrder”“tDetail”“tBook”，不允许修改查询对象“qSell”。

提示：

① 步骤（4）中在报表页脚添加文本框控件。

② 步骤（5）中将文本框“txtIf”的“控件来源”属性设置为“=IIf(Sum([数量]*[单价])>30000,"达标","未达标")”。

实验 6　宏　操　作

在进行实验 6 所有实验操作之前，要把数据库的选项卡式文档窗口更改为重叠窗口。操作步骤参考任务 1.2。

任务 6.1　创建独立宏

1. 任务要求

1）创建一个独立宏，用来弹出“欢迎”消息框，显示“欢迎使用员工信息查询系统”，如图 6-1 所示，单击“确定”按钮后，打开“登录”窗体，如图 6-2 所示，将宏保存为打开数据库时自动运行的宏。

图 6-1　“欢迎”消息框

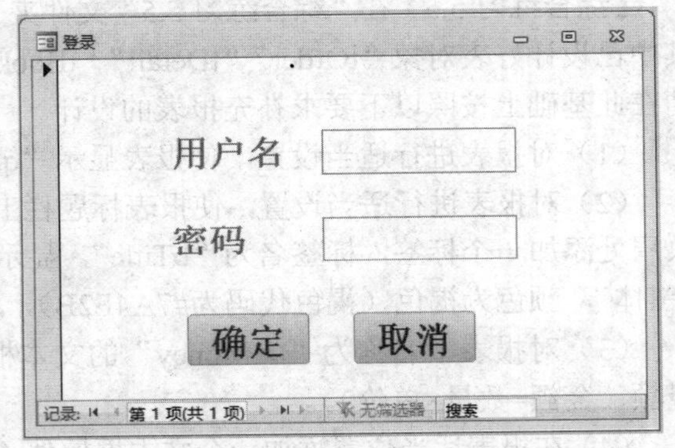

图 6-2　“登录”窗体

2）创建一个独立宏，用来关闭“登录”窗体，将宏保存为“实验 6-1-2”。

2. 操作步骤

1）创建打开“登录”窗体的宏。

（1）打开“员工管理”数据库，单击“创建”选项卡“宏与代码”组中的“宏”按钮，打开宏的设计视图。

（2）在宏操作编辑区中，单击“添加新操作”右侧的下拉按钮，在打开的下拉列表中选择“MessageBox”选项，在“消息”文本框中输入“欢迎使用员工信息查询系统”，“类型”下拉列表中选择“信息”选项，“标题”文本框中输入“欢迎”，如图 6-3 所示。

（3）再次单击“添加新操作”右侧的下拉按钮，在打开的下拉列表中选择“OpenForm”选项，在“窗体名称”文本框中输入“登录”，如图 6-4 所示。

（4）单击快速访问工具栏中的“保存”按钮，弹出“另存为”对话框，输入宏名称为“AutoExec”，如图 6-5 所示，单击“确定”按钮。

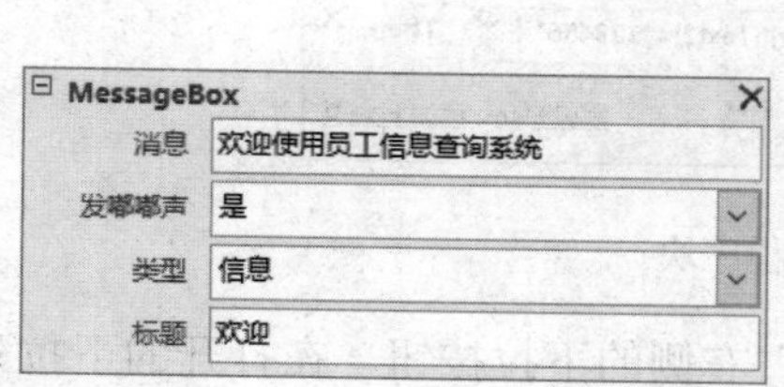

图 6-3 添加宏操作“MessageBox”

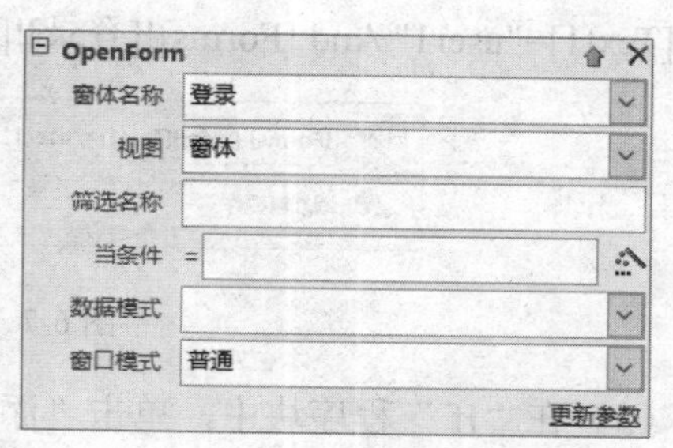

图 6-4 添加宏操作“OpenForm”

（5）关闭数据库，再次打开“员工管理”数据库，Access 自动运行名为“AutoExec”的宏，如图 6-1 和图 6-2 所示。

2）创建关闭“登录”窗体的宏。

（1）打开“员工管理”数据库，单击“创建”选项卡“宏与代码”组中的“宏”按钮，打开宏的设计视图。

（2）在宏操作编辑区中，单击“添加新操作”右侧的下拉按钮，在打开的下拉列表中选择“CloseWindow”选项，在“对象类型”下拉列表中选择“窗体”选项，在“对象名称”文本框中输入“登录”，如图 6-6 所示。

图 6-5 宏“另存为”对话框

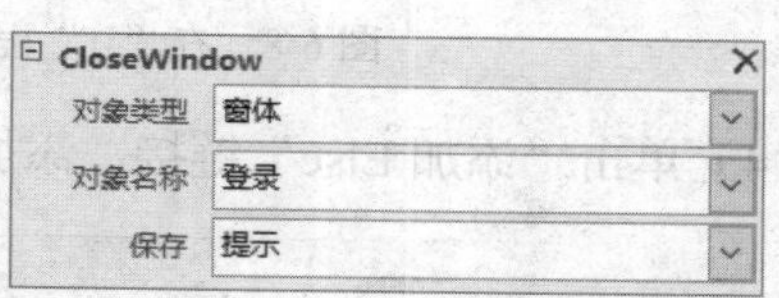

图 6-6 添加宏操作“CloseWindow”

（3）保存宏，将其命名为“实验 6-1-2”。

任务 6.2 创建条件宏

1. 任务要求

创建一个条件宏，要求在“登录”窗体中输入的用户名和密码都正确的条件下，才能打开“查询”窗体，否则弹出一个“注意”消息框，提示“用户名或密码错误!”，将宏保存为“实验 6-2”。

2. 操作步骤

（1）打开“员工管理”数据库，单击“创建”选项卡“宏与代码”组中的“宏”按钮，打开宏的设计视图。

（2）在宏操作编辑区中，单击“添加新操作”右侧的下拉按钮，在打开的下拉列表中选择“If”选项，添加“If”程序块，在“If”文本框中输入条件表达式“[Forms]![登录]![Text1]="user1" And [Forms]![登录]![Text2]="123456"”，如图 6-7 所示。

图 6-7　添加“If”程序块

（3）在“If ”程序块中，单击“添加新操作”右侧的下拉按钮，在打开的下拉列表中选择“OpenForm”选项，在“窗体名称”文本框中输入“查询”，如图 6-8 所示。

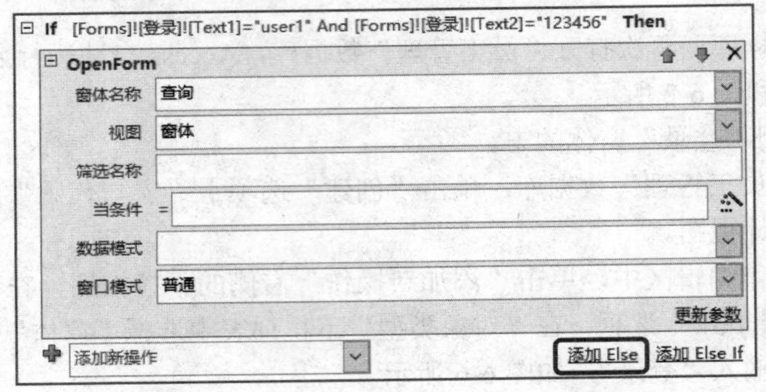

图 6-8　在“If”程序块中添加宏操作“OpenForm”

（4）单击“添加 Else”链接，添加“Else”程序块，如图 6-9 所示。

图 6-9　添加“Else”程序块

（5）在“Else”程序块中，单击“添加新操作”右侧的下拉按钮，在打开的下拉列表中选择“MessageBox”选项，在“消息”文本框中输入“用户名或密码错误！”，在“类型”的下拉列表中选择“警告！”选项，在“标题”文本框中输入“注意”，如图 6-10 所示。

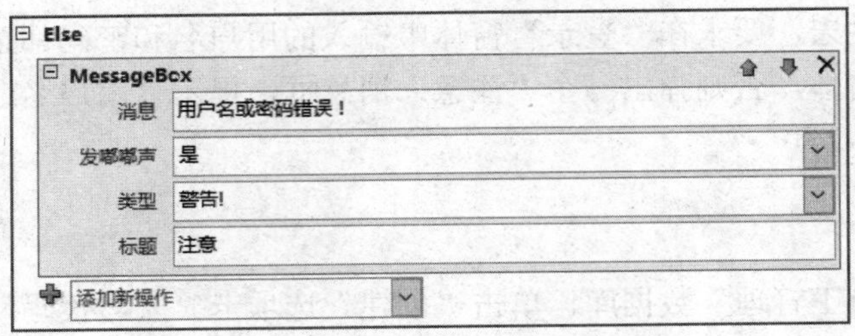

图 6-10　在“Else”程序块中添加宏操作“MessageBox”

（6）保存宏，将其命名为“实验 6-2”。

任务6.3 创 建 子 宏

1. 任务要求

创建一个独立宏，包含“按员工编号查询”“按员工姓名查询”“按部门名称查询” 3个子宏，将宏保存为“实验 6-3”。具体要求如下。

1）在“按员工编号查询”子宏中，可以根据“查询”窗体中输入的员工编号，在“员工信息”报表中查询该员工的信息。

2）在“按员工姓名查询”子宏中，可以根据“查询”窗体中输入的员工姓名，在“员工信息”报表中查询该员工的信息。

3）在“按部门名称查询”子宏中，可以根据“查询”窗体中输入的部门名称，在“员工信息”报表中查询该部门的员工信息。

2. 操作步骤

打开“员工管理”数据库，单击“创建”选项卡“宏与代码”组中的“宏”按钮，打开宏的设计视图。

1）创建“按员工编号查询”子宏。

（1）在宏操作编辑区中，单击“添加新操作”右侧的下拉按钮，在打开的下拉列表中选择“Submacro”选项，添加“子宏”程序块，在“子宏”文本框中输入“按员工编号查询”，如图 6-11 所示。

（2）在子宏“按员工编号查询”中，单击“添加新操作”右侧的下拉按钮，在打开的下拉列表中选择“OpenReport”选项，在“报表名称”文本框中输入“员工信息”，“当条件=”文本框中输入“[员工编号]=[Forms]![查询]![Text1]”，如图 6-12 所示。

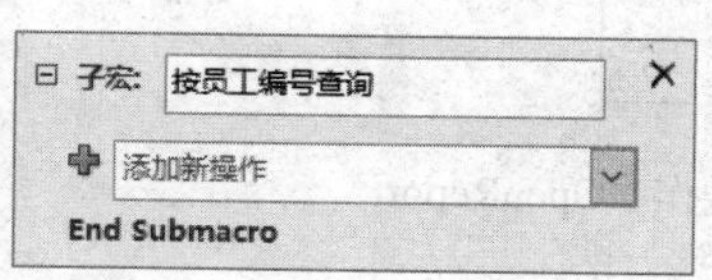

图 6-11 添加子宏“按员工编号查询”

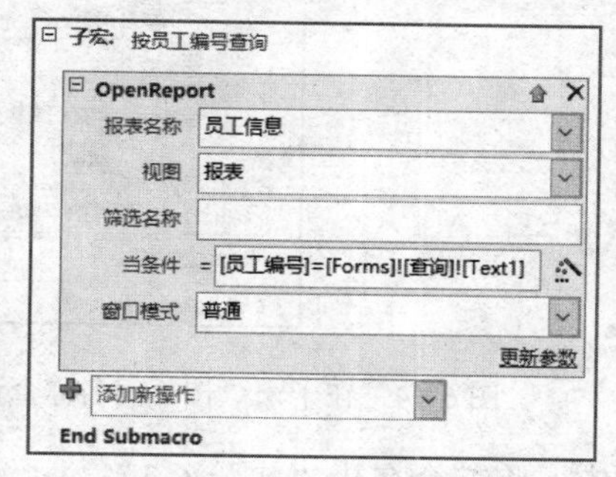

图 6-12 在子宏“按员工编号查询”中添加宏操作“OpenReport”

2）创建“按员工姓名查询”子宏。

（1）在宏操作编辑区中，单击“添加新操作”右侧的下拉按钮，在打开的下拉列表中选择“Submacro”选项，添加“子宏”程序块，在“子宏”文本框中输入“按员工姓名查询”。

（2）在子宏“按员工姓名查询”中，单击“添加新操作”右侧的下拉按钮，在打开的下拉列表中选择“OpenReport”选项，在“报表名称”文本框中输入“员工信息”，在“当条件=”文本框中输入“[姓名]=[Forms]![查询]![Text2]”，如图 6-13 所示。

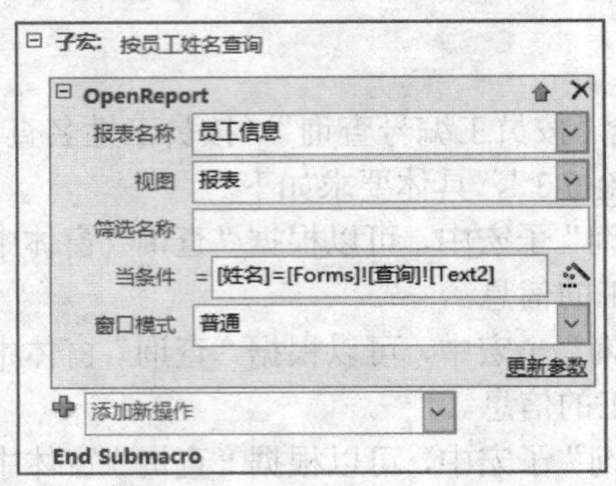

图 6-13　在子宏“按员工姓名查询”中添加宏操作“OpenReport”

3）创建“按部门名称查询”子宏。

（1）在宏操作编辑区中，单击“添加新操作”右侧的下拉按钮，在打开的下拉列表中选择“Submacro”选项，添加“子宏”程序块，在“子宏”文本框中输入“按部门名称查询”。

（2）在子宏“按部门名称查询”中，单击“添加新操作”右侧的下拉按钮，在打开的下拉列表中选择“OpenReport”选项，在“报表名称”文本框中输入“员工信息”，在“当条件=”文本框中输入“[部门名称]=[Forms]![查询]![Text3]”，如图 6-14 所示。

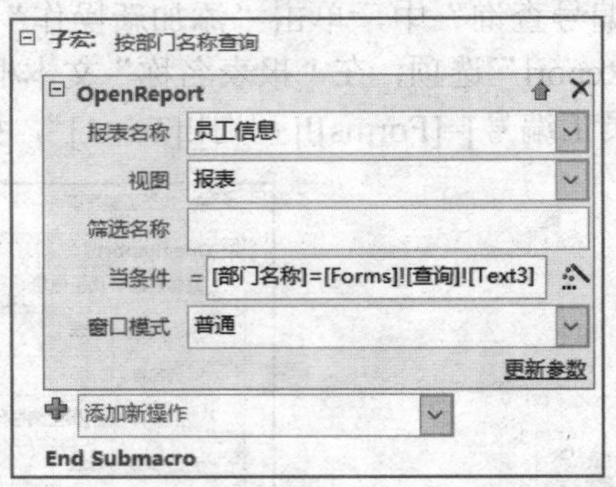

图 6-14　在子宏“按部门名称查询”中添加宏操作“OpenReport”

保存宏，将其命名为“实验 6-3”。

任务 6.4　通过事件触发宏

1. 任务要求

1）修改“登录”窗体，单击“确定”按钮，运行宏“实验 6-2”；单击“取消”按钮，运行宏“实验6-1-2”。将窗体另存为“登录-调用宏”。

2）修改“查询”窗体，单击“按员工编号查询”按钮，运行宏“实验6-3”中的子宏“按员工编号查询”；单击“按员工姓名查询”按钮，运行宏“实验6-3”中的子宏“按员工姓名查询”；单击“按部门名称查询”按钮，运行宏“实验6-3”中的子宏“按部门名称查询”。将窗体另存为“查询-调用宏”。

2. 操作步骤

1）修改“登录”窗体。

（1）打开“员工管理”数据库，在导航窗格的“窗体”列表下，右击“登录”窗体，在弹出的快捷菜单中选择“设计视图”命令，打开窗体的设计视图，如图6-15所示。

（2）在“登录”窗体中选中“确定”按钮，单击“设计”选项卡“工具”组中的“属性表”按钮，打开“属性表”窗格。

（3）在“属性表”窗格中，单击“事件”选项卡，在“单击”事件右侧的下拉列表中选择“实验6-2”选项，如图6-16所示。

图6-15 “登录”窗体的设计视图

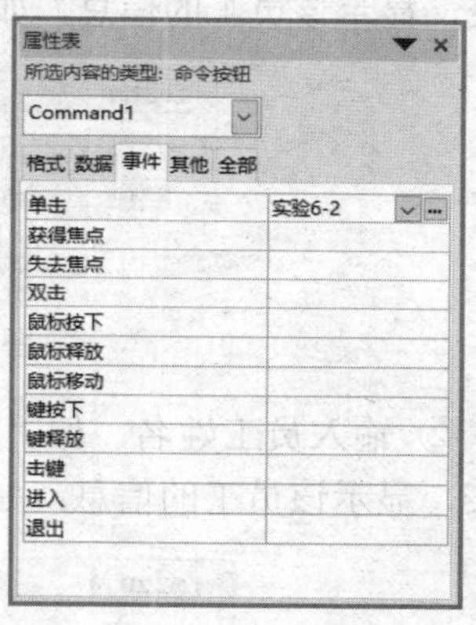

图6-16 “确定”按钮属性设置

（4）选中“取消”按钮，在“单击”事件右侧的下拉列表中选择“实验6-1-2”选项。

（5）将窗体另存为“登录-调用宏”，并切换到窗体视图。

① 输入用户名和密码，单击“确定”按钮。如果输入正确的用户名（user1）和密码（123456），则打开“查询”窗体，如图6-17所示；如果输入错误的用户名或密码，则弹出一个“注意”消息框，提示“用户名或密码错误！”，如图6-18所示。

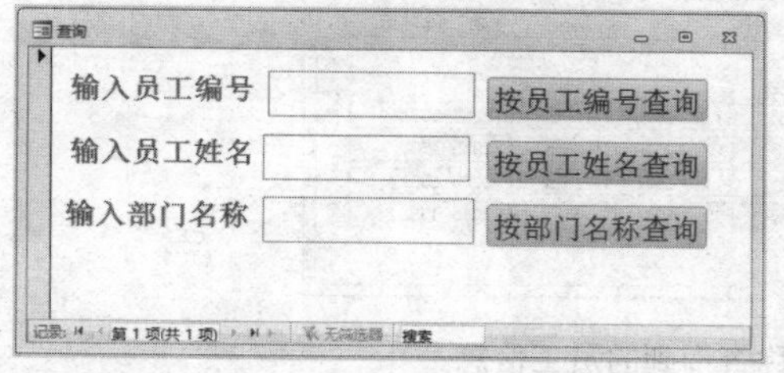

图6-17 “查询”窗体

图6-18 “注意”消息框

② 单击“取消”按钮，关闭“登录”窗体。

2）修改“查询”窗体。

（1）打开“员工管理”数据库，在导航窗格的“窗体”列表下，右击“查询”窗体，在弹出的快捷菜单中选择“设计视图”命令，打开窗体的设计视图。

（2）在“查询”窗体中选中“按员工编号查询”按钮，单击“设计”选项卡“工具”组中的“属性表”按钮，打开“属性表”窗格。

（3）在“属性表”窗格中，单击“事件”选项卡，在“单击”事件右侧的下拉列表中选择“实验 6-3.按员工编号查询”选项。

（4）选中“按员工姓名查询”按钮，在“单击”事件右侧的下拉列表中选择“实验 6-3.按员工姓名查询”选项。

（5）选中“按部门名称查询”按钮，在“单击”事件右侧的下拉列表中选择“实验 6-3.按部门名称查询”选项。

（6）将窗体另存为“查询-调用宏”，并切换到窗体视图。

① 输入员工编号，如“230001”，单击“按员工编号查询”按钮，打开“员工信息”报表，显示该员工的信息，如图 6-19 所示。

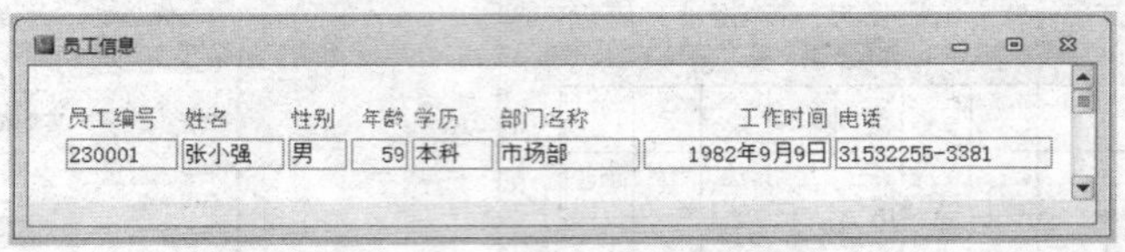

员工信息

员工编号	姓名	性别	年龄	学历	部门名称	工作时间	电话
230001	张小强	男	59	本科	市场部	1982年9月9日	31532255-3381

图 6-19　按员工编号查询到的员工信息

② 输入员工姓名，如“张娜”，单击“按员工姓名查询”按钮，打开“员工信息”报表，显示该员工的信息，如图 6-20 所示。

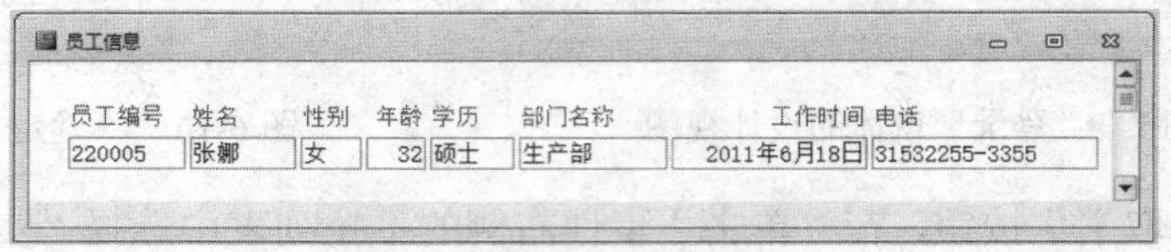

员工信息

员工编号	姓名	性别	年龄	学历	部门名称	工作时间	电话
220005	张娜	女	32	硕士	生产部	2011年6月18日	31532255-3355

图 6-20　按员工姓名查询到的员工信息

③ 输入部门名称，如“后勤部”，单击“按部门名称查询”按钮，打开“员工信息”报表，显示该部门的员工信息，如图 6-21 所示。

员工信息

员工编号	姓名	性别	年龄	学历	部门名称	工作时间	电话
210001	李强	男	38	硕士	后勤部	2006年3月11日	31532255-4531
210003	王宝芬	女	35	本科	后勤部	2012年5月16日	31532255-4531
210002	杜娜	女	37	硕士	后勤部	2007年4月15日	31532255-4531
210004	王成钢	男	35	博士	后勤部	2011年1月5日	31532255-4531

图 6-21　按部门名称查询到的员工信息

综合练习

【综合练习 6.1】在“综合练习 6.1”文件夹下有一个数据库文件“samp6.1.accdb”，其中已设计好表对象“tEmployee”、宏对象“m1”和以“tEmployee”为数据源的窗体对象“fEmployee”。请在此基础上按照以下要求补充设计。

（1）在窗体的窗体页眉节区添加一个标签控件，名称为“bTitle”，初始化标题显示为“雇员基本信息”，字体名称为“黑体”，字号大小为“18”。

（2）将命令按钮“bList”的标题设置为“显示雇员情况”。

（3）单击命令按钮“bList”，要求运行宏对象 m1；Click（单击）事件代码已提供，请补充完整。

（4）取消窗体的水平滚动条和垂直滚动条，取消窗体的最大化和最小化按钮。

（5）加载窗体时，将“Tda”标签标题设置为“YYYY 年雇员信息”，其中“YYYY”为系统当前年份（要求使用相关函数获取），如 2013 年雇员信息。窗体 Load（加载）事件的代码已提供，请补充完整。

提示：

① 步骤（3）中补充语句为“DoCmd.RunMarco "m1"”。

② 步骤（5）中补充语句为“Tda.Caption=Year(Date()) & "年雇员信息"”。

【综合练习 6.2】在“综合练习 6.2”文件夹下有一个数据库文件“samp6.2.accdb”，其中已设计好表对象“tBorrow”“tReader”“tRook”，查询对象“qT”和窗体对象“fReader”，报表对象“rReader”和宏对象“rpt”。请在此基础上按以下要求补充设计。

（1）在报表的报表页眉节区内添加一个标签控件，设置其名称为“bTtile”，标题为“读者借阅情况浏览”，字体名称为“黑体”，字体大小为“22”，同时将其安排在距上边 0.5cm、距左边 2cm 的位置上。

（2）设计报表“rReader”的主体节区内“tSex”文本框控件依据报表记录源的“性别”字段值来显示信息。

（3）将宏对象“rpt”重命名为“mReader”。

（4）在窗体对象“fReader”的窗体页脚节区内添加一个命令按钮，设置其名称为“bList”，按钮标题为“显示借书信息”，其 Click（单击）事件属性设置为宏对象“mReader”。

（5）窗体加载时设置窗体标题属性为系统当前日期。窗体的 Load（加载）事件的代码已提供，请补充完整。

注意：

① 不允许修改窗体对象“fReader”中未涉及的控件和属性，不允许修改表对象“tBorrow”“tReader”“tRook”及查询对象“qT”，不允许修改报表对象“rReader”的控件和属性。

② 程序代码只能在“*****Add*****”与“*****Add*****”之间的空行内补充一行语句，完成设计，不允许增删和修改其他位置已存在的语句。

提示：步骤（5）中补充语句为“Form.Caption=Date”。

【综合练习 6.3】在“综合练习 6.3”文件夹下有一个图像文件“test.bmp”和一个数据库文件“samp6.3.accdb”,“samp6.3.accdb”数据库中已设计好表对象“tEmp”和“tTemp”、窗体对象“fEmp”、报表对象“rEmp”及宏对象“mEmp”。请在此基础上按照以下要求补充设计。

（1）将表“tTemp”中年龄小于 30 岁（不含 30）且职务为职员的女职工记录选出并添加到空白表“tEmp”中。

（2）将窗体“fEmp”的窗体标题设置为“信息输出”；将窗体上名为“btnP”命令按钮的外观设置为图片显示，图片选择“综合练习 6.3”文件夹下的 “test.bmp”图像文件；将“btnP”命令按钮的 Click（单击）事件设置为窗体代码区已经设置好的事件过程 btnP_Click。

（3）将报表“rEmp”的主体节区内“tName”文本框控件设置为“姓名”字段内容显示，将宏“mEmp”重命名并保存为自动执行的宏。

注意：不能修改数据库中表对象“tTemp”，不能修改宏对象“mEmp”中的内容，不能修改窗体对象“fEmp”和报表对象“rEmp”中未涉及的控件和属性。

【综合练习 6.4】在“综合练习 6.4”文件夹下有一个数据库文件“samp6.4.accdb”，其中已设计好表对象“tTeacher”、窗体对象“fTest”、报表对象“rTeacher”和宏对象“m1”。请在此基础上按照以下要求补充窗体设计和报表设计。

（1）将报表对象“rTeacher”的报表主体节区中名为“性别”的文本框显示内容设置为“性别”字段值，并将文本框重命名为“tSex”。

（2）在报表对象“rTeacher”的报表页脚节区位置添加一个计算控件，计算并显示教师的平均年龄。计算控件放置在距上边 0.3cm、距左边 3.6cm 的位置，将其命名为“tAvg”。

（3）设置窗体对象“fTest”上名为“btest”的命令按钮的 Click（单击）事件属性为给定的宏对象“m1”。

注意：不能修改数据库中的表对象“tTeacher”和宏对象“m1”；不能修改窗体对象“fTest”和报表对象“rTeacher”中未涉及的控件和属性。

【综合练习 6.5】在“综合练习 6.5”文件夹下有一个数据库文件“samp6.5.accdb”，其中已经设计好表对象“tEmp”、窗体对象“fEmp”、报表对象“rEmp”和宏对象“mEmp”。请在此基础上按照以下要求补充设计。

（1）将报表“rEmp”的报表页眉节区内名为“bTitle”标签控件的标题文本在标签区域中居中显示，同时将其放在距上边 0.5cm、距左边 5cm 的位置。

（2）设计报表“rEmp”的主体节区内的“tSex”文本框控件依据报表记录源的“性别”字段值来显示信息：性别为 1，显示“男”；性别为 2，显示“女”。

（3）将“fEmp”窗体中名为“bTitle”的标签的文本颜色改为红色（代码 255）。同时，将窗体按钮“btnP”的 Click（单击）事件属性设置为宏“mEmp”，以完成单击按钮打开报表的操作。

注意：不允许修改数据库中的表对象“tEmp”和宏对象“mEmp”，不允许修改窗体对象“fEmp”和报表对象“rEmp”中未涉及的控件和属性。

提示：步骤（2）中将文本框“tSex”的“控件来源”属性设置为“=IIf([性别]=1,"男","女")”。

实验 7 VBA 编程

任务 7.1 模块基本操作

1. 任务要求

创建标准模块，在模块内定义过程“hello”，过程功能：在“立即窗口”中显示“Hello World”。将模块保存为“实验 7-1”。

2. 操作步骤

（1）进入 VBA 编程环境。打开“员工管理”数据库，单击“数据库工具”选项卡“宏”组中的“Visual Basic”按钮，进入 VBA 编程环境，如图 7-1 所示。

（2）创建模块。选择“插入”→“模块”命令（图 7-2），弹出“代码”窗口，如图 7-3 所示。

（3）输入代码。在“代码”窗口中输入如图 7-4 所示代码，定义一个名为“hello”的过程。该过程内的命令“debug.Print "Hello World"”的功能为在“立即窗口”中显示字符串“Hello World”。

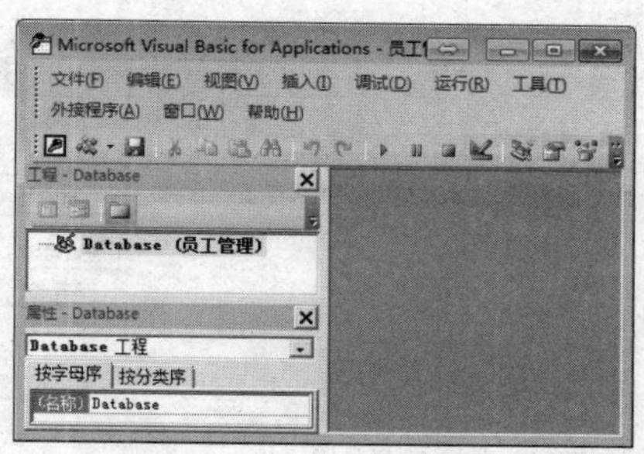

图 7-1 VBA 编程环境

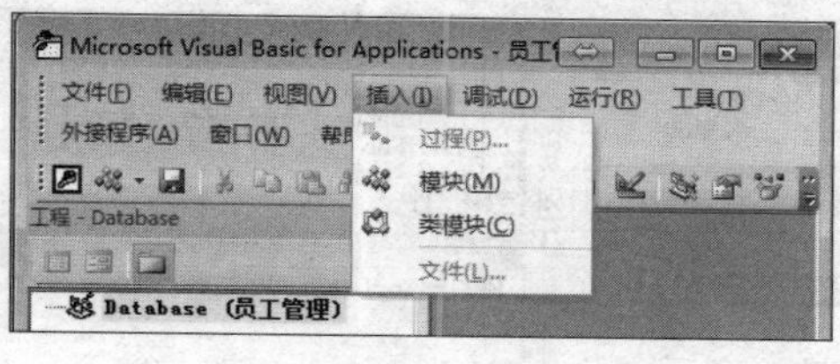

图 7-2 插入模块

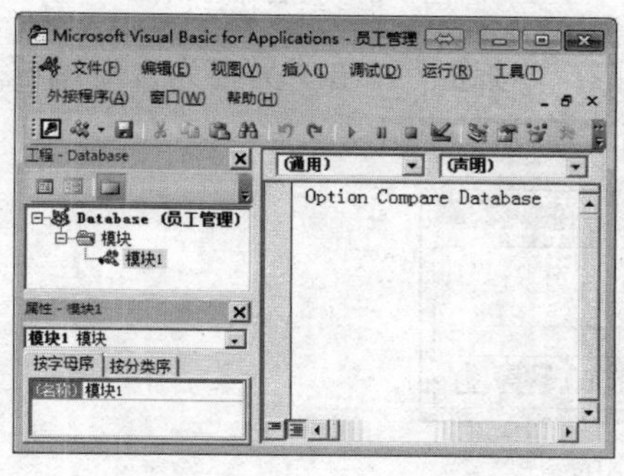

图 7-3 “代码”窗口

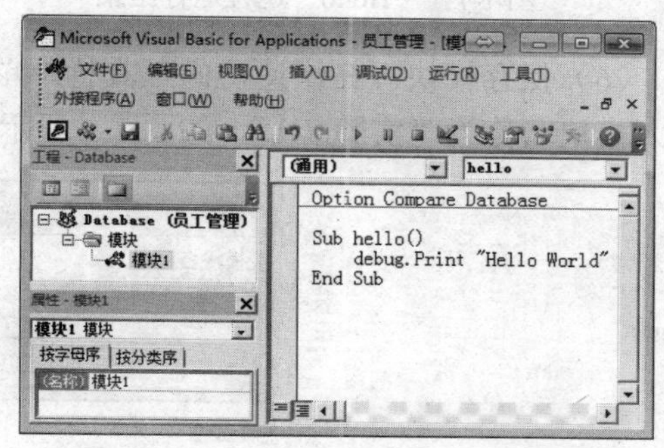

图 7-4 定义 hello 过程

（4）打开“立即窗口”。选择“视图”→“立即窗口”命令（图 7-5），打开“立即窗口”，如图 7-6 所示。

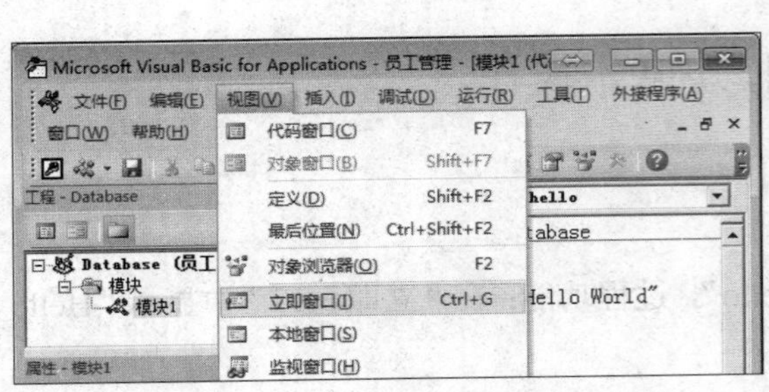

图 7-5　打开“立即窗口”

图 7-6　“立即窗口”

（5）运行过程。在“代码”窗口中的“hello”过程内的任意位置单击（光标定位到过程内）。单击工具栏中的“运行子过程/用户窗体”按钮，过程“hello”立即运行，运行结果如图 7-7 所示。

说明：一个模块内可以有多个过程，如果要运行某个过程，必须先将光标定位在该过程内。如果光标没有定位到任何过程内，VBA 系统将弹出“宏”对话框，如图 7-8 所示，要求用户输入或选择某过程（宏名称）来执行。

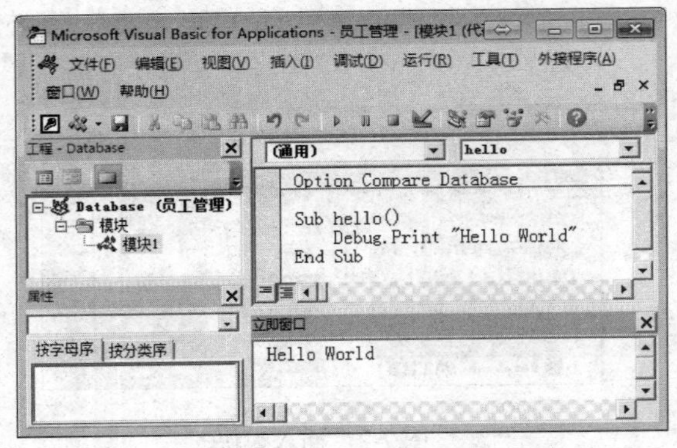

图 7-7　“Hello”过程运行结果

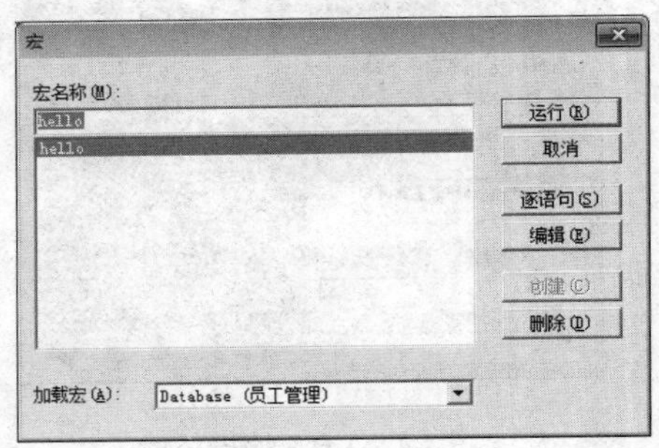

图 7-8　“宏”对话框

（6）保存模块。在快速访问工具栏中单击“保存”按钮，弹出“另存为”对话框，输入模块名称为“实验 7-1”，如图 7-9 所示，单击“确定”按钮。

图 7-9　保存模块

任务 7.2　各种数据类型的常量、变量使用

1. 任务要求

1）创建标准模块，在模块内定义过程“regstu”，过程功能：定义 5 个变量用来保存学生的 5 个注册信息（学号、姓名、性别、生日和入学成绩），并将这些注册信息显示在“立即窗口”中。将模块保存为“实验 7-2-1”。

2）创建标准模块，在模块内定义过程“calfc”，过程功能：根据公式 $x=\frac{-b\pm\sqrt{b^2-4ac}}{2a}$，计算方程 $x^2-3x+2=0$ 的两个根，计算结果显示在“立即窗口”中。将模块保存为“实验 7-2-2”。

3）创建标准模块，在模块内定义过程“caltriangle”，过程功能：①显示输入框，提示内容为“请输入三角形半径”，标题为“录入”，默认值为“100”；②输入框中所输入的数据保存在变量 r 中，利用半径 r 和圆周率 pi（模块上方声明的符号常量）计算三角形的面积并保留两位小数，将面积保存在变量 s 中；③将面积结果 s 显示在消息框中，提示内容为“三角形面积为：面积值”，显示“确定”按钮，标题为“结果”。将模块保存为“实验 7-2-3”。

2. 操作步骤

1）定义过程“regstu”。

（1）进入 VBA 编程环境，插入模块，在“代码”窗口中输入如图 7-10 所示代码。

（2）打开“立即窗口”，运行过程，运行结果如图 7-11 所示。

（3）将模块保存为“实验 7-2-1”。

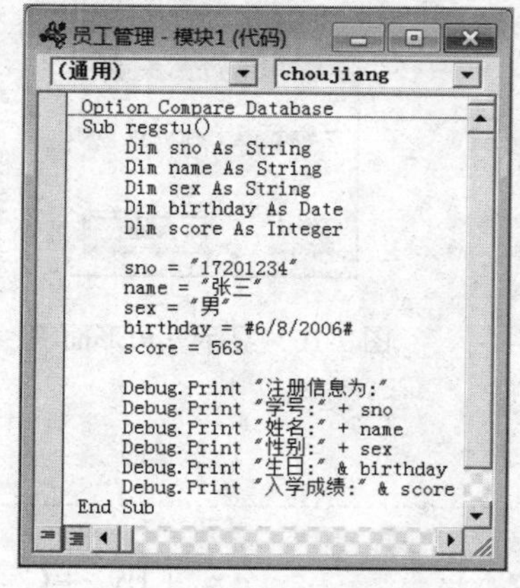

图 7-10　定义过程“regstu”

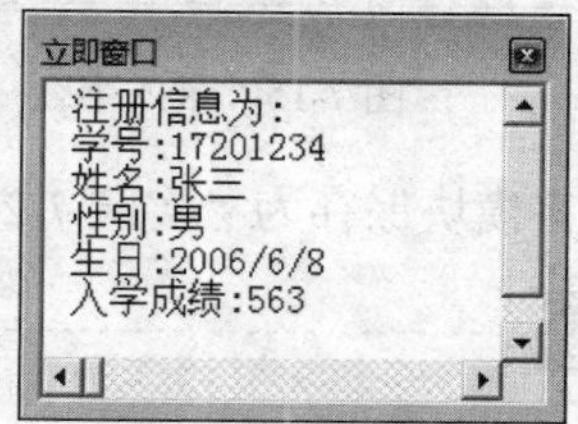

图 7-11　显示注册信息

2）定义过程“calfc”。

（1）进入 VBA 编程环境，插入模块，在“代码”窗口中输入如图 7-12 所示代码。

（2）打开“立即窗口”，运行过程，运行结果如图 7-13 所示所示代码。

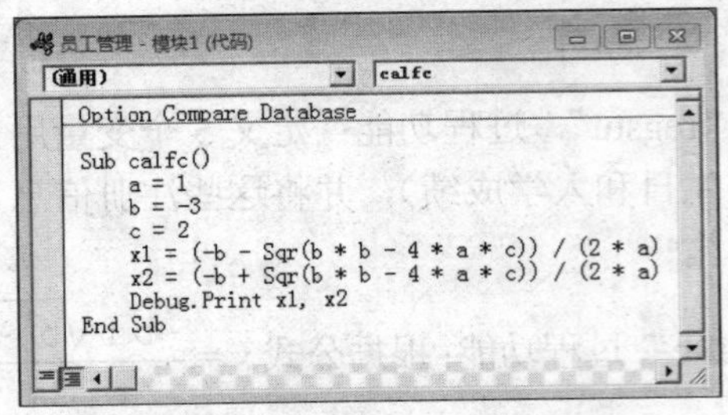

图 7-12　定义过程“calfc”

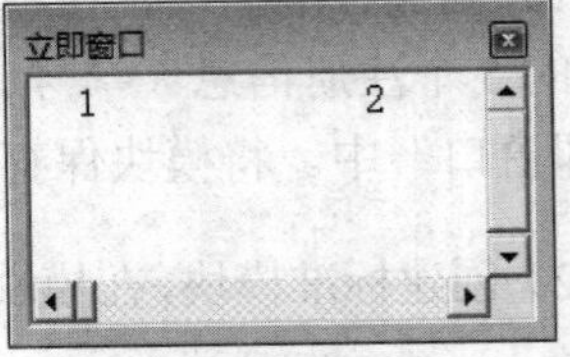

图 7-13　显示两个根

（3）将模块保存为“实验 7-2-2”。

3）定义过程“caltriangle”。

（1）进入 VBA 编程环境，插入模块，在“代码”窗口中输入如图 7-14 所示代码。

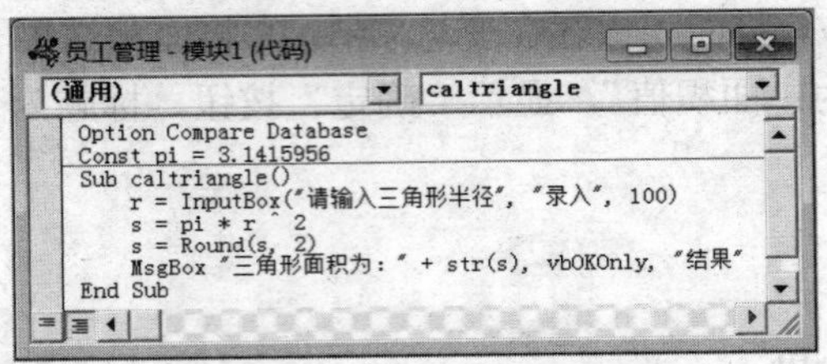

图 7-14　定义 caltriangle 过程

（2）运行过程“caltriangle”，弹出“录入”对话框，输入 125，如图 7-15 所示。单击“确定”按钮，弹出“结果”消息框，如图 7-16 所示。

图 7-15　录入半径

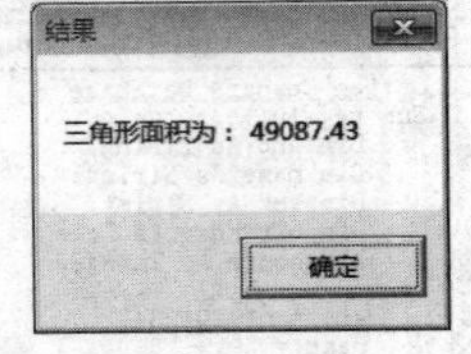

图 7-16　显示三角形面积

（3）将模块保存为“实验 7-2-3”。

练一练

（1）已知点 (x_0, y_0) 到直线 $Ax + By + C = 0$ 的距离公式为 $d = \dfrac{Ax_0 + By_0 + C}{\sqrt{A^2 + B^2}}$。创建标准模块并定义过程“cald”，该过程计算点(2,5)到直线 $4x + 3y + 2 = 0$ 的距离，距离显示在“立即窗口”中。将模块保存为“练习 7-2-1”。

（2）创建标准模块，在模块内定义过程“calje”，过程功能如下。

① 显示输入框，提示内容为“请输入商品单价”，标题为“单价”，默认值为“2.0”。单价保存在变量 d 中。

② 显示输入框，提示内容为“请输入商品数量”，标题为“数量”，默认值为“5”。数量保存在变量 s 中。

③ 利用单价 d 和数量 s 计算金额（d×s），将金额保留一位小数，保存在变量 j 中。

④ 将金额 j 显示在消息框中，提示内容为“商品金额为：金额值”，显示“确定”按钮。

⑤ 将模块保存为“练习 7-2-2”。

任务 7.3 分支结构练习

1. 任务要求

1）创建标准模块，在模块内定义过程“choujiang”，过程功能：随机生成[0,4]范围内的整数作为抽奖积分。当抽到 0 积分时，用消息框提示“没中奖”；当抽到非零积分时，用消息框提示“恭喜，抽到某积分”。将模块保存为“实验 7-3-1”。

2）创建标准模块，在模块内定义过程“fenduan”，过程功能：①显示输入框，提示内容为“输入自变量 x”，标题为“分段函数”，默认值为“0”；②将输入框中所输入的数据保存在变量 x 中，根据 x 的值计算下面分段函数的返回值，并保存在变量 y 中。

$$y=\begin{cases}2x+1 & (x<0)\\ x^2+1 & (0\leqslant x<10)\\ x+9 & (x\geqslant 10)\end{cases}$$

3）将返回值 y 作为提示内容显示在消息框中。将模块保存为“实验 7-3-2”。

2. 操作步骤

1）定义过程“choujiang”。

（1）进入 VBA 编程环境，插入模块，在“代码”窗口中输入如图 7-17 所示代码。

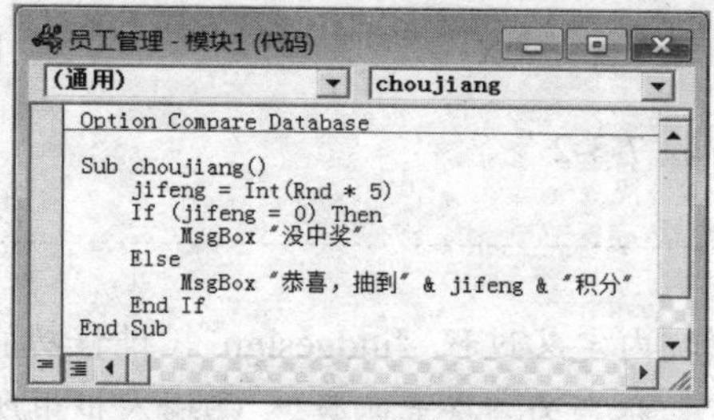

图 7-17 定义过程“choujiang”

（2）多次运行过程“choujiang”，运行结果如图 7-18 和图 7-19 所示。

图 7-18　没中奖结果

图 7-19　抽中 2 积分结果

（3）将模块保存为“实验 7-3-1”。

2）定义过程“fenduan”。

（1）进入 VBA 编程环境，插入模块，在“代码”窗口中输入如图 7-20 所示代码。

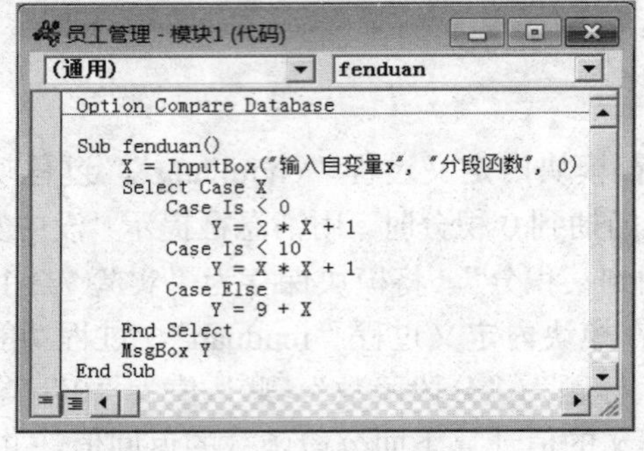

图 7-20　定义过程“fenduan”

（2）运行过程“fenduan”，弹出“分段函数”输入框，输入 6，如图 7-21 所示。单击“确定”按钮，弹出显示返回值 37 的对话框，如图 7-22 所示。

图 7-21　录入自变量 X

图 7-22　显示函数返回值

3）将模块保存为“实验 7-3-2”。

练一练

创建标准模块，在模块内定义过程“judgesign”，过程功能：①显示输入框，提示内容为“请输入自变量 x”，标题为“符号函数”；②输入框中所输入的数据保存在变量 x 中，根据 x 的取值在消息框中显示“正数”（当 x 大于 0 时）、“零”（当 x 等于 0 时）或“负数”（当 x 小于 0 时）；③将模块保存为“练习 7-3”。

任务 7.4　循 环 练 习

1. 任务要求

1）创建标准模块，在模块内定义过程“calxulie1”，过程功能：计算$1^2+2^2+3^2\cdots+10^2$的值，将结果显示在消息框中。在同一模块内定义过程“calxulie2”，过程功能：计算$2\times4\times6\times\cdots\times20$的值，将结果显示在消息框中。模块保存为“实验 7-4-1”。

2）创建标准模块，在模块内定义过程“calsum”，过程功能：循环提示用户输入一个数，每当输入一个数，都将该数累加起来，当输入字母“q”后结束输入，最后将累加和显示在消息框中。将模块保存为“实验 7-4-2”。

2. 操作步骤

1）定义过程“calxulie1”。

（1）进入 VBA 编程环境，插入模块，在“代码”窗口中输入如图 7-23 所示代码。

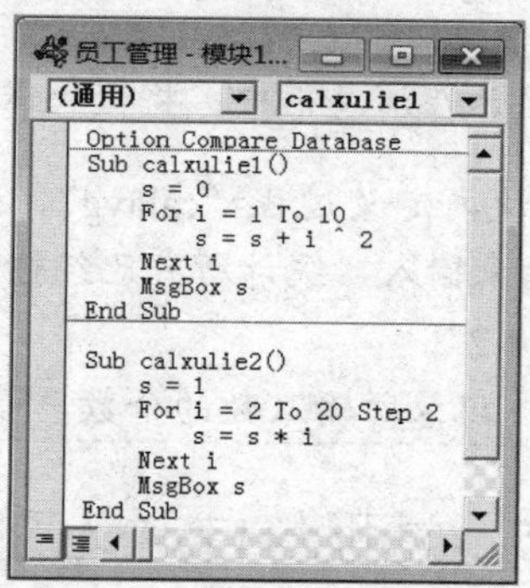

图 7-23　定义两个过程

（2）运行过程“calxulie1”，弹出消息框显示“385”，如图 7-24 所示。

（3）运行过程“calxulie2”，弹出消息框显示“3715891200”，如图 7-25 所示。

图 7-24　“calxulie1”运行结果

图 7-25　“calxulie2”运行结果

（4）将模块保存为“实验 7-4-1”。

2）定义过程“calsum”。

（1）进入 VBA 编程环境，插入模块，在“代码”窗口中输入如图 7-26 所示代码。

（2）运行过程“calsum”，在前 3 次弹出的对话框中，分别输入 2、5、6，在第 4 次出现的对话框中输入字母“q”，最后运行结果如图 7-27 所示。

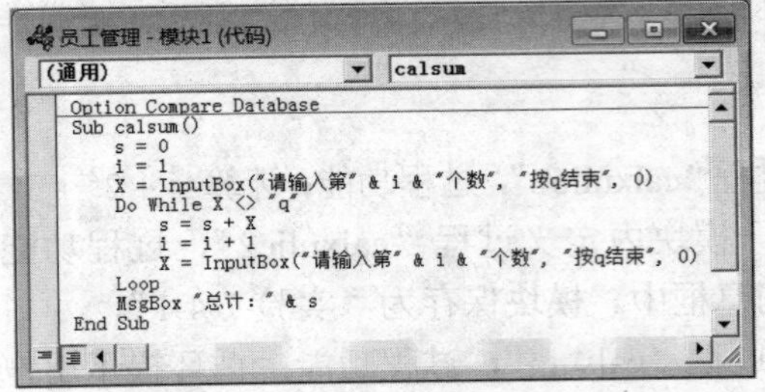

图 7-26　定义过程“calsum”

图 7-27　显示总计

（3）将模块保存为“实验 7-4-2”。

练一练

（1）创建标准模块，在模块内定义过程“calxulie3”，过程功能：计算 $\frac{1}{\sqrt{2}}+\frac{1}{\sqrt{4}}+\frac{1}{\sqrt{6}}+\cdots+\frac{1}{\sqrt{30}}$ 之和，将结果显示在消息框中。将模块保存为“练习 7-4-1”。

（2）创建标准模块，在模块内定义过程“calavg”，过程功能：循环提示用户输入一个数，当输入字母“q”后结束输入，统计所有已经输入数的平均值，并显示在消息框中。将模块保存为“练习 7-4-2”。

提示：再增加一个变量 n，记录所输入数的个数，最后用 s/n 得到平均值。

任务 7.5　过程与自定义函数练习

1. 任务要求

1）创建标准模块，在模块内定义过程“showdate”，过程功能：接收一个日期型实参值（如 2017-9-16）并保存在形参 d 中，分别从 d 中提取年、月、日信息，拼接为“某年某月某日”格式显示在消息框中。在同一模块内定义过程“test”，该过程为主程序（第 1 个执行的过程），其负责两次调用“showdate”过程，第 1 次调用时传入“2017-9-16”实参，第 2 次调用时将当前系统日期作为实参传入过程。将模块保存为“实验 7-5-1”。

2）创建标准模块，在模块内创建自定义函数“cnt”，函数功能：接收两个字符串型实参值，分别保存在形参 str 和 c 中，函数统计 c 所存字符在 str 所存字符串中出现的次数。例如，当 str 接收"ababcccaadaa"，c 接收"a"时，函数返回值为 6（因为"a"在"ababcccaadaa"中出现 6 次）。在同一模块内定义过程“test”，该过程为主程序，其通过调用 cnt( )函数计算"a"在"ababcccaadaa"中出现的次数，并将次数显示在消息框中。模块保存为“实验 7-5-2”。

2. 操作步骤

1）定义过程“showdate”。

（1）进入 VBA 编程环境，插入模块，在“代码”窗口中输入如图 7-28 所示代码。

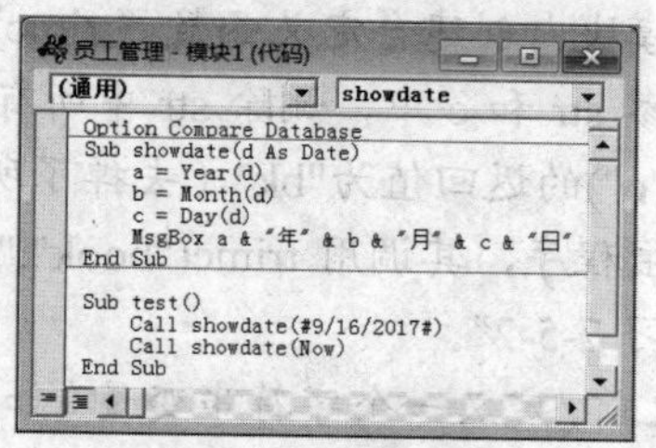

图 7-28　定义过程“calsum”

（2）运行过程“test”，先后显示固定日期“2017 年 9 月 16 月”和当前日期（假设当前系统日期为 2017-10-3），如图 7-29 和图 7-30 所示。

图 7-29　显示固定日期

图 7-30　显示当前日期

（3）将模块保存为“实验 7-5-1”。

2）创建自定义函数“cnt”。

（1）进入 VBA 编程环境，插入模块，在“代码”窗口中输入如图 7-31 所示代码。

（2）运行过程“test”，消息框显示 6，如图 7-32 所示。

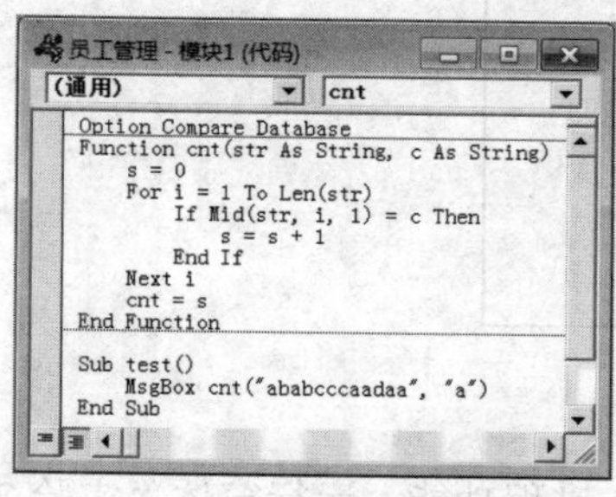

图 7-31　自定义函数“cnt”

图 7-32　显示出现 6 次

（3）将模块保存为“实验 7-5-2”。

练一练

（1）创建标准模块，在模块内定义过程“showtime”，过程功能：接收一个日期型实参值并保存在形参 d 中，从 d 中分别提取时、分、秒信息，拼接为“某时某分某秒”格式显示在消息框中。在同一模块内定义过程“test”，该过程为主程序，其负责调用过程“showtime”，并将当前系统时间作为实参传入过程。将模块保存为“练习 7-5-1”。

提示：程序中需要用到 Date( )、Hour( )、Minute( )、Second( )4 个函数。

（2）创建标准模块，在模块内创建自定义函数“trimc”，函数功能：接收两个字符串型实参值，分别保存在形参 str 和 c 中，删除 str 中所有等于 c 内字符的字符串并返回 str。例如，trimc("book","o")的返回值为"bk"（去掉了所有字母"o"）。在同一模块内定义过程“test”，该过程为主程序，其调用 trimc("book","o")，并将次数显示在消息框对话中。将模块保存为“练习 7-5-2”。

提示：在进入 For 循环之前，定义一个字符串变量（如 p），并赋值为空字符串（""）；在循环内对遇到的第 i 个字符进行判断，如果第 i 个字符不等于参数 c，则将这第 i 个字符连接到变量 p 的后面，连接语句为 p=p+mid(str,i,1)，最后将 p 变量值作为函数的返回值。

任务 7.6　面向对象设计

1. 任务要求

1）创建空白窗体，在窗体内添加 3 个文本框和 1 个命令按钮，如图 7-33 所示。运行窗体时，在上面两个文本框中分别输入“加数 1”和“加数 2”的数值，单击“计算”按钮可计算两个加数的和，并将和显示在最下面的文本框中。将窗体保存为“实验 7-6-1”。

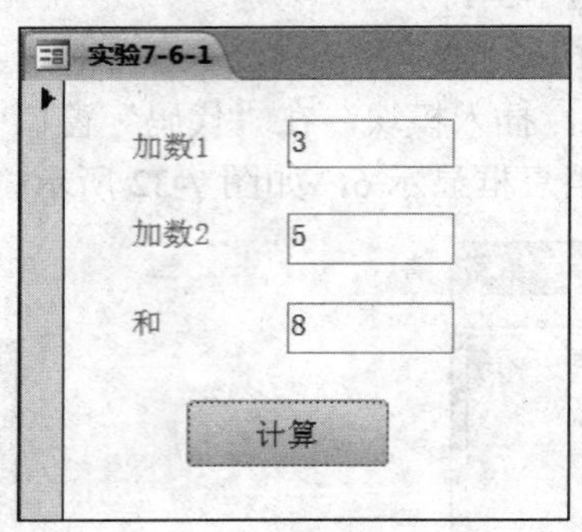

图 7-33　加法器

2）创建标准模块，在模块内定义过程“openf”，过程功能：运行窗体“实验 7-6-1”。

2. 操作步骤

1）创建窗体。

（1）单击“创建”选项卡“窗体”组中的“窗体设计”按钮，打开窗体的设计视图。

（2）在主体节区添加 3 个文本框和 1 个命令按钮（在弹出的“文本框向导”对话框中单击“取消”按钮）。

（3）设置 3 个文本框附加标签的标题分别为“加数 1”“加数 2”“和”，设置命令按钮的标题为“计算”，如图 7-34 所示。

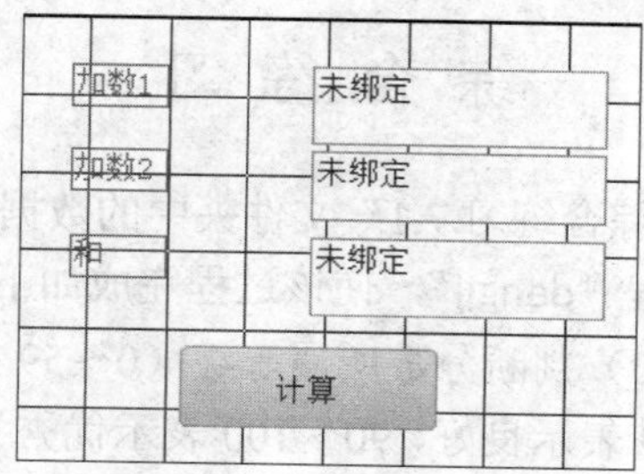

图 7-34　设置标题

（4）单击“设计”选项卡“工具”组中的“属性表”按钮，打开“属性表”窗格，从上至下设置的 3 个文本框的名称分别为“txtnum1”“txtnum2”“txtsum”，设置命令按钮的名称为“cmdadd”。

（5）选中“计算”按钮，在“属性表”窗格中单击“事件”选项卡，单击“单击”行右侧的“生成器”按钮，在弹出的“选择生成器”对话框中选择“代码生成器”选项，单击“确定”按钮。“代码”窗口中出现该按钮的事件过程，为事件过程编写如图 7-35 所示代码。

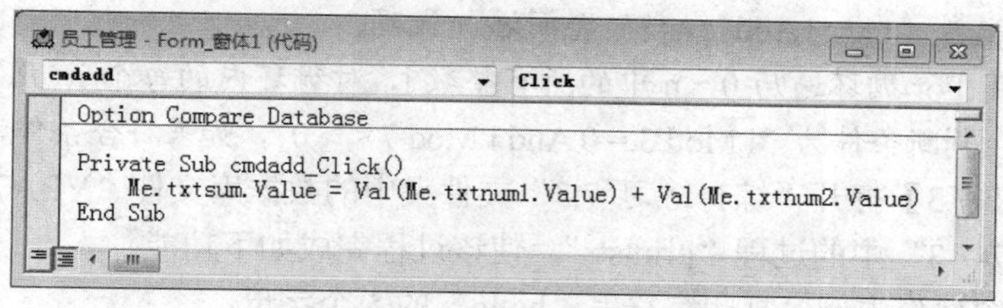


```
Option Compare Database

Private Sub cmdadd_Click()
    Me.txtsum.Value = Val(Me.txtnum1.Value) + Val(Me.txtnum2.Value)
End Sub
```

图 7-35　按钮 Click（单击）事件代码

（6）切换到窗体视图运行窗体，输入加数 3 和 5，单击“计算”按钮，计算结果如图 7-33 所示。

（7）将窗体保存为“实验 7-6-1”。

2）定义过程“openf”。

（1）进入 VBA 编程环境，插入模块，在“代码”窗口中输入如图 7-36 所示代码。

```
Option Compare Database

Sub openf()
    DoCmd.OpenForm "实验7-6-1"
End Sub
```

图 7-36　定义“openf”过程

（2）运行过程“openf”，可在 Access 主界面中看到运行的窗体。

（3）将模块保存为“实验 7-6-2”。

综 合 练 习

【综合练习 7.1】打开“综合练习 7.1”文件夹中的数据库文件“VBA7.1.accdb”，完善其中模块“7-7-1”中的过程“dengji”，使该过程完成如下功能。

根据输入的分数（0～100）判断分数所属等级（0～59 表示不及格，60～69 表示及格，70～79 表示中等，80～89 表示良好，90～100 表示优秀），并由消息框显示等级结果。例如，当输入 92 时，消息框中显示“成绩等级为优秀”。

注意：只能在“*****Add*****”之间添加代码。

提示：补充 5 个 case 子句，每个 case 后面的条件可以用“Is<某分数”或“x>某分数 1 And x>某分数 2”的形式。

【综合练习 7.2】打开“综合练习 7.2”文件夹中的数据库文件“VBA7.2.accdb”，完善其中模块“7-7-2”中的过程“countnum”，使该过程完成如下功能。

由输入框输入整数 n 的值，计算 0~n 中能被 3 整除但不能被 7 整除的整数个数。例如，输入 21，在消息框中显示“0 到 n 之间，能被 3 整除但不能被 7 整除的整数，有 6 个”。

注意：只能在“*****Add*****”之间添加代码。

提示：利用 For 循环遍历 0 ~ n 中的所有整数 i，对循环内的每个 i，用 if 语句判断其是否符合条件，判断条件为“i Mod 3 = 0 And i Mod 7 < > 0”，如果符合条件，则累计 1 个。

【综合练习 7.3】打开“综合练习 7.3”文件夹中的数据库文件“VBA7.3.accdb”，完善其中模块“7-7-3”中的过程“printstr”，使该过程完成如下功能。

在“立即窗口”中倒序打印字符串“hello”的 5 个字母。

注意：只能在“*****Add*****”之间添加代码。

【综合练习 7.4】打开“综合练习 7.4”文件夹中的数据库文件“VBA7.4.accdb”，完善其中模块“7-7-4”中的过程“printjc”，使该过程完成如下功能。

输入整数 n 的值，计算并打印 n！（n 的阶乘）。例如，在主程序 main 中调用“printjc(10)”后，“立即窗口”中显示“n!=3628800”。

注意：只能在“*****Add*****”之间添加代码。

提示：用循环遍历 2 ~ n 中所有整数 i，对循环内的每个 i，将其累乘到变量 s 中（s=s×i）。

【综合练习 7.5】打开“综合练习 7.5”文件夹中的数据库文件“VBA7.5.accdb”，完善其中模块“7-7-5”中的“printjc”函数，使该函数完成如下功能。

计算并返回参数 x 与 y 的最大值。例如，在主程序 main 中调用“Debug.Print "5 与 8 之间的最大值为" & maxnum(5, 8)”后，“立即窗口”中显示“5 与 8 之间的最大值为 8”。

注意：只能在“*****Add*****”之间添加代码。

提示：用 if 语句判断 x 与 y 的大小，将较大者赋值给函数名 maxnum。

考 试 篇

第1章　数据库基础

1.1　数据库系统

1．数据管理技术的发展经历了人工管理阶段、文件系统阶段和数据库系统阶段，其中数据独立性最高的阶段是______。

A．数据库系统阶段　　B．文件系统阶段
C．人工管理阶段　　D．数据项管理阶段

2．在数据管理技术发展的3个阶段中，数据共享最好的阶段是______。

A．人工管理阶段　　B．文件系统阶段
C．数据库系统阶段　　D．3个阶段相同

3．下列有关数据库的描述中，正确的是______。

A．数据库是一个DBF文件　　B．数据库是一个关系
C．数据库是一个结构化的数据集合　　D．数据库是一组文件

4．数据库是______。

A．以一定的组织结构保存在计算机存储设备中的数据的集合
B．一些数据的集合
C．辅助存储器上的一个文件
D．磁盘上的一个数据文件

5．数据库管理系统是______。

A．操作系统的一部分　　B．在操作系统支持下的系统软件
C．一种编译系统　　D．一种操作系统

6．数据库系统的核心是______。

A．数据库　　B．数据库管理员
C．数据库管理系统　　D．文件

7．数据库（DB）、数据库系统（DBS）和数据库管理系统（DBMS）之间的关系是______。

A．DB包含DBS和DBMS　　B．DBMS包含DB和DBS
C．DBS包含DB和DBMS　　D．没有任何关系

8．数据库设计的根本目标是解决______。

A．数据共享问题　　B．数据安全问题
C．大量数据存储问题　　D．简化数据维护问题

9．下列叙述中，正确的是______。

A．数据库系统是一个独立的系统，不需要操作系统的支持
B．数据库技术的根本目标是解决数据的共享问题
C．数据库管理系统就是数据库系统
D．以上3种说法均不正确

10．数据库应用系统中的核心问题是______。

A．数据库设计　　B．数据库系统设计

C．数据库维护　　D．数据库管理员培训

11．在 Access 中，按用户的应用需求设计的结构合理、使用方便、高效的数据库和配套的应用程序系统，属于一种______。

A．数据　　B．数据库管理系统

C．数据库应用系统　　D．数据模型

12．数据库的基本特点是______。

A．数据可以共享，数据冗余大，数据独立性高，统一管理和控制

B．数据可以共享，数据冗余小，数据独立性高，统一管理和控制

C．数据可以共享，数据冗余小，数据独立性低，统一管理和控制

D．数据可以共享，数据冗余大，数据独立性低，统一管理和控制

13．下列关于数据库特点的叙述中，错误的是______。

A．数据库具有较高的数据独立性

B．数据库中的数据可以共享

C．数据库中的表能够避免一切数据的重复

D．数据库中的表既相对独立，又相互联系

14．下列关于数据库系统的叙述中，正确的是______。

A．数据库系统减少了数据冗余

B．数据库系统避免了一切冗余

C．数据库系统中数据的一致性是指数据类型一致

D．数据库系统比文件系统能管理更多的数据

15．数据独立性是数据库技术的重要特点之一，它是指______。

A．数据与程序独立存放

B．不同的数据被存放在不同的文件中

C．不同的数据只能被对应的应用程序所使用

D．以上 3 种说法均不正确

1.2 数 据 模 型

16．下列叙述中，不属于数据模型所描述的内容的是______。

A．数据结构　　B．数据操作　　C．数据查询　　D．数据约束

17．数据模型反映的是______。

A．事物本身的数据和相关事物之间的联系

B．事物本身所包含的数据

C．记录中所包含的全部数据

D．记录本身的数据和相关关系

18．用树形结构表示实体之间联系的模型是______。

A．关系模型　B．网状模型　C．层次模型　D．以上 3 个都是

19．用二维表来表示实体及实体之间联系的数据模型是______。

A．实体-联系模型　B．层次模型

C．网状模型　D．关系模型

20．采用有向图数据结构表达实体及实体间联系的数据模型是______。

A．实体-联系模型　B．层次模型

C．网状模型　D．关系模型

21．按数据的组织形式，数据库的数据模型可分为______3 种模型。

A．小型、中型和大型　B．网状、环状和链状

C．层次、网状和关系　D．独享、共享和实时

22．层次型、网状型和关系型数据库划分原则是______。

A．记录长度　B．文件的大小

C．联系的复杂程度　D．数据之间的联系方式

23．Access 的数据库类型是______。

A．层次数据库　B．网状数据库　C．关系数据库　D．面向对象数据库

24．在 E-R（实体-联系）图中，用来表示实体的图形是______。

A．矩形　B．椭圆形　C．菱形　D．三角形

25．在 E-R 图中，用来表示实体联系的图形是______。

A．椭圆形　B．矩形　C．菱形　D．三角形

26．将 E-R 图转换为关系模式时，实体和联系都可以表示为______。

A．属性　B．键　C．关系　D．域

27．在超市营业过程中，每个时段要安排一个班组上岗值班，每个收款口要配备两名收款员配合工作，共同使用一套收款设备为顾客服务。在超市数据库中，实体之间属于一对一关系的是______。

A．“顾客”与“收款口”的关系　B．“收款口”与“收款员”的关系

C．“班组”与“收款员”的关系　D．“收款口”与“设备”的关系

28．一间宿舍可住多个学生，则实体宿舍和学生之间的关系是______。

A．一对一关系　B．一对多关系　C．多对一关系　D．多对多关系

29．在企业中，职工的“工资级别”与职工个人“工资”的关系是______。

A．一对一关系　B．一对多关系　C．多对多关系　D．无关系

30．某宾馆中有单人间和双人间两种客房，按照规定，每位入住该宾馆的客人都要进行身份登记。宾馆数据库中有客房信息表（房间号等）和客人信息表（身份证号、姓名、来源等）。为了反映客人入住客房的情况，客房信息表与客人信息表之间的关系应设计为______。

A．一对一关系　B．一对多关系　C．多对多关系　D．无关系

31．学校图书馆规定，一名旁听生同时只能借一本书，一名在校生同时可以借 5 本书，一名教师同时可以借 10 本书，在这种情况下，读者与图书之间形成了借阅关系，这

种借阅关系是______。

A．一对一关系　　B．一对五关系　　C．一对十关系　　D．一对多关系

32．学校规定学生住宿标准：本科生 4 人一间，硕士生 2 人一间，博士生 1 人一间，学生与宿舍之间形成了住宿关系，这种住宿关系是______。

A．一对一关系　　B．一对四关系　　C．一对多关系　　D．多对多关系

33．公司中有多个部门和多名职员，每个职员只能属于一个部门，一个部门可以有多名职员，则实体部门和职员间的关系是______。

A．一对一关系　　B．多对一关系　　C．一对多关系　　D．多对多关系

34．在现实世界中，每个人都有自己的出生地，实体“人”与实体“出生地”之间的关系是______。

A．一对一关系　　B．多对一关系　　C．多对多关系　　D．无关系

35．一个工作人员可以使用多台计算机，而一台计算机可被多个人使用，则实体工作人员与实体计算机之间的关系是______。

A．一对一关系　　B．一对多关系　　C．多对多关系　　D．多对一关系

36．一个教师可讲授多门课程，一门课程可由多个教师讲授，则实体教师和课程间的关系是______。

A．一对一关系　　B．一对多关系　　C．多对一关系　　D．多对多关系

37．“商品”与“顾客”两个实体集之间的关系一般是______。

A．一对一关系　　B．一对多关系　　C．多对一关系　　D．多对多关系

38．下列实体的关系中，属于多对多关系的是______。

A．学生与课程　　B．学校与校长

C．住院的病人与病床　　D．职工与工资

39．假设数据库中表 A 与表 B 建立了一对多关系，表 B 为“多”的一方，则下列叙述中，正确的是______。

A．表 A 中的一条记录能与表 B 中的多条记录匹配

B．表 B 中的一条记录能与表 A 中的多条记录匹配

C．表 A 中的一个字段能与表 B 中的多个字段匹配

D．表 B 中的一个字段能与表 A 中的多个字段匹配

40．如果表 A 中的一条记录与表 B 中的多条记录相匹配，且表 B 中的一条记录与表 A 中的多条记录相匹配，则表 A 与表 B 存在的关系是______。

A．一对一关系　　B．一对多关系　　C．多对一关系　　D．多对多关系

1.3 关系模型

41．下列关系模型术语的叙述中，不正确的是______。

A．记录是满足一定规范化要求的二维表，也称为关系

B．字段是二维表中的一列

C．数据项也称为分量，是每条记录中一个字段的值

D．字段的值域是字段的取值范围，也称为属性域

42．关系型数据库管理系统中的关系是指______。

A．各条记录中的数据彼此有一定的关系

B．一个数据库文件与另一个数据库文件之间有一定的关系

C．数据模型符合满足一定条件的二维表格式

D．数据库中各个字段之间彼此有一定的关系

43．二维表由行和列组成，每一行表示关系的一个______。

A．属性　B．字段　C．集合　D．记录

44．在学生管理的关系数据库中，存取一个学生信息的数据单位是______。

A．文件　B．数据库　C．字段　D．记录

45．在关系表中，每一行称为一个______。

A．元组　B．字段　C．属性　D．码

46．在数据库中，能够唯一标示一个元组的属性或属性的集合称为______。

A．记录　B．字段　C．域　D．关键字

47．在关系表中，每一列称为一个______。

A．元组　B．记录　C．域　D．字段

48．在关系数据库中，用来表示实体间联系的是______。

A．属性　B．二维表　C．网状结构　D．树状结构

49．数据库中有 A、B 两个表，均有相同字段 C，在两个表中都将 C 字段设为主键。当通过 C 字段建立两表关系时，该关系为______。

A．一对一关系　B．一对多关系　C．多对多关系　D．不能建立关系

50．关系模型允许定义 3 种数据约束，下列不属于数据约束的是______。

A．实体完整性约束　B．参照完整性约束

C．域完整性约束　D．用户完整性约束

51．假设学生表有年级、专业、学号、姓名、性别和生日 6 个属性，其中可以作为主键的是______。

A．姓名　B．学号　C．专业　D．年级

1.4　关 系 代 数

52．有 3 个关系 R、S 和 T，如下图所示：

R

A	B	C
a	1	2
b	2	1
c	3	1

S

A	B	C
d	3	2

T

A	B	C
a	1	2
b	2	1
c	3	1
d	3	2

则由关系 R 和 S 得到关系 T 的运算是______。

A．选择　B．投影　C．交　D．并

53．设有如下关系表：

R

A	B	C
1	1	2
2	2	3

S

A	B	C
3	1	3

T

A	B	C
1	1	2
2	2	3
3	1	3

则下列操作中，正确的是______。

A．T=R∩S　　B．T=R∪S　　C．T=R×S　　D．T=R/S

54．有 3 个关系 R、S 和 T，如下图所示：

R

B	C	D
a	0	k1
b	1	n1

S

B	C	D
f	3	h2
a	0	k1
n	2	x1

T

B	C	D
a	0	k1

则由关系 R 和 S 得到关系 T 的运算是______。

A．并　　B．自然连接　　C．笛卡儿积　　D．交

55．在下列关系运算中，不改变关系表中的属性个数但能减少元组个数的是______。

A．并　　B．交　　C．投影　　D．笛卡儿积

56．有 3 个关系 R、S 和 T，如下图所示：

R

A	B	C
a	1	2
b	2	1
c	3	1

S

A	B	C
a	1	2
b	2	1

T

A	B	C
c	3	1

则由关系 R 和 S 得到关系 T 的运算是______。

A．自然连接　　B．差　　C．交　　D．并

57．有 3 个关系 R、S 和 T，如下图所示：

R

A	B	C
a	1	2
b	2	1
c	3	1

S

A	B	C
a	1	2
d	2	1

T

A	B	C
b	2	1
c	3	1

则由关系 R 和 S 得到关系 T 的运算是______。

A．并　　B．差　　C．交　　D．自然连接

58．有 3 个关系 R、S 和 T，如下图所示：

R

A
m
n

S

B	C
1	3

T

A	B	C
m	1	3
n	1	3

则下列运算中，正确的是______。

A．T=R∩S　　B．T=R∪S　　C．T=R×S　　D．T=R /S

59．有两个关系 R 和 T，如下图所示：

R

A	B	C
a	1	2
b	2	2
c	3	2
d	3	2

T

A	B	C
c	3	2
d	3	2

则由关系 R 得到关系 T 的运算是______。

A．选择　　B．投影　　C．交　　D．并

60．有两个关系 R 和 T，如下图所示：

R

A	B	C
a	1	2
b	2	1
c	3	1

T

A	B	C
c	3	1

则由关系 R 得到关系 T 的运算是______。

A．选择　　B．投影　　C．自然连接　　D．并

61．在学生表中要查找所有年龄大于 30 岁且姓王的男同学，应该采用的关系运算是______。

A．选择　　B．投影　　C．连接　　D．自然连接

62．在教师表中，如果要找出职称为“教授”的教师，所采用的关系运算是______。

A．选择　　B．投影　　C．连接　　D．自然连接

63．在关系运算中，选择运算的含义是______。

A．在基本表中，选择满足条件的元组组成一个新的关系

B．在基本表中，选择需要的属性组成一个新的关系

C．在基本表中，选择满足条件的元组和属性组成一个新的关系

D．以上 3 种说法均正确

64．在关系运算中，投影运算的含义是______。

A．在基本表中选择满足条件的记录组成一个新的关系

B．在基本表中选择需要的字段（属性）组成一个新的关系

C．在基本表中选择满足条件的记录和属性组成一个新的关系

D．以上 3 种说法均正确

65. 在 Access 中要显示“教师表”中姓名和职称的信息，应采用的关系运算是______。

A．选择　　B．投影　　C．连接　　D．关联

66. 有两个关系 R 和 T，如下图所示：

R

A	B	C
a	3	2
b	0	1
c	2	1

T

A	B
a	3
b	0
c	2

由关系 R 得到关系 T 的运算是______。

A. 选择　　B. 投影　　C. 插入　　D. 连接

67. 有 3 个关系 R、S 和 T，如下图所示：

R

A	B	C
a	1	2
b	2	1
c	3	1

S

A	D
c	4

T

A	B	C	D
c	3	1	4

则由关系 R 和 S 得到关系 T 的运算是______。

A. 自然连接　　B. 交　　C. 投影　　D. 并

68. 有 3 个关系 R、S 和 T，如下图所示：

R

A	B
m	1
n	2

S

B	C
1	3
3	5

T

A	B	C
m	1	3

由关系 R 和 S 得到关系 T 的运算是______。

A. 笛卡儿积　　B. 交　　C. 并　　D. 自然连接

69. 将两个关系拼接成一个新的关系，生成的新关系中包含满足条件的元组，这种运算称为______。

A. 选择　　B. 投影　　C. 连接　　D. 并

70. 有 3 个关系 R、S 和 T，如下图所示：

R

A	B	C
a	1	2
b	2	1
c	3	1

S

A	B
c	3

T

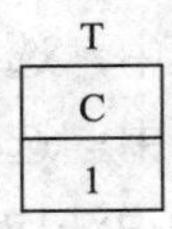

C
1

由关系 R 和 S 得到关系 T 的运算是______。

A. 自然连接　　B. 交　　C. 除　　D. 并

71. 关系数据库的任何检索操作都是由 3 种基本运算组合而成的，这 3 种基本运算不包括______。

A. 连接　　B. 关系　　C. 选择　　D. 投影

72. 关系数据库管理系统能实现的专门关系运算包括______。

A. 排序、索引、统计　　B. 选择、投影、连接

C. 关联、更新、排序　　D. 显示、打印、制表

1.5　Access 数据库设计

73．为了合理组织数据，应遵从的设计原则是______。
A．关系数据库的设计应遵从概念单一化“一实一表”的原则
B．避免在表中出现重复字段
C．用外部关键字保证有关联的表之间的联系
D．以上都是

74．Access 数据库的设计一般由 5 个步骤组成，下列步骤的排序中，正确的是______。
① 确定数据库中的表。
② 确定表中的字段。
③ 设计求精。
④ 分析建立数据库的目的。
⑤ 确定表之间的关系。
A．④①②⑤③　　B．④①②③⑤　　C．③④①②⑤　　D．③④①⑤②

75．在分析建立数据库时，应该______。
A．将用户需求放在首位　　B．确定数据库结构与组成
C．确定数据库界面　　D．选项 A、B、C

76．下列关于数据库设计的叙述中，错误的是______。
A．设计时应将有联系的实体设计成一张表
B．设计时应避免在表之间出现重复的字段
C．使用外部关键字来保证关联表之间的联系
D．表中的字段必须是原始数据和基本数据元素

77．Access 数据库的结构层次是______。
A．数据库管理系统→应用程序→表　　B．数据库→数据表→记录→字段
C．数据表→记录→数据项→数据　　D．数据表→记录→字段

78．在 Access 中，表和数据库的关系是______。
A．一个数据库可以包含多个表　　B．一个表只能包含两个数据库
C．一个表可以包含多个数据库　　D．一个数据库只能包含一个表

79．Access 数据库具有很多特点，下列叙述中，不属于 Access 数据库特点的是______。
A．Access 数据库可以保存多种数据类型，包括多媒体数据
B．Access 数据库可以通过编写应用程序来操作数据库中的数据
C．Access 数据库可以支持 Internet 应用
D．Access 数据库作为网状数据库模型支持客户机/服务器应用系统

80．下列不属于 Access 对象的是______。
A．表　　B．文件夹　　C．窗体　　D．查询

81．下列属于 Access 对象的是______。
A．文件　　B．数据　　C．记录　　D．查询

82．在 Access 中，用于设计输入界面的对象是______。

A．窗体　B．报表　C．查询　D．表

83．Access 数据库最基础的对象是______。

A．表　B．宏　C．报表　D．查询

84．在 Access 数据库对象中，体现数据库设计目的的对象是______

A．报表　B．模块　C．查询　D．表

85．退出 Access 数据库管理系统可以使用的组合键是______。

A．Alt+F4　B．Alt+X　C．Ctrl+C　D．Ctrl+O

测试题答案

1．A　2．C　3．C　4．A　5．B　6．C　7．C　8．A　9．B　10．A
11．C　12．B　13．C　14．A　15．D　16．C　17．A　18．C　19．D　20．C
21．C　22．D　23．C　24．A　25．C　26．C　27．D　28．B　29．B　30．B
31．D　32．C　33．C　34．B　35．C　36．D　37．D　38．A　39．A　40．D
41．A　42．C　43．D　44．D　45．A　46．D　47．D　48．B　49．A　50．D
51．B　52．D　53．B　54．D　55．B　56．B　57．B　58．C　59．A　60．A
61．A　62．A　63．A　64．B　65．B　66．B　67．A　68．D　69．C　70．C
71．B　72．B　73．D　74．A　75．A　76．A　77．B　78．A　79．D　80．B
81．D　82．A　83．A　84．C　85．A

第2章　数据库和表

2.1　创建数据库和表

1．Access 数据库文件的扩展名是______。

A．.ADP　　B．.DBF　　C．.FRM　　D．.ACCDB

2．在 Access 中，“空”数据库的含义是______。

A．仅在磁盘上建立了数据库文件，库内还没有对象和数据

B．刚刚启动了 Access 系统，还没有打开任何数据库

C．仅在数据库中建立了基本的表结构，表中没有保存任何数据

D．仅在数据库中建立了表对象，数据库中没有其他对象

3．在 Access 数据库中，______对象是其他数据库对象的基础。

A．报表　　B．窗体　　C．表　　D．查询

4．表是由______两部分组成的。

A．结构和记录　　B．字段名和数据类型

C．结构和表名　　D．字段名和属性

5．数据表中的“行”称为______。

A．字段　　B．数据　　C．记录　　D．数据视图

6．Access 表的字段名首字符不能是______。

A．字母　　B．空格　　C．数字　　D．汉字

7．Access 表的字段名不能包含的字符是______。

A．@　　B．!　　C．%　　D．&

8．下列字符串中不符合 Access 字段命名规则的是______。

A．^_^birthday　　B．生日　　C．Jim. jeckson　　D．//

9．字段名可以是任意想要的名称，最多可达______个字符。

A．16　　B．32　　C．64　　D．128

10．在“tEmployee”表中，“姓名”字段为文本型，字段大小为 10，输入数据时，该字段最多可输入的汉字数和英文字符数分别是______。

A．5　5　　B．5　10　　C．10　10　　D．10　20

11．数据类型是______。

A．字段的另外一种定义　　B．一种数据库应用程序

C．决定字段能包含的数据的设置　　D．描述表向导提供的可选择的字段

12．文本型字段最多可以存储______个字符。

A．254　　B．255　　C．256　　D．65535

13．在设计表结构时，若某字段值具有唯一性且能够按自动顺序递增，则该字段的数据类型应设置为______。

A．OLE 对象　B．文本　C．自动编号　D．计算

14．在设计表结构时，如果希望某字段的数据从一个给定的列表中选择，可以将该字段的数据类型设置为______。

A．查阅向导　B．附件　C．超链接　D．OLE 对象

15．可以改变“字段大小”属性的字段数据类型是______。

A．文本　B．OLE 对象　C．备注　D．日期/时间

16．在 Access 表中，字段的数据类型不包含______。

A．文本　B．备注　C．通用　D．日期/时间

17．Access 提供的数据类型中不包括______。

A．自动编号　B．文字　C．货币　D．超链接

18．下列不属于 Access 数据类型的是______。

A．计算　B．文本　C．图像　D．是/否

19．使用表设计器定义表中字段时，不是必须设置的内容是______。

A．字段名称　B．数据类型　C．说明　D．字段属性

20．下列关于货币数据类型的叙述中，错误的是______。

A．货币型字段在数据库中占 8 字节的存储空间

B．货币型字段可以与数字型数据混合计算，结果为货币型

C．向货币型字段输入数据时，系统自动将其设置为 4 位小数

D．向货币型字段输入数据时，不必输入人民币符号和千位分隔符

21．下列关于 OLE 对象的叙述中，正确的是______。

A．用于输入文本数据　B．用于处理超级链接数据

C．用于生成自动编号数据　D．用于链接或内嵌 Windows 支持的对象

22．在数据表的某个字段中存放演示文稿数据，该字段的数据类型应是______。

A．文本型　B．备注型　C．超链接型　D．OLE 对象型

23．某数据表中要添加互联网站点的网址，则该数据类型是______。

A．附件型　B．超链接型　C．备注型　D．OLE 对象型

24．在数据表视图窗口中，不能进行的操作是______。

A．删除一条记录　B．修改字段的类型

C．删除一个字段　D．修改字段名称

25．在 Access 数据库的表设计视图中，不能进行的操作是______。

A．修改字段类型　B．设置索引　C．增加字段　D．删除记录

26．下列关于 Access 表的叙述中，正确的是______。

A．表一般包含一到两个主题的信息

B．表的数据表视图只用于显示数据

C．表设计视图的主要工作是设计表的结构

D．在表的数据表视图中，不能修改字段名称

2.2 字段属性

27．定义某一字段默认值属性的作用是______。

A．不允许字段的值超出指定的范围

B．在未输入数据前系统自动提供值

C．在输入数据时系统自动完成大小写转换

D．当输入数据超出指定范围时显示提示信息

28．下列有关字段属性的叙述中，错误的是______。

A．字段大小可用于设置文本、数字或自动编号等类型字段的最大容量

B．可对任意类型的字段设置默认值属性

C．有效性规则属性是用于限制此字段输入值的表达式

D．不同的字段类型，其字段属性不同

29．可以为“照片”字段设置的属性是______。

A．默认值　B．输入掩码　C．必需字段　D．有效性规则

30．下列对数据输入无法起到约束作用的是______。

A．数据类型　B．输入掩码　C．字段名称　D．有效性规则

31．下列关于输入掩码属性的叙述中，错误的是______。

A．可以控制数据的输入格式

B．“输入掩码向导”只能用于“文本”或“日期”字段类型

C．当同时为字段定义了输入掩码和格式属性时，输入数据时格式属性优先

D．允许将“文本”字段中的数据限定字数

32．下列关于输入掩码的叙述中，错误的是______。

A．定义字段输入掩码时，既可以使用输入掩码向导，也可以直接使用掩码字符

B．定义字段的输入掩码，是为了设置密码

C．输入掩码中的字符“9”，表示可以选择输入数字 0～9 中的一个数

D．直接使用字符定义输入掩码时，可以根据需要将字符组合起来

33．必须输入数字 0～9 中的一个数字的输入掩码是______。

A．0　B．&　C．A　D．C

34．输入掩码字符“&”的含义是______。

A．必须选择输入字母或数字

B．可以选择输入字母或数字

C．必须输入一个任意字符或一个空格

D．可以选择输入一个任意字符或一个空格

35．输入掩码字符“C”的含义是______。

A．必须输入字母或数字

B．可以选择输入字母或数字

C．必须输入一个任意字符或一个空格

D．可以选择输入一个任意字符或一个空格

36．若输入掩码设置为“L”，则该位置上可以接收的合法输入是______。

A．必须输入字母或数字　B．可以输入字母、数字或空格

C．必须输入字母 A～Z　D．任意符号

37．若输入掩码设置为“LLL000”，则对应的正确的输入数据是______。

A．555555　B．aaa555　C．555aaa　D．aaaaaa

38．对要求输入相对固定格式的数据，如电话号码 010-83950001，应定义字段的______属性。

A．有效性规则　B．输入掩码　C．默认值　D．格式

39．邮政编码由 6 位数字字符组成，为邮政编码设置的输入掩码的格式是______。

A．000000　B．CCCCCC　C．999999　D．LLLLLL

40．若文本型字段的输入掩码设置为“####-######”，则正确的输入数据是______。

A．0755-abcdef　B．077 -12345　C．a cd-123456　D．####-######

41．能够使用“输入掩码向导”创建输入掩码的字段类型是______。

A．数字和日期/时间　B．文本和货币

C．文本和日期/时间　D．数字和文本

42．Access 数据表中的字段可以定义有效性规则，有效性规则是______。

A．控制符　B．文本

C．条件　D．以上 3 种说法均不正确

43．设置字段的有效性规则，主要限制______。

A．数据的取值范围　B．数据的类型

C．数据的格式　D．数据库数据的范围

44．设计数据表时，如果要求“年龄”字段的输入范围是 15～80，则应该设置的字段属性是______。

A．默认值　B．输入掩码　C．参照完整性　D．有效性规则

45．在输入记录时，要求某字段的输入值必须大于 0，应为该字段设置______。

A．有效性规则　B．默认值　C．输入掩码　D．必需字段

46．若要求在输入数据时“学院名称”字段必须以“学院”两个汉字结尾，则在表设计时应该设置的字段属性是______。

A．有效性规则　B．有效性文本

C．输入掩码　D．参照完整性

47．下列关于字段属性的叙述中，正确的是______。

A．可对任意类型的字段设置“默认值”属性

B．定义字段默认值的含义是该字段值不允许为空

C．只有“文本”型数据能够使用“输入掩码向导”

D．“有效性规则”属性只允许定义一个条件表达式

48．在 Access 中，设置为主键的字段______。

A．不能设置索引　B．可设置为“有（有重复）”索引

C．系统自动为其设置索引　　D．设置为“无”索引

49．在 Access 表中，可以定义 3 种主键，它们是______。

A．单字段、双字段和多字段　　B．单字段、双字段和自动编号

C．单字段、多字段和自动编号　　D．双字段、多字段和自动编号

50．下列不可以建立索引的数据类型是______。

A．文本　　B．超链接　　C．备注　　D．OLE 对象

51．下列关于索引的叙述中，错误的是______。

A．可以为所有的数据类型建立索引

B．可以提高对表中记录的查询速度

C．可以加快对表中记录的排序速度

D．可以基于单个字段或多个字段建立索引

52．下列与创建表操作相关的叙述中，错误的是______。

A．创建表之间的关系时，必须要关闭所有打开的表

B．使用表设计视图定义字段时，必须定义字段名称

C．使用表设计视图定义字段时，不能设置索引字段

D．使用表设计视图可以为备注型字段设置格式属性

53．在数据库中，建立索引的主要作用是______。

A．节省存储空间　　B．提高查询速度

C．便于管理　　D．防止数据丢失

54．下列关于主键的叙述中，错误的是______。

A．使用自动编号是创建主键最简单的方法

B．作为主键的字段中允许出现 Null 值

C．作为主键的字段中不允许出现重复值

D．不能确定任何单字段的值的唯一性时，可将两个以上字段组合成为主键

55．假设学生表已有年级、专业、学号、姓名、性别和生日 6 个字段，其中可以作为主键的是______。

A．姓名　　B．学号　　C．专业　　D．年级

2.3　表之间的关系、子数据表

56．一个关系数据库的表中有多条记录，记录之间的相互关系是______。

A．前后顺序不能任意颠倒，一定要按照输入的顺序排列

B．前后顺序可以任意颠倒，不影响库中的数据关系

C．前后顺序可以任意颠倒，但排列顺序不同，统计处理结果可能不同

D．前后顺序不能任意颠倒，一定要按照关键字段值的顺序排列

57．“教学管理”数据库中有学生表、课程表和选课表，为了有效地反映这 3 张表中数据之间的联系，在创建数据库时应设置______。

A．默认值　　B．有效性规则　　C．索引　　D．表之间的关系

58．下列关于 Access 表的叙述中，错误的是______。

A．在 Access 表中，不可以对备注型字段进行“格式”属性设置

B．若删除表中含有“自动编号”型字段的一条记录后，Access 不会对表中“自动编号”型字段重新编号

C．创建表之间的关系时，应关闭所有打开的表

D．可在 Access 表的设计视图中的“说明”列中，对字段进行具体的说明

59．在“关系”窗口中，双击两个表之间的连接线，会出现______。

A．数据表分析向导　　B．数据关系图窗口

C．连接线粗细变化　　D．编辑关系对话框

60．在设置或编辑关系时，不属于可设置的选项的是______。

A．级联更新相关字段　　B．级联删除相关记录

C．实施参照完整性　　D．级联追加相关记录

61．在 Access 数据库中，为了保持表之间的关系，要求若在子表（从表）中添加记录时，主表中没有与之相关的记录，则不能在子表（从表）中添加该记录。为此需要定义的关系是______。

A．输入掩码　　B．有效性规则　　C．默认值　　D．参照完整性

62．在 Access 中，参照完整性规则不包括______。

A．查询规则　　B．更新规则　　C．删除规则　　D．插入规则

63．在 Access 数据库中，为了保持表之间的关系，要求在主表中修改相关记录时，子表相关记录随之更改。为此需要定义参照完整性关系的______。

A．级联更新相关字段　　B．级联删除相关字段

C．级联修改相关字段　　D．级联插入相关字段

64．在 Access 中，“删除子数据表”的含义是______。

A．删除主表与相关表之间的关系　　B．选择“级联删除相关记录”

C．删除相关表　　D．隐藏主表的展开标记

2.4　维　护　表

65．在 Access 数据表中删除一条记录，被删除的记录______。

A．不能恢复　　B．可以恢复到原来位置

C．可被恢复为第 1 条记录　　D．可被恢复为最后一条记录

66．下列关于编辑数据表中数据的叙述中，正确的是______。

A．允许向“自动编号”型字段输入数据

B．添加、修改记录后，关闭数据表，系统不会自动保存

C．新记录必定是数据表的最后一条记录

D．记录删除后还可以恢复

67．定位到同一字段最后一条记录的组合键是______。

A．End　　B．Ctrl+End

C．Ctrl+↓　　D．Ctrl+Home

68．在 Access 中，如果不想显示数据表中的某些字段，可以使用______命令。

A．隐藏　　B．删除　　C．冻结　　D．筛选

69．若想在显示数据表内容时使某些字段不能移动显示位置，可以使用的命令是______。

A．排序　　B．筛选　　C．隐藏　　D．冻结

2.5 操 作 表

70．打开“学生表”，其中包括“特长”字段，使用“查找和替换”功能，若设置的内容如下图所示，则查找的结果是______。

查找和替换
查找　替换
查找内容(N)：善于交际
查找下一个(F)
取消
查找范围(L)：当前文档
匹配(H)：字段任何部分
搜索(S)：全部
区分大小写(C)　按格式搜索字段(O)

A．定位到字段值仅为“善于交际”的一条记录

B．定位到字段值包含“善于交际”的一条记录

C．显示字段值仅为“善于交际”的一条记录

D．显示字段值包含了“善于交际”的所有记录

71．在数据表的查找操作中，通配符“-”的含义是______。

A．通配任意多个减号　　B．通配任意单个字符

C．通配任意单个运算符　　D．通配指定范围内的任意单个字符

72．在数据表的查找操作中，通配符“#”的含义是______。

A．通配任意个数的字符　　B．通配任何单个数字字符

C．通配任意个数的数字字符　　D．通配任何单个字符

73．在数据表的查找操作中，通配符“[ ]”的含义是______。

A．通配任意长度的数字　　B．通配任意长度的字符

C．通配不在括号内的任意字符　　D．通配方括号内任意单个字符

74．要查找包含双引号(“)的记录，在“查找内容”文本框中应输入的内容是______。

A．*[“]*　　B．”　　C．[“]　　D．like ””””

75．在数据表的查找操作中，通配符“!”的含义是______。

A．通配任意长度的字符

B．通配不在方括号内的任意字符

C．通配任意长度的数字

D．通配方括号内列出的任意单个字符

76．在数据表的查找操作中，若将查找内容设置为“b[!aeu]ll”，则可找到的字符串是______。

A．bill　　B．ball　　C．bell　　D．bull

77．若在排序时选取了多个字段，则输出结果是______。

A．按设定的优先次序进行排序　　B．按从最右边的列开始排序

C．按从左向右优先次序依次排序　　D．无法进行排序

78．某数据表中有 5 条记录，其中“编号”为文本型字段，其值分别为 129、97、75、131、118，若按该字段对记录进行降序排序，则排序后的顺序为______。

A．75、97、118、129、131　　B．118、129、131、75、97

C．131、129、118、97、75　　D．97、75、131、129、118

79．如果想在已建立的“tSalary”表的数据表视图中直接显示姓“李”的记录，应使用 Access 提供的______。

A．筛选功能　　B．排序功能　　C．查询功能　　D．报表功能

80．若对“学生表”进行“筛选”操作，则产生的结果是______。

A．只在屏幕上显示满足条件的记录，不满足条件的记录在显示时隐藏

B．只保留“学生表”中满足条件的记录，删除表中不满足条件的记录

C．选择“学生表”中满足筛选条件的记录生成一个新表

D．选择“学生表”中不满足筛选条件的记录生成一个新表

81．对数据表进行筛选操作的结果是______。

A．将满足条件的记录保存在新表中

B．隐藏表中不满足条件的记录

C．将不满足条件的记录保存在新表中

D．删除表中不满足条件的记录

82．如果要从列表中选择所需的值，而不想浏览数据表或窗体中的所有记录，或者要一次指定多个条件，即筛选条件，可使用的方法是______。

A．按选定内容筛选　　B．内容排除筛选

C．按窗体筛选　　D．高级筛选/排序

83．下列不属于 Access 常用的筛选记录方法的是______。

A．按选定内容筛选　　B．内容排除筛选

C．按窗体筛选　　D．高级筛选/排序

测试题答案

1．D　2．A　3．C　4．A　5．C　6．B　7．B　8．C　9．C　10．C

11．C　12．B　13．C　14．A　15．A　16．C　17．B　18．C　19．C　20．C

21．D　22．D　23．B　24．B　25．D　26．C　27．B　28．B　29．C　30．C

31．C　32．B　33．A　34．C　35．D　36．C　37．B　38．B　39．A　40．B

41．C　42．C　43．A　44．D　45．A　46．A　47．D　48．C　49．C　50．D
51．A　52．C　53．B　54．B　55．B　56．B　57．D　58．A　59．D　60．D
61．D　62．A　63．A　64．D　65．A　66．C　67．C　68．A　69．D　70．B
71．D　72．B　73．D　74．A　75．B　76．A　77．A　78．D　79．A　80．A
81．B　82．C　83．B

第3章　查　　询

3.1　查询概述和查询条件

1．Access 支持的查询类型包括______。

A．选择查询、统计查询、参数查询、SQL 查询和操作查询

B．基本查询、选择查询、参数查询、SQL 查询和操作查询

C．多表查询、单表查询、参数查询、SQL 查询和交叉表查询

D．选择查询、参数查询、操作查询、SQL 查询和交叉表查询

2．下列不属于查询视图的是______。

A．设计视图　　B．数据表视图　　C．SQL 视图　　D．模板视图

3．下列叙述中，正确的是______。

A．在数据较多、较复杂的情况下使用筛选比使用查询的效果好

B．查询只从一个表中选择数据，而筛选可以从多个表中获取数据

C．通过筛选形成的数据表，可以提供给查询和打印使用

D．查询可将结果保存起来供下次使用

4．在查询中，默认的字段显示顺序是______。

A．数据表视图中显示的顺序　　B．添加时的顺序

C．按照字母顺序　　D．按照文字笔画顺序

5．下列关于查询的叙述中，正确的是______。

A．只能根据数据库表创建查询

B．只能根据已建查询创建查询

C．可以根据数据库表和已建查询创建查询

D．不能根据已建查询创建查询

6．“查询”设计视图窗口分为上、下两部分，上部分为______。

A．设计网格　　B．字段列表　　C．属性窗口　　D．查询记录

7．下列不属于查询设计视图的设计网格区中的选项的是______。

A．排序　　B．显示　　C．字段　　D．类型

8．在 Access 中使用向导创建查询，其数据源来自______。

A．多个表　　B．一个表

C．一个表的一部分　　D．表或查询

9．使用查询向导，不能创建的查询是______。

A．带条件的查询　　B．多表查询

C．单表查询　　D．不带条件的查询

10．使用查询向导，不能创建的查询是______。

A．参数查询　　B．选择查询　　C．交叉表查询　　D．重复项查询

11．下列关于查询的叙述中，错误的是______。

A．查询是从数据库的表中筛选出符合条件的记录，构成一个新的数据集合

B．查询的种类有选择查询、参数查询、交叉表查询、操作查询和 SQL 查询

C．创建复杂的查询不能使用查询向导

D．可以使用函数、逻辑运算符、关系运算符创建复杂的查询

12．书写查询条件时，日期值应该用______括起来。

A．括号　　B．双引号　　C．#　　D．单引号

13．要查找成绩大于等于 70 且小于等于 80 的学生，正确的条件表达式是______。

A．成绩 Between 70 And 80　　B．成绩 Between 70 TO 80

C．成绩 Between 70,80　　D．成绩 Between 70;80

14．建立一个基于“学生”表的查询，查找出生日期在 1980-06-06 和 1980-07-06 之间的学生，则在“出生日期”列的“条件”行中应输入______。

A．Between 1980-06-06 And 1980-07-06

B．Between #1980-06-06# And #1980-07-06#

C．Between 1980-06-06 Or 1980-07-06

D．Between #1980-06-06# Or #1980-07-06#

15．与下图查询设计器的查询条件相同的表达式是______。

字段:	学号	综合成绩
表:	成绩表	成绩表
排序:		
显示:	☑	☑
条件:		Between 80 And 90
或:		

A．综合成绩>=80 AND 综合成绩=<90

B．综合成绩>80 AND 综合成绩<90

C．80<=综合成绩<=90

D．80<综合成绩<90

16．查询条件设置如下图所示，则返回的记录是______。

字段:	学号	期末成绩
表:	成绩表	成绩表
排序:		
显示:	☑	☑
条件:		Not 80
或:		Not 90

A．不包含 80 分和 90 分　　B．不包含 80～90 分数段

C．包含 80～90 分数段　　D．所有的记录

17．查询“书名”字段中包含“等级考试”的记录，应使用的条件表达式是______。

A．Like "等级考试"　　B．Like "*等级考试"

C．Like "等级考试*"　　D．Like "*等级考试*"

18. 要查找不姓“诸葛”的学生，正确的条件表达式是______。

A. Not Like "诸葛*"　　B. Not Like "诸葛? "

C. Not Like "诸葛#"　　D. Not Like "诸葛$"

19. 假设某数据表中有一个“姓名”字段，查找姓李的记录的条件表达式是______。

A. NOT "李*"　　B. Like "李"

C. Left([姓名],1)="李"　　D. "李"

20. 若表中有姓名为“李建华”的记录，则下列无法查出“李建华”的条件表达式是______。

A. Like "华"　　B. Like "*华"　　C. Like "*华*"　　D. Like "??华"

21. 若查找某个字段中以字母 A 开头且以字母 Z 结尾的所有记录，则条件表达式应设置为______。

A. Like "A$Z"　　B. Like "A#Z"　　C. Like "A*Z"　　D. Like "A?Z"

22. Access 数据库中已有“教师”表，若查找“教师编号”是“T2013001”或“T2013012”的记录，应在查询设计视图的“条件”行中输入______。

A. "T2013001" and "T2013012"　　B. In ("T2013001","T2013012")

C. Like("T2013001","T2013012")　　D. Like "T2013001" and Like "T2013012"

23. 若要“学生”表中查找学号是“S00001”或“S00002”的记录，则应在查询设计视图的“条件”行中输入______。

A. "S00001" Or "S00002"　　B. "S00001" And "S00002"

C. in("S00001" Or "S00002")　　D. in("S00001" And "S00002")

24. 下列关于空值的叙述中，错误的是______。

A. 空值表示字段还没有确定值

B. Access 使用 Null 来表示空值

C. 空值等同于空字符串

D. 空值不等于数值 0

25. 在“学生”表中建立查询，“姓名”字段的查询条件设置为“Is Null”，运行该查询后，显示的记录是______。

A. 姓名字段为空的记录　　B. 姓名字段中包含空格的记录

C. 姓名字段不为空的记录　　D. 姓名字段中不包含空格的记录

3.2　选择查询、计算查询

26. 查询设计视图中的设置如下图所示，则其实现的功能是______。

字段:	学号	身高	体重
表:	check-up	check-up	check-up
排序:			
显示:	☑	☑	☑
条件:			
或:			

A. 查询表“check-up”中符合指定学号、身高和体重的记录

B．查询当前表中学号、身高和体重信息均为“check-up”的记录

C．查询符合“check-up”条件的记录，显示学号、身高和体重

D．显示表“check-up"”中全部记录的学号、身高和体重

27．查询设计视图中的设置如下图所示，则其实现的功能是______。

字段:	教师名	性别	入职时间	职称
表:	教师	教师	教师	教师
排序:				
显示:	☑	☑	☑	☑
条件:		“女”	year([入职时间])<1980	
或:				

A．查询性别为“女”并且 1980 年以前参加工作的记录

B．查询性别为“女”并且 1980 年以后参加工作的记录

C．查询性别为“女”或者 1980 年以前参加工作的记录

D．查询性别为“女”或者 1980 年以后参加工作的记录

28．查询设计视图中的设置如下图所示，则其实现的功能是______。

字段:	学号	姓名	性别	出生年月	身高	体重
表:	体检首页	体检首页	体检首页	体检首页	体质测量表	体质测量表
排序:						
显示:	☑	☑	☑	☑	☑	☑
条件:			“女”		>=160	
或:			“男”			

A．查询身高在 160 以上的女性和所有男性

B．查询身高在 160 以上的男性和所有女性

C．查询身高在 160 以上的所有人或男性

D．查询身高在 160 以上的所有人

29．查询设计视图中的设置如下图所示，则其实现的功能是______。

字段:	姓名	性别	年龄	职务	学历	婚否
表:	员工表	员工表	员工表	员工表	员工表	员工表
排序:						
显示:	☑	☐	☑	☑	☑	☐
条件:		“女”	>=30			False
或:						

A．查询 30 岁以上的已婚女员工的姓名、性别、年龄、职务和学历信息

B．查询 30 岁以上的未婚女员工的姓名、性别、年龄、职务和学历信息

C．查询 30 岁以上的已婚女员工的姓名、性别、年龄、职务、学历和婚否信息

D．查询 30 岁以上的未婚女员工的姓名、性别、年龄、职务、学历和婚否信息

30．下列关于查询设计视图设计网格区中的行的作用的叙述中，错误的是______。

A．“总计”行用于对查询的字段进行求和

B．“表”行用于设置字段所在的表或查询的名称

C．“字段”行用于添加字段

D．“条件”行用于输入条件以限定要查询的记录

31．在显示查询结果时，若想将表中的“工作时间”字段名显示为“入职时间”，可以在查询设计视图中修改______。

A．条件　　　B．字段　　　C．显示　　　D．排序

32．若要在查询中求某字段的平均值，“平均值”应填写在设计视图的______行。

A．条件　　　B．字段　　　C．显示　　　D．总计

33．若要统计学生成绩最高分，则在创建总计查询时，分组字段的总计项应选择______。

A．计数　　　B．最大值　　　C．平均值　　　D．总计

34．在学生表中，有“平时成绩”和“期末考试”两个字段，要计算学生的总评成绩（总评成绩=0.3×平时成绩+0.7×期末考试），需要建立______。

A．带计算字段的查询　　　B．条件总计查询

C．条件求和查询　　　D．预定义计算查询

35．查询设计视图中的设置如下图所示，则其实现的功能是______。

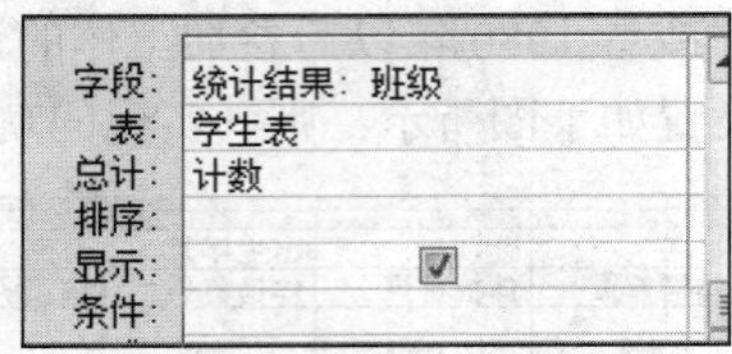

字段:	统计结果: 班级
表:	学生表
总计:	计数
排序:	
显示:	☑
条件:	

A．设计尚未完成，无法进行统计

B．统计班级信息仅含 Null（空）值的记录个数

C．统计班级信息不包括 Null（空）值的记录个数

D．统计班级信息包括 Null（空）值的全部记录个数

36．教师表的查询设计视图中的设置如下所示，则其实现的功能是______。

字段:	职称	教师名
表:	教师	教师
总计:	Group By	计数
排序:		
显示:	☑	☑
条件:		
或:		

A．显示教师的职称、教师名和同名教师的人数

B．显示教师的职称、教师名和同样职称的人数

C．按职称的顺序分组显示教师的教师名

D．按职称统计各类职称的教师人数

37．在 Access 中已建立的“工资”表中包括“职工号”“所在单位”“基本工资”“应发工资”等字段，如果按单位统计应发工资总数，则在查询设计视图的“所在单位”的总计行和“应发工资”的总计行中分别选择的是______。

A．合计、Group By　　　B．计数、Group By

C．Group By、合计　　　D．Group By、计数

3.3 参数查询、交叉表查询

38．利用对话框提示用户输入查询条件，这样的查询属于______。

A．选择查询 B．参数查询 C．操作查询 D．SQL 查询

39．为方便用户的输入操作，可在屏幕上显示提示信息。在设计查询条件时可将提示信息写在特定的符号之中，该符号是______。

A．[ ] B．< > C．{ } D．( )

40．创建交叉表查询时，行标题字段的值显示在交叉表中的位置是______。

A．第1行 B．上面若干行 C．第1列 D．左侧若干列

41．创建交叉表查询时，列标题字段的值显示在交叉表中的位置是______。

A．第1行 B．第1列 C．上面若干行 D．左面若干列

42．创建交叉表查询时，在“交叉表”行上有且只能有一个的是______。

A．行标题和列标题 B．行标题和值

C．行标题、列标题和值 D．列标题和值

43．下列关于交叉表查询的叙述中，错误的是______。

A．交叉表查询可以在行与列的交叉处对数据进行统计

B．建立交叉表查询时要指定行标题、列标题和值

C．在交叉表查询中只能指定一个列字段和一个总计类型的字段

D．交叉表查询的运行结果是根据统计条件生成一个新表

3.4 操作查询

44．下列查询中，不属于操作查询的是______。

A．更新查询 B．追加查询 C．参数查询 D．生成表查询

45．如果在数据库中已有同名的表，要通过查询覆盖原来的表，应该使用的查询类型是______。

A．删除查询 B．追加查询 C．生成表查询 D．更新查询

46．要修改表中一些数据，应该使用______。

A．生成表查询 B．删除查询 C．更新查询 D．追加查询

47．在“入学情况表”中有“学号”“姓名”“学院”“专业”字段，要将全部记录的“学号”字段清空，应使用的查询是______。

A．更新查询 B．参数查询 C．删除查询 D．生成表查询

48．“成绩表”中有“学号”“课程编号”“成绩”字段，要将全部记录的“成绩”字段的值设置为0，应使用的查询是______。

A．更新查询 B．追加查询 C．生成表查询 D．删除查询

49．“预约登记”表中有日期/时间型字段“申请日期”和“预约日期”，要将表中的预约日期统一设置为申请日期之后15天，如下图所示，在设计查询时，设计网格区中的

“更新到”行中应填写的表达式是______。

字段:	预约日期
表:	预约登记
更新到:	
条件:	
或:	

A. [申请日期]+15　　B. 申请日期+15

C. [申请日期+15]　　D. [申请日期]+[15]

50. 下图所示为查询设计视图的设计网格区部分，可以判断要创建的查询是______。

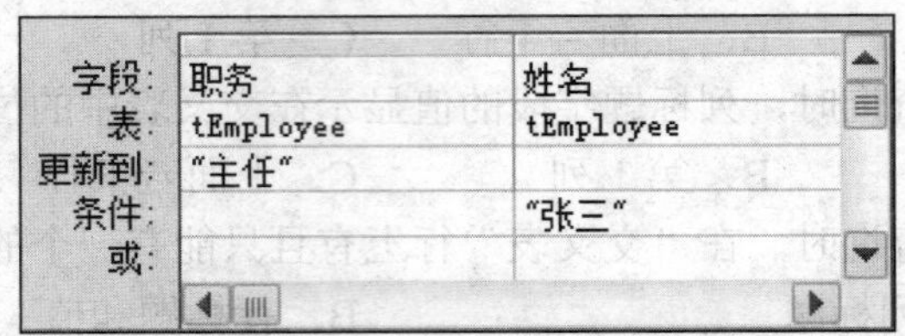

字段:	职务	姓名
表:	tEmployee	tEmployee
更新到:	“主任”	
条件:		“张三”
或:		

A. 删除查询　B. 生成表查询　C. 选择查询　D. 更新查询

51. “学生表”中有“学号”“姓名”“专业”等字段。要删除某专业的学生信息，应使用的查询是______。

A. 更新查询　B. 追加查询　C. 删除查询　D. 生成表查询

52. 若要将表 A 的记录添加到表 B 中，并保留表 B 中原有的记录，则可以使用的查询是______。

A. 更新查询　B. 追加查询　C. 选择查询　D. 生成表查询

53. 下列关于操作查询的叙述中，错误的是______。

A. 在更新查询中可以使用计算功能

B. 删除查询主要用于删除符合条件的记录

C. 可以使用生成表查询覆盖数据库中已存在的表

D. 若两个表结构不一致，即使有相同的字段也不能进行追加查询

54. 下列关于 Access 查询叙述中，错误的是______。

A. 查询的数据源来自于表或查询

B. 查询的结果可以作为其他数据库对象的数据源

C. Access 的查询可以分析数据，也可以追加、更新和删除数据

D. 查询不能生成新的数据表

55. 查询设计视图的设计网格区中的设置如下所示，可以判定要创建的查询是______。

字段:	教师号	教师名	年龄	职称	工资
表:	教师	教师	教师	教师	教师
排序:					
追加到:	教师号	教师名	年龄	职称	工资
条件:				“讲师”	
或:					

A. 删除查询　B. 追加查询　C. 生成表查询　D. 更新查询

3.5 SQL 数据查询

“商品”表记录如下表所示，本章后面的查询中用到的“商品”表均为此表。

部门号	商品号	商品名称	单价	数量	产地
40	0101	A 牌电风扇	200.00	10	广东
40	0104	A 牌微波炉	350.00	10	广东
40	0105	B 牌微波炉	600.00	10	广东
20	1032	C 牌传真机	1000.00	20	北京
40	0107	D 牌微波炉	420.00	10	上海
20	0110	A 牌电话机	200.00	50	广东
20	0112	B 牌手机	2000.00	10	广东
40	0202	A 牌电冰箱	3000.00	2	广东
30	1041	B 牌计算机	6000.00	10	广东
30	0204	C 牌计算机	10000.00	10	上海

56．SQL 的含义是______。

A．结构化查询语言　　B．数据定义语言

C．数据库查询语言　　D．数据库操纵与控制语言

57．SQL 查询命令的结构如下：

```
SELECT…FROM…WHERE…GROUP BY…HAVING…ORDER BY…
```

其中，使用 HAVING 时必须配合使用的短语是______。

A．FROM　　B．GROUP BY　　C．WHERE　　D．ORDER BY

58．在 SQL 查询的 SELECT 语句中，用于设置查询条件的子句是______。

A．FOR　　B．IF　　C．WHILE　　D．WHERE

59．在 SQL 查询的 SELECT 语句中，用于指明检索结果排序的子句是______。

A．FROM　　B．WHILE　　C．GROUP BY　　D．ORDER BY

60．在 SQL 查询中，“GROUP BY”的含义是______。

A．选择行条件　　B．对查询进行排序

C．选择列字段　　D．对查询进行分组

61．在 SQL 语句中，用于检索前 n 个符合条件的记录的子句是______。

A．ORDER BY n　　B．TOP n

C．GROUP BY n　　D．BEFORE n

62．在 SELECT 命令中，用于返回非重复记录的关键字是______。

A．TOP　　B．GROUP　　C．DISTINCT　　D．ORDER

63．假设“公司”表中有“编号”“名称”“法人”等字段，查找公司名称中有“网络”二字的公司信息，正确的语句是______。

A．SELECT * FROM 公司 FOR 名称="*网络*"

B．SELECT * FROM 公司 FOR 名称 LIKE "*网络*"

C．SELECT * FROM 公司 WHERE 名称="*网络*"

D．SELECT * FROM 公司 WHERE 名称 LIKE "*网络*"

64．对“商品”表执行如下 SQL 语句，则查询结果的记录数是______。

```
SELECT * FROM 商品 WHERE 单价 BETWEEN 3000 AND 10000;
```

A．1　　B．2　　C．3　　D．10

65．要查找“商品”表中单价大于等于 3000 且小于 10000 的记录，正确的 SQL 语句是______。

A．SELECT * FROM 商品 WHERE 单价 BETWEEN 3000 AND 10000

B．SELECT * FROM 商品 WHERE 单价 BETWEEN 3000 TO 10000

C．SELECT * FROM 商品 WHERE 单价 BETWEEN 3000 AND 9999

D．SELECT * FROM 商品 WHERE 单价 BETWEEN 3000 TO 9999

66．下列 SQL 查询语句中，与下图查询设计视图的查询结果等价的是______。

字段:	姓名	性别	所属院系	简历
表:	tStud	tStud	tStud	tStud
排序:				
显示:	☑	☐	☐	☑
条件:		"女"	"03" Or "04"	
或:				

A．SELECT 姓名,性别,所属院系,简历 FROM tStud
　　WHERE 性别="女" AND 所属院系 IN("03","04")

B．SELECT 姓名,简历 FROM tStud
　　WHERE 性别="女" AND 所属院系 IN("03","04")

C．SELECT 姓名,性别,所属院系,简历 FROM tStud
　　WHERE 性别="女" AND 所属院系="03" OR 所属院系="04"

D．SELECT 姓名,简历 FROM tStud
　　WHERE 性别="女" AND 所属院系="03" OR 所属院系="04"

67．“个人特长”是“学生”表中的文本型字段，与 SQL 语句“SELECT * FROM 学生 WHERE InStr(个人特长,"钢琴")< >0”功能等价的是______。

A．SELECT * FROM 学生 WHERE 个人特长 Like "钢琴"

B．SELECT * FROM 学生 WHERE 个人特长 Like "*钢琴"

C．SELECT * FROM 学生 WHERE 个人特长 Like "*钢琴*"

D．SELECT * FROM 学生 WHERE 个人特长 Like "钢琴*"

68．“学生”表中有“学号”“姓名”“性别”“入学成绩”等字段，执行 SQL 语句“SELECT AVG(入学成绩) FROM 学生 GROUP BY 性别”后的结果是______。

A．计算并显示所有学生的平均入学成绩

B．计算并显示所有学生的性别和平均入学成绩

C．按性别顺序计算并显示所有学生的平均入学成绩

D．按性别分组计算并显示不同性别学生的平均入学成绩

69．对“商品”表执行如下SQL语句：

```
SELECT 部门号,MAX(单价*数量) FROM 商品 GROUP BY 部门号;
```

查询结果的记录数是______。

A．1　　B．3　　C．4　　D．10

70．已知“借阅”表中有“借阅编号”“学号”“借阅图书编号”等字段，每名学生每借阅一本书生成一条记录，要求按学生学号统计出每名学生的借阅次数，下列SQL语句中，正确的是______。

A．SELECT 学号,COUNT(学号) FROM 借阅

B．SELECT 学号,COUNT(学号) FROM 借阅 GROUP BY 学号

C．SELECT 学号,SUM(学号) FROM 借阅

D．SELECT 学号,SUM(学号) FROM 借阅 ORDER BY 学号

71．教师表中“职称”字段的可能取值为教授、副教授、讲师和助教。要查找职称为教授或副教授的教师，则下列语句中，错误的是______。

A．SELECT * FROM 教师表 WHERE (InStr([职称],"教授")< >0)

B．SELECT * FROM 教师表 WHERE (Right([职称],2)="教授")

C．SELECT * FROM 教师表 WHERE ([职称]="教授")

D．SELECT * FROM 教师表 WHERE (InStr([职称],"教授")=1 Or InStr([职称],"教授")=2)

72．要查找“商品”表中“40”号部门单价最高的前两条记录，则下列SQL语句中，正确的是______。

A．SELECT TOP 2 * FROM 商品 WHERE 部门号="40" GROUP BY 单价

B．SELECT TOP 2 * FROM 商品 WHERE 部门号="40" GROUP BY 单价 DESC

C．SELECT TOP 2 * FROM 商品 WHERE 部门号="40" ORDER BY 单价

D．SELECT TOP 2 * FROM 商品 WHERE 部门号="40" ORDER BY 单价 DESC

73．将两个以上的查询结合到一起，使用UNION子句实现的是______。

A．联合查询　　B．传递查询　　C．选择查询　　D．子查询

74．从“图书”表中查找定价高于“图书编号”为“115”的图书定价的记录，则下列SQL语句中，正确的是______。

A．SELECT * FROM 图书 WHERE 定价>115

B．SELECT * FROM 图书 WHERE 定价>
(SELECT ? FROM 图书 WHERE 图书编号="115")

C．SELECT * FROM 图书 WHERE 定价>
(SELECT * FROM 图书 WHERE 图书编号="115")

D．SELECT * FROM 图书 WHERE 定价>
(SELECT 定价 FROM 图书 WHERE 图书编号="115")

75．要查找“商品”表中单价高于“0112”号商品单价的记录，则下列SQL语句中，

正确的是______。

A．SELECT * FROM 商品 WHERE 单价>"0112"

B．SELECT * FROM 商品 WHERE EXISTS 单价="0112"

C．SELECT * FROM 商品 WHERE 单价>
(SELECT * FROM 商品 WHERE 商品号="0112")

D．SELECT * FROM 商品 WHERE 单价>
(SELECT 单价 FROM 商品 WHERE 商品号="0112")

76．对“商品”表执行如下 SQL 语句：

```
SELECT * FROM 商品 WHERE 单价>(SELECT 单价 FROM 商品 WHERE 商品号="0112"),
```

则查询结果记录数是______。

A．1　　B．3　　C．4　　D．10

77．下图是使用查询设计器完成的查询，与该查询等价的 SQL 语句是______。

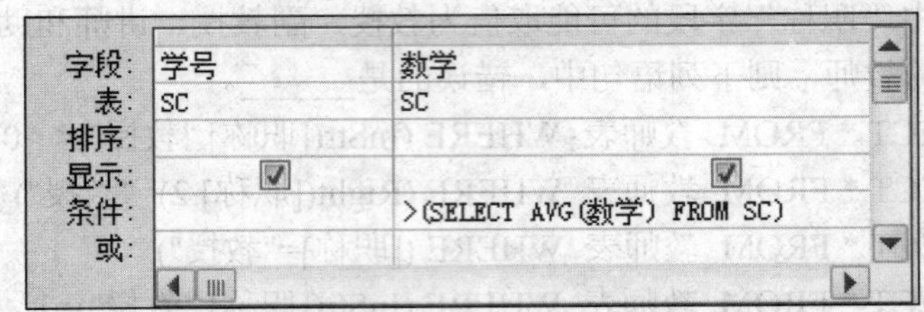

A．Select 学号,数学 FROM SC WHERE 数学>(SELECT AVG(数学) FROM SC)

B．SELECT 学号 WHERE 数学>(SELECT AVG(数学) FROM SC)

C．SELECT 数学 AVG(数学) FROM SC

D．SELECT 数学>(SELECT AVG(数学) FROM SC)

3.6 SQL 数据定义、数据操纵

78．若想在 Access 数据库中创建一个新表，则应该使用的 SQL 语句是______。

A．CREATE TABLE　　B．CREATE INDEX

C．ALTER TABLE　　D．CREATE DATABASE

79．若想从数据库中删除一个表，则应该使用的 SQL 语句是______。

A．ALTER TABLE　　B．KILL TABLE

C．DELETE TABLE　　D．DROP TABLE

80．下列关于 SQL 语句的叙述中，错误的是______。

A．INSERT 语句可以向数据表中追加新的数据记录

B．UPDATE 语句用来修改数据表中已经存在的数据记录

C．DELETE 语句用来删除数据表中的记录

D．CREATE 语句用来建立表结构并追加新的记录

81．下列关于 SQL 语句的叙述中，正确的是______。

A．DELETE 命令不能与 GROUP BY 关键字一起使用

B. SELECT 命令不能与 GROUP BY 关键字一起使用

C. INSERT 命令与 GROUP BY 关键字一起使用可分组将新记录插入到表中

D. UPDATE 命令与 GROUP BY 关键字一起使用可分组更新表中原有记录

82. SQL 的数据库操纵语句不包括______。

A. CHANGE　　B. UPDATE　　C. DELETE　　D. INSERT

83. 下列关于 SQL 的语句叙述中，正确的是______。

A. INSERT 语句中可以没有 VALUE 关键字

B. INSERT 语句中可以没有 INTO 关键字

C. INSERT 语句中必须有 SET 关键字

D. 以上说法均不正确

84. INSERT 语句的功能是______。

A. 插入记录　　B. 更新记录　　C. 删除记录　　D. 筛选记录

85. 下列关于 SQL 语句的叙述中，正确的是______。

A. UPDATE 命令中必须有 FROM 关键字

B. UPDATE 命令中必须有 INTO 关键字

C. UPDATE 命令中必须有 SET 关键字

D. UPDATE 命令中必须有 WHERE 关键字

86. 将"产品"表中供货商是"ABC"的产品的单价下调 50，则下列 SQL 语句中，正确的是______。

A. UPDATE 产品 SET 单价=50 WHERE 供货商="ABC"

B. UPDATE 产品 SET 单价=单价-50 WHERE 供货商="ABC"

C. UPDATE FROM 产品 SET 单价=50 WHERE 供货商="ABC"

D. UPDATE FROM 产品 SET 单价=单价-50 WHERE 供货商="ABC"

87. 将"订单"表中订单号为"0060"的订单金额改为 169，则下列 SQL 语句中，正确的是______。

A. UPDATE 订单 SET 金额=169 WHERE 订单号="0060"

B. UPDATE 订单 SET 金额 WITH 169 WHERE 订单号="0060"

C. UPDATE FROM 订单 SET 金额=169 WHERE 订单号="0060"

D. UPDATE FROM 订单 SET 金额 WITH 169 WHERE 订单号="0060"

88. 将"产品"表中所有产品的单价下浮 8%，则下列 SQL 语句中，正确的是______。

A. UPDATE 产品 SET 单价=单价-单价*8%

B. UPDATE 产品 SET 单价=单价-单价*8% FOR ALL

C. UPDATE 产品 SET 单价=单价*0.92

D. UPDATE 产品 SET 单价=单价*0.92 FOR ALL

89. 将"职工"表中所有女职工的工资提高 5%，则下列 SQL 语句中，正确的是______。

A. UPDETE 职工 SET 工资*1.05 WHERE 性别="女"

B. UPDETE 职工 SET 工资*0.05 WHERE 性别="女"

C. UPDETE 职工 SET 工资=工资*5% WHERE 性别="女"

D．UPDETE 职工 SET 工资=工资*1.05 WHERE 性别="女"

90．从“订单”表中删除客户号为“1001”的订单记录，则下列命令中，正确的是______。

A．DROP FROM 订单 WHERE 客户号="1001"

B．DROP FROM 订单 FOR 客户号="1001"

C．DELETE FROM 订单 WHERE 客户号="1001"

D．DELETE FROM 订单 FOR 客户号="1001"

91．“图书”表中有字符型字段“图书号”。要求用 SQL 语句中的 DELETE 命令将“图书号”以字母 A 开头的图书记录全部打上删除标记，则下列 SQL 语句中，正确的是______。

A．DELETE FROM 图书 FOR 图书号 LIKE "A*"

B．DELETE FROM 图书 WHERE 图书号 LIKE "A?"

C．DELETE FROM 图书 WHERE 图书号= "A*"

D．DELETE FROM 图书 WHERE 图书号 LIKE "A*"

测试题答案

1．D	2．D	3．D	4．B	5．C	6．B	7．D	8．D	9．A	10．A
11．C	12．C	13．A	14．B	15．A	16．D	17．D	18．A	19．C	20．A
21．C	22．B	23．A	24．C	25．A	26．D	27．A	28．A	29．B	30．A
31．B	32．D	33．B	34．A	35．C	36．D	37．C	38．B	39．A	40．D
41．A	42．D	43．D	44．C	45．C	46．C	47．A	48．A	49．A	50．D
51．C	52．B	53．D	54．D	55．B	56．A	57．B	58．D	59．D	60．D
61．B	62．C	63．D	64．C	65．C	66．B	67．C	68．D	69．B	70．B
71．C	72．D	73．A	74．D	75．D	76．B	77．A	78．A	79．D	80．D
81．A	82．A	83．D	84．A	85．C	86．B	87．A	88．C	89．D	90．C
91．D									

第4章　窗　体

4.1　窗体的概述及创建

1．下列不属于窗体类型的是______。

A．纵栏式窗体　　B．表格式窗体　　C．开放式窗体　　D．数据表窗体

2．窗体的常用视图为设计视图、窗体视图和______。

A．数据表视图　　B．报表视图　　C．查询视图　　D．大纲视图

3．下列不属于 Access 窗体的视图的是______。

A．设计视图　　B．窗体视图　　C．版面视图　　D．数据表视图

4．打开窗体后，通过工具栏上的“视图”按钮可以切换的视图不包括______。

A．SQL 视图　　B．设计视图　　C．窗体视图　　D．数据表视图

5．在 Access 数据库中，主窗体中的窗体称为______。

A．主窗体　　B．一级窗体　　C．子窗体　　D．三级窗体

6．表格式窗体同一时刻能显示______。

A．1 条记录　　B．2 条记录　　C．3 条记录　　D．多条记录

7．从外观上看，与数据表和查询显示界面相同的是______窗体。

A．纵栏式　　B．表格式　　C．数据表　　D．数据透视表

8．用于显示多个表和查询中的数据的窗体是______。

A．主/子窗体　　B．图表窗体

C．数据透视表窗体　　D．纵栏式窗体

9．窗体中显示记录按列分隔，每列的左边显示字段名，右边显示字段内容的是______。

A．纵栏式窗体　　B．表格式窗体　　C．数据表窗体　　D．主/子窗体

10．主窗体和子窗体通常用于显示多个表或查询中的数据，这些表或查询中的数据一般应该具有的关系是______。

A．一对一关系　　B．一对多关系　　C．多对多关系　　D．关联关系

11．对话框在关闭前，不能继续执行应用程序的其他部分，这种对话框称为______。

A．输入对话框　　B．输出对话框　　C．模式对话框　　D．非模式对话框

12．在显示具有______关系的表或查询中的数据时，子窗体特别有效。

A．一对一　　B．一对多　　C．多对多　　D．复杂

13．下列关于窗体的叙述中，正确的是______。

A．窗体只能作为数据的输出界面

B．窗体可设计成切换面板形式，用以打开其他窗体

C．窗体只能作为数据的输入界面

D．窗体不能用来接收用户输入的数据

14. 下列窗体中，不可以自动创建的是______。

A. 图表窗体　　B. 纵栏式窗体　　C. 表格式窗体　　D. 主/子窗体

15. 图书管理系统中有一个“书籍分类”表，现在要为该表创建一个“书籍分类”窗体，且尽可能多地在该窗体中浏览记录，那么适合创建的窗体是______。

A. 纵栏式窗体　　B. 表格式窗体　　C. 图表窗体　　D. 主/子窗体

4.2 窗体常用控件

16. 能够接收数值型数据输入的窗体控件是______。

A. 图形　　B. 文本框　　C. 标签　　D. 命令按钮

17. 在窗体中，用于输入或编辑字段数据的交互控件是______。

A. 文本框控件　　B. 标签控件　　C. 复选框控件　　D. 列表框控件

18. 不能作为表或查询中是/否值输出的控件是______。

A. 按钮　　B. 复选框　　C. 切换按钮　　D. 选项按钮

19. 在教师信息输入窗体中，为职称字段提供“教授”“副教授”“讲师”等选项供用户直接选择，应使用的控件是______。

A. 标签　　B. 复选框　　C. 文本框　　D. 列表框

20. 在窗体设计工具箱中，代表组合框的图标是______。

A. ◉　　B. ☑　　C. [列表框图标]　　D. [组合框图标]

21. 既可以直接输入文字，也可以从列表中选择输入项的控件是______。

A. 选项框　　B. 文本框　　C. 组合框　　D. 列表框

22. 已知“教师”表中“学历”字段的值是四项（博士、硕士、本科或其他）之一，为了方便输入数据，设计窗体时，学历对应的控件应该选择______。

A. 标签　　B. 文本框　　C. 复选框　　D. 组合框

23. 在 Access 数据库中，若要求在窗体上设置输入的数据是取自某一个表或查询中的数据，或者取自某固定内容的数据，可以使用的控件是______。

A. 选项组控件　　B. 列表框或组合框控件

C. 文本框控件　　D. 复选框、切换按钮、选项按钮控件

24. 下面关于列表框和组合框的叙述中，正确的是______。

A. 列表框和组合框只能包含一列数据

B. 可以在列表框中输入新值，而在组合框中不能

C. 可以在组合框中输入新值，而在列表框中不能

D. 在列表框和组合框中均可以输入新值

25. 下列有关选项组叙述中，正确的是______。

A. 如果选项组结合到某个字段，实际上是组框架内的复选框、选项按钮或切换按钮结合到该字段上

B. 选项组中的复选框可选可不选

C. 使用选项组，只要单击选项组中所需的值，就可以为字段选定数据值

D．以上3种说法均不正确

26．当窗体中的内容需要多页显示时，可以使用______控件来进行分页。

A．组合框　　B．子窗体/子报表

C．选项组　　D．选项卡

27．Access窗体中的文本框控件可分为______。

A．计算型和非计算型　　B．绑定型和非绑定型

C．控制型和非控制型　　D．记录型和非记录型

28．在窗体中为了更新数据表中的字段，要选择相关的控件，下列叙述中，正确的是______。

A．只能选择绑定型控件

B．只能选择计算型控件

C．可以选择绑定型或计算型控件

D．可以选择绑定型、非绑定型或计算型控件

29．在Access中已建立了“雇员”表，其中有可以存放照片的字段。在使用向导为该表创建窗体时，“照片”字段所使用的默认控件是______。

A．图像框　　B．绑定对象框

C．非绑定对象框　　D．列表框

30．可以作为窗体记录源的是______。

A．表　　B．查询

C．Select语句　　D．表、查询或Select语句

4.3　对象的属性

31．在下列选项中，为所有控件共有的属性的是______。

A．Caption　　B．Value　　C．Text　　D．Name

32．在代码中引用一个窗体控件时，应使用的控件属性是______。

A．Caption　　B．Name　　C．Text　　D．Index

33．如果要改变窗体的标题，需要设置的属性是______。

A．Name　　B．Caption　　C．BackColor　　D．BorderStyle

34．确定一个窗体大小的属性是______。

A．Width和Height　　B．Width和Top

C．Top和Left　　D．Top和Height

35．下列不属于窗体的常用格式属性的是______。

A．标题　　B．滚动条　　C．分隔线　　D．记录源

36．窗体主体的BackColor属性用于设置主体的______。

A．高度　　B．亮度　　C．背景色　　D．前景色

37．要使窗体上的按钮运行时不可见，需要设置的属性是______。

A．Enabled　　B．Visible　　C．Default　　D．Cancel

38．Access 的控件对象可以设置某个属性来控制对象是否可用（不可用时显示为灰色状态），需要设置的属性是______。

A．Default　B．Cancel　C．Enabled　D．Visible

39．确定一个控件在窗体中的位置的属性是______。

A．Width 或 Height　B．Width 和 Height

C．Top 或 Left　D．Top 和 Left

40．“特殊效果”属性用于设定控件的显示效果，下列不属于“特殊效果”属性值的是______。

A．平面　B．凸起　C．蚀刻　D．透明

41．在窗体视图中显示窗体时，窗体中没有记录选定器，应将窗体的“记录选定器”属性值设置为______。

A．是　B．否　C．有　D．无

42．计算控件的控件来源属性一般设置为以______开头的计算表达式。

A．字母　B．等号（=）　C．括号　D．双引号

43．要改变窗体上文本框控件的输出内容，应设置的属性是______。

A．标题　B．查询条件　C．控件来源　D．记录源

44．要在文本框中显示当前日期和时间，应当设置文本框控件的控件来源属性为______。

A．=Date()　B．=Time()　C．=Now()　D．=Year()

45．要使窗体每隔 5s 触发一次 Timer（计时器触发）事件，应将其 Interval 属性值设置为______。

A．5　B．500　C．300　D．5000

46．若要求在文本框中输入的文本显示为“*”号，应设置的属性是______。

A．默认值　B．标题　C．密码　D．输入掩码

47．在窗体中设置按钮控件 Command0 为不可见的属性是______。

A．Command0.ForeColor　B．Command0.Caption

C．Command0.Enabled　D．Command0.Visible

48．若在“销售总数”窗体中有“订货总数”文本框控件，能够正确引用控件值的是______。

A．Forms.[销售总数].[订货总数]　B．Forms![销售总数].[订货总数]

C．Forms.[销售总数]![订货总数]　D．Forms![销售总数]![订货总数]

49．假设已在 Access 中建立了包含“书名”“单价”“数量”3 个字段的“tOfg”表，在以该表为数据源创建的窗体中，有一个计算订购总金额的文本框，其控件来源为______。

A．[单价]*[数量]

B．=[单价]*[数量]

C．[图书订单表]![单价]*[图书订单表]![数量]

D．=[图书订单表]![单价]*[图书订单表]![数量]

50. 在已建"雇员"表中有"工作日期"字段，下图所示的是以此表为数据源创建的"雇员基本信息"窗体。

雇员基本信息

雇员ID 1　姓名 王宁

性别 女　工作日期

职务 经理　联系电话 86593359

假设当前雇员的工作日期为"1998-08-17"，若在窗体中"工作日期"右侧文本框控件的"控件来源"属性中输入表达式"=Str(Month([工作日期]))+"月""，则在该文本框控件内显示的结果是______。

A. Str(Month(Date()))+"月"　　B. "08"+"月"
C. 08月　　D. 8月

4.4 对象的事件

51. 为窗体中的按钮设置单击时发生的动作，应选择设置其属性对话框的______。

A. 格式选项卡　B. 事件选项卡　C. 方法选项卡　D. 数据选项卡

52. 启动窗体时，系统首先执行的事件是______。

A. 加载事件　B. 单击事件　C. 卸载事件　D. 获得焦点事件

53. 下列选项中，不属于Access窗体事件的是______。

A. 加载事件　B. 卸载事件　C. 退出事件　D. 激活事件

54. 下列事件中，不属于Access窗体事件的是______。

A. 打开事件　B. 关闭事件　C. 加载事件　D. 取消事件

55. 如果加载一个窗体，先被触发的事件是______。

A. 加载事件　B. 打开事件　C. 单击事件　D. 双击事件

56. 在打开窗体时，依次发生的事件是______。

A. 打开（Open）→加载（Load）→调整大小（Resize）→激活（Activate）
B. 打开（Open）→激活（Activate）→加载（Load）→调整大小（Resize）
C. 打开（Open）→调整大小（Resize）→加载（Load）→激活（Activate）
D. 打开（Open）→激活（Activate）→调整大小（Resize）→加载（Load）

57. 因修改文本框中的数据而触发的事件是______。

A. 修改事件　B. 编辑事件　C. 获得焦点事件　D. 失去焦点事件

58. 若在窗体设计过程中，按钮Command0的事件属性设置如下图所示，则含义是______。

属性表
所选内容的类型: 命令按钮
Command0
格式 数据 事件 其他 全部

单击	[事件过程]
获得焦点	
失去焦点	
双击	
鼠标按下	
鼠标释放	
鼠标移动	
键按下	
键释放	
击键	
进入	[事件过程]
退出	

A．只能为进入事件和单击事件编写事件过程

B．不能为进入事件和单击事件编写事件过程

C．进入事件和单击事件执行的是同一事件过程

D．已经为进入事件和单击事件编写了事件过程

59．下列关于对象的更新前事件的叙述中，正确的是______。

A．在控件或记录的数据变化后发生的事件

B．在控件或记录的数据变化前发生的事件

C．当窗体或控件接收到焦点时发生的事件

D．当窗体或控件失去了焦点时发生的事件

60．一个窗体上有两个文本框，其放置顺序分别是 Text1 和 Text2，若想实现在 Text1 中按 Enter 键后焦点自动转到 Text2 上，需编写的事件是______。

A．Private Sub Text1_KeyPress(KeyAscii As Integer)

B．Private Sub Text1_LostFocus()

C．Private Sub Text2_GotFocus()

D．Private Sub Text1_Click()

61．若窗体“Frm1”中有一个命令按钮 Cmd1，则窗体和按钮的单击事件过程的名称分别为______。

A．Form_Click()和 Command1_Click()

B．Frm1_Click()和 Command1_Click()

C．Form_Click()和 Cmd1_Click()

D．Frm1_Click()和 Cmd1_Click()

62．下列事件中，不属于 Access 中的事件的是______。

A．键盘事件　　B．鼠标事件　　C．窗体事件　　D．控件事件

63．假定窗体的名称为“fmTest”，将窗体的标题设置为“Access Test”的语句是______。

A．Me = "Access Test"　　B．Me.Caption = "Access Test"

C．Me.Text = "Access Test"　　D．Me.Name = "Access Test"

64．如下图所示，窗体的名称为 fmTest，窗体中有一个标签和一个按钮，名称分别为 Label1 和 Bchange。

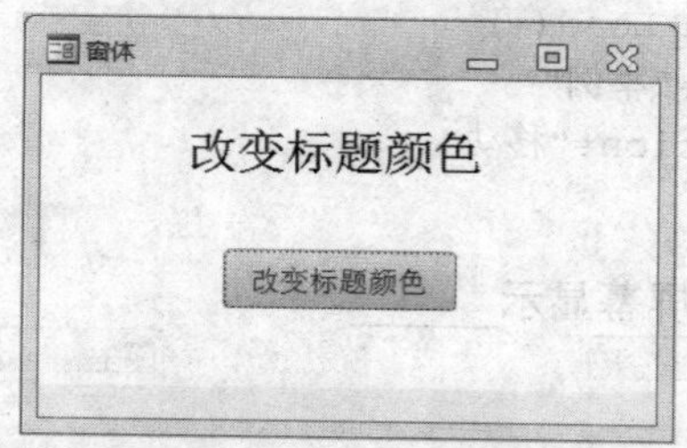

在窗体视图中，单击“改变标题颜色”按钮后标签上显示的文字颜色变为红色，能实现该操作的语句是______。

A．Label1.ForeColor=255　　　　　　B．Bchange.ForeColor=255

C．Label1.BackColor="255"　　　　　D．Bchange.BackColor="255"

65．若将第 64 题中窗体的标题设置为“改变文字显示颜色”，应使用的语句是______。

A．Me="改变文字显示颜色"　　　　　B．Me.Caption="改变文字显示颜色"

C．Me.Text="改变文字显示颜色"　　　D．Me.Name＝"改变文字显示颜色"

66．如下图所示，在窗体中，有一个标有“显示”字样的按钮（名称为 Command1）和一个文本框（名称为 Text1）。当单击按钮时，将变量 sum 的值显示在文本框内，正确的语句是______。

A．Me!Text1.Caption=sum　　　　　　B．Me!Text1.Value=sum

C．Me!Text1.Text=sum　　　　　　　D．Me!Text1.Visible=sum

67．在窗体中有一个标签 Label0 和一个按钮 Command1，Command1 的事件代码如下：

```
Private Sub Command1_Click()
    Label0.Top=Label0.Top+20
End Sub
```

运行窗体后，单击按钮的结果是______。

A．标签向上加高　　　　　　　　B．标签向下加高

C．标签向上移动　　　　　　　　D．标签向下移动

68．在窗体中有一个标签 Label0，标题为“测试进行中”，有一个按钮 Command1，事件代码如下：

```
Private Sub Command1_Click()
    Label0.Caption="标签"
End Sub
```

```
Private Sub Form_Load( )
    Form.Caption="举例"
    Command1.Caption="移动"
End Sub
```

打开窗体后单击按钮，屏幕显示______。

A. 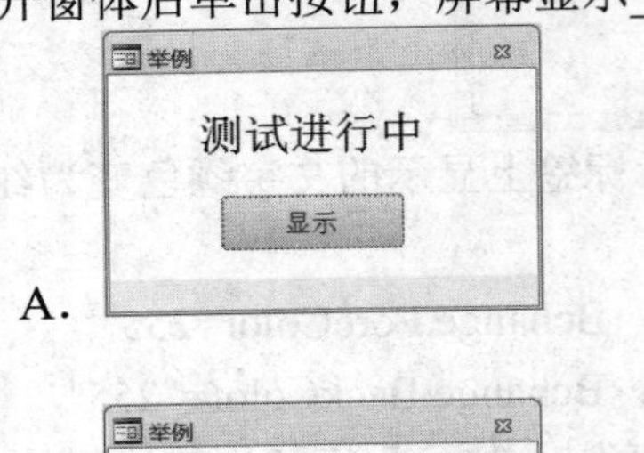

B. 

C. 

D. 

69．在已建窗体中有一个按钮（名为 Command1），该按钮的单击事件对应的 VBA 代码如下：

```
Private Sub Command1_Click()
  subT.Form.RecordSource = "Select * from 雇员"
End Sub
```

则单击该按钮实现的功能是______。

A．使用 Select 命令查找“雇员”表中的所有记录

B．使用 Select 命令查找并显示“雇员”表中的所有记录

C．将“subT”窗体的数据来源设置为一个字符串

D．将“subT”窗体的数据来源设置为“雇员”表

70．在窗体中添加 3 个按钮，分别命名为 Command1、Command2 和 Command3。编写 Command1 的单击事件代码，完成的功能为当单击 Command1 按钮时，按钮 Command2 可用，按钮 Command3 不可见，下列语句中，正确的是______。

A.
```
Private Sub Command1_Click()
    Command2.Visible=True
    Command3.Visible=False
End Sub
```

B.
```
Private Sub Command1_Click()
    Command2.Enabled=True
    Command3. Enabled=False
End Sub
```

C.
```
Private Sub Command1_Click()
    Command2. Enabled=True
    Command3.Visible=False
End Sub
```

D.
```
Private Sub Command1_Click()
    Command2.Visible=True
    Command3. Enabled=False
End Sub
```

测试题答案

1. C　2. A　3. C　4. A　5. C　6. D　7. C　8. A　9. A　10. B

11. C　12. B　13. B　14. A　15. B　16. B　17. A　18. A　19. D　20. D

21. C　22. D　23. B　24. C　25. C　26. D　27. B　28. C　29. B　30. D

31. D　32. B　33. B　34. A　35. D　36. C　37. B　38. C　39. D　40. D

41. B　42. B　43. C　44. C　45. D　46. D　47. D　48. D　49. B　50. D

51. B　52. A　53. C　54. D　55. B　56. A　57. A　58. D　59. B　60. A

61. C　62. D　63. B　64. A　65. B　66. B　67. D　68. D　69. D　70. C

第5章 报 表

5.1 报表概述

1. 下列关于报表的叙述中，正确的是______。
   A．报表只能输入数据　　B．报表只能输出数据
   C．报表可以输入和输出数据　　D．报表不能输入和输出数据
2. 报表可以______数据源中的数据。
   A．编辑　　B．显示　　C．修改　　D．删除
3. 报表的作用不包括______。
   A．分组数据　　B．汇总数据　　C．格式化数据　　D．输入数据
4. 下列关于报表数据源设置的叙述中，正确的是______。
   A．可以是任意对象　　B．只能是表对象
   C．只能是查询对象　　D．可以是表对象或查询对象
5. 可作为报表记录源的是______。
   A．表　　B．查询　　C．Select 语句　　D．以上均正确
6. 报表的记录源不包括______。
   A．表　　B．查询　　C．SQL 语句　　D．窗体
7. 要设置只在报表最后一页主体内容之后输出的信息，需要设置_____。
   A．报表页眉　　B．报表页脚　　C．页面页眉　　D．页面页脚
8. 报表页脚的内容只在报表的_____打印输出。
   A．第 1 页顶部　　B．每页顶部
   C．最后一页数据末尾　　D．每页底部
9. 要设置在报表每一页的底部都输出的信息，需要设置_____。
   A．报表页眉　　B．报表页脚　　C．页面页眉　　D．页面页脚

5.2 编辑、排序和分组

10. 在报表设计中，下列可以做绑定控件显示字段数据的是______。
    A．文本框　　B．标签　　C．命令按钮　　D．图像
11. 在报表设计的工具栏中，用于修饰版面以达到更好的显示效果的控件是______。
    A．直线和多边形　　B．直线和矩形　　C．直线和圆形　　D．矩形和圆形
12. 要设计出带表格线的报表，需要向报表中添加______控件完成表格线的显示。
    A．文本框　　B．标签　　C．复选框　　D．直线和矩形

13．在设计报表的过程中，如果要进行强制分页，应使用的工具图标是______。

A．　　　　B．　　　　C．　　　　D．

14．在报表设计过程中，不宜添加的控件是______。

A．标签控件　　B．图形控件　　C．文本框控件　　D．选项组控件

15．要实现报表的分组统计，其操作区域是______。

A．报表页眉或报表页脚区域　　B．页面页眉或页面页脚区域

C．主体区域　　D．组页眉或组页脚区域

16．下图所示为报表设计视图，由此可判断该报表的分组字段是______。

A．课程名称　　B．学分　　C．成绩　　D．姓名

17．下图所示为某个报表的设计视图。根据视图内容，可以判断分组字段是______。

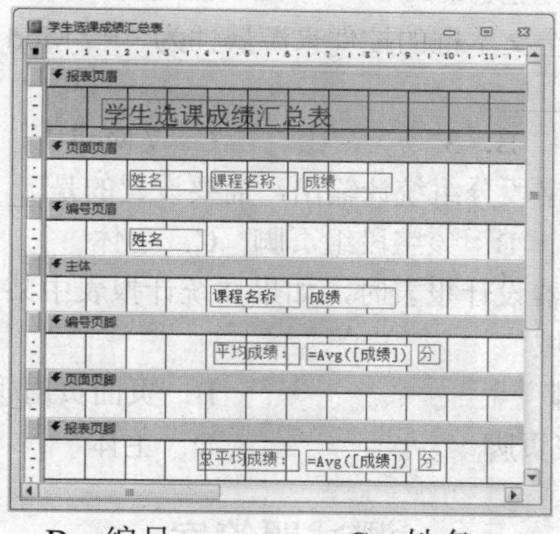

A．编号和姓名　　B．编号　　C．姓名　　D．无分组字段

5.3　使用计算控件

18．若想在报表中输出时间，设计报表时要添加一个控件，且需要将该控件的“控件来源”属性设置为时间表达式，最合适的控件是______。

A．标签　　B．文本框　　C．列表框　　D．组合框

19．若想在报表中计算“数学”字段的最低分，应将控件的“控件来源”属性设置为______。

A．=Min([数学])　　B．=Min(数学)　　C．=Min[数学]　　D．Min(数学)

20．若想在报表中计算“数学”字段的最高分，应将控件的“控件来源”属性设置为______。

A．=Max([数学])　B．=Max["数学"]　C．=Max[[数学]]　D．=Max"[数学]"

21．若想在报表中显示格式为“共 M 页，第 N 页”的页码，则下列页码格式设置中，正确的是______。

A．="共"+Pages+"页，第"+Page+"页"

B．="共"+[Pages]+"页，第"+[Page]+"页"

C．="共" & Pages &"页，第" & Page & "页"

D．="共" & [Pages] & "页，第" & [Page] & "页"

22．若想在报表上显示格式为“4/总 15 页”的页码，则应将计算控件的控件来源设置为______。

A．=[Page] & "/总" & [Pages] & "页"

B．[Page] & "/总" & [Pages] & "页"

C．=[Page]/总[Pages]页

D．[Page]/总[Pages]页

23．若设置报表上某个文本框的控件来源属性为“=2*3+1”，则打开报表视图时，该文本框显示信息是______。

A．未绑定　B．7　C．2*3+1　D．出错

24．若设置报表上某个文本框的控件来源属性为“=7 Mod 4”，则打印预览视图中，该文本框显示的信息为______。

A．未绑定　B．3　C．7 Mod 4　D．出错

25．为实现报表按某字段分组统计输出，需要设置的是______。

A．报表页脚　B．该字段组页脚　C．主体　D．页面页脚

26．在使用报表设计器设计报表时，如果要统计报表中某个字段的全部数据，应将计算表达式放在______区域。

A．组页眉/组页脚　B．页面页眉/页面页脚

C．报表页眉/报表页脚　D．主体

测试题答案

1．B　2．B　3．D　4．D　5．D　6．D　7．B　8．C　9．D　10．A

11．B　12．D　13．D　14．D　15．D　16．D　17．B　18．B　19．A　20．A

21．D　22．A　23．B　24．B　25．B　26．C

第6章　宏

6.1　宏的概述和创建

1．宏是一个或多个______的集合。

A．事件　B．操作　C．关系　D．记录

2．由多个操作构成的宏，执行时是按______依次执行的。

A．排序次序　B．输入顺序　C．从后往前　D．打开顺序

3．定义______有利于管理数据库中的宏对象。

A．宏　B．宏组　C．数组　D．窗体

4．使用宏组的目的是______。

A．设计出功能复杂的宏　B．设计出包含大量操作的宏

C．减少程序内存的消耗　D．对多个宏进行组织和管理

5．在一个宏的操作序列中，如果既包含带条件的操作，又包含无条件的操作，则带条件的操作是否执行取决于条件的真假，而没有指定条件的操作则会______。

A．无条件执行　B．有条件执行　C．不执行　D．出错

6．能够创建宏的设计器是______。

A．窗体设计器　B．报表设计器　C．表设计器　D．宏设计器

7．在宏设计窗口中有“宏名”“条件”“操作”“备注”等列，其中不能省略的是______。

A．宏名　B．操作　C．条件　D．备注

8．宏操作不能处理的是______。

A．打开报表　B．对错误进行处理

C．显示提示信息　D．打开和关闭窗体

9．下列操作中，适宜使用宏的是______。

A．修改数据表结构　B．创建自定义过程

C．打开或关闭报表对象　D．处理报表中错误

10．要限制宏命令的操作范围，可以在创建宏时定义______。

A．宏操作对象　B．宏条件表达式

C．窗体或报表控件属性　D．宏操作目标

11．在设计条件宏时，对于连续重复的条件，要代替重复条件表达式可以使用符号______。

A．...　B．:　C．!　D．=

6.2 运行和调试

12．在 Access 中，自动启动宏的名称是______。

A．AutoExec　B．Auto　C．Auto.bat　D．AutoExec.bat

13．在一个数据库中已经设置了自动宏 AutoExec，如果在打开数据库的时候不想执行这个自动宏，正确的操作是______。

A．用 Enter 键打开数据库　B．打开数据库时按住 Alt 键

C．打开数据库时按住 Ctrl 键　D．打开数据库时按住 Shift 键

14．在宏的调试中，可配合使用的设计器上的工具按钮是______。

A．调试　B．条件　C．单步　D．运行

15．在宏的表达式中还可能引用窗体或报表上控件的值。引用窗体控件的值可以用表达式______。

A．[Forms]![窗体名]![控件名]　B．[Forms]![控件名]

C．[Forms]![窗体名]　D．[窗体名]![控件名]

16．若想在宏表达式中引用 Form1 窗体中的 txt1 控件的值，正确的引用方法是______。

A．[Form1]![txt1]　B．[txt1]

C．[Forms]![Form1]![txt1]　D．[Forms]![txt1]

17．若想在宏的参数中引用窗体 F1 上的 Text1 文本框的值，正确的引用方法是______。

A．[Forms]![F1]![Text1]　B．[Text1]

C．[F1].[Text1]　D．[Forms]_[F1]_[Text1]

18．若想在宏的表达式中引用报表 test 上控件 txtName 的值，正确的引用方法是______。

A．[txtName]　B．[test]![txtName]

C．[Reports]![test]![txtName]　D．[Reports]![txtName]

19．若想在宏的条件表达式中引用“rptT”报表上名为“txtName”控件的值，正确的引用方法是______。

A．[Reports]![rptT]![txtName]　B．[Reports]![txtName]

C．[rptT]![txtName]　D．[txtName]

20．不能使用宏的数据库对象是______。

A．数据表　B．窗体　C．宏　D．报表

21．在运行宏的过程中，宏不能修改的是______。

A．窗体　B．宏本身　C．表　D．数据库

22．下列关于宏操作的叙述中，错误的是______。

A．宏的条件表达式中不能引用窗体或报表的控件值

B．所有宏操作都可以转化为相应的模块代码

C．使用宏可以启动其他应用程序

D．可以利用宏组来管理相关的一系列宏

23．下列叙述中，错误的是______。

A．宏能够一次完成多个操作　　B．可以将多个宏组成一个宏组

C．可以用编程的方法来实现宏　　D．宏命令一般由动作名和操作参数组成

6.3　宏操作命令

24．下列为窗体或报表上的控件设置属性值的宏操作命令中，正确的是______。

A．Set　　B．SetData　　C．SetWarnings　　D．SetValue

25．宏操作 SetValue 可以设置______。

A．窗体或报表控件的属性　　B．刷新控件数据

C．字段的值　　D．当前系统的时间

26．某窗体上有一个命令按钮，要求单击该按钮后调用宏打开应用程序 Word，则设计该宏时应选择的宏命令是______。

A．RunApp　　B．RunCode　　C．RunMacro　　D．RunCommand

27．某窗体中有一个按钮，在窗体视图中单击此按钮打开另一个窗体，需要执行的宏操作是______。

A．OpenQuery　　B．OpenReport　　C．OpenWindow　　D．OpenForm

28．打开查询的宏操作是______。

A．OpenForm　　B．OpenQuery　　C．OpenTable　　D．OpenModule

29．宏操作 Quit 的功能是______。

A．关闭表　　B．退出宏　　C．退出查询　　D．退出 Access

30．某学生成绩管理系统的“主窗体”如下图所示，单击“退出系统”按钮会弹出如下图所示的“请确认”提示框；如果单击“是”按钮，才会关闭主窗体退出系统，如果单击“否”按钮，则返回“主窗体”继续运行系统。

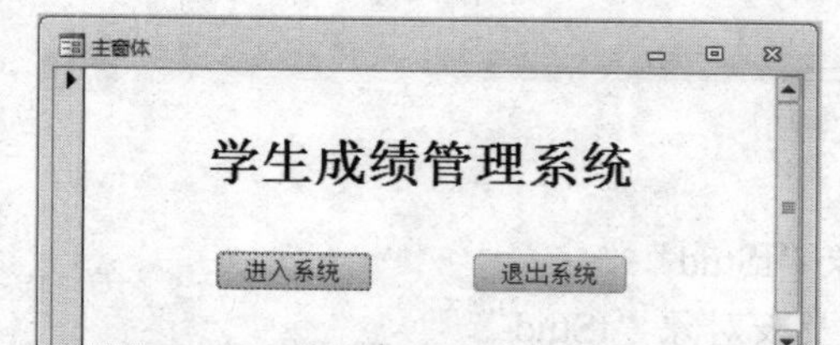

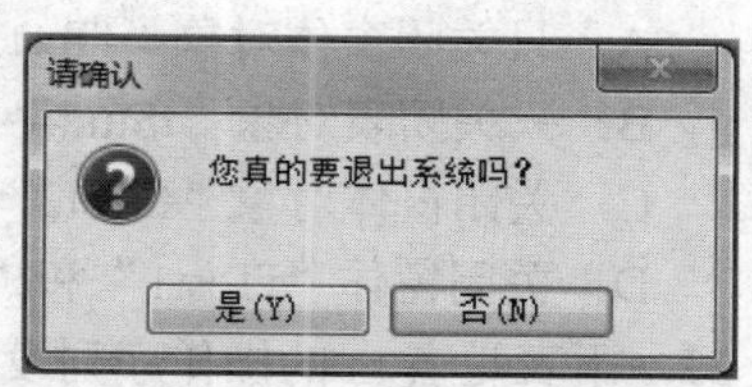

为了达到这样的运行效果，在设计主窗体时为“退出系统”按钮的单击事件设置了一个“退出系统”宏，正确的宏设计是______。

A．

31．下图所示为宏对象 m1 的操作序列设计，假定在宏 m1 的操作中涉及的对象均存在，现将设计好的宏 m1 设置为窗体“fTest1”上某个按钮的单击事件属性，则打开窗体“fTest1”运行后，单击该按钮，会启动宏 m1 的运行。宏 m1 运行后，前两个操作会先后打开窗体对象“fTest2”和表对象“tStud”，那么执行 CloseWindow 操作后，______。

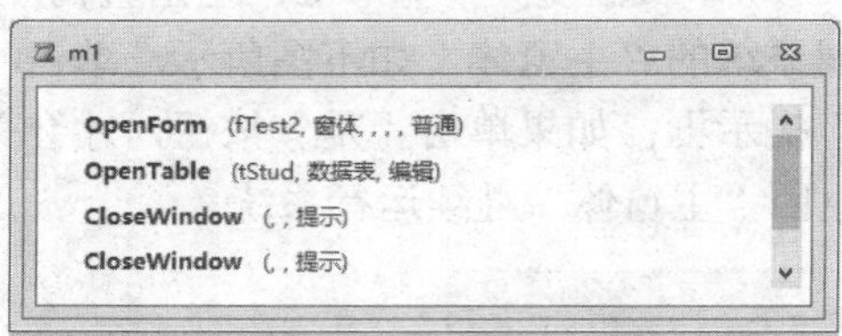

A．只关闭窗体对象“fTest1”

B．只关闭表对象“tStud”

C．关闭窗体对象“fTest2”和表对象“tStud”

D．关闭窗体“fTest1”和“fTest2”及表对象“tStud”

32．下表是宏 m 的操作序列设计：

条件	操作序列	操作参数
—	MessageBox	消息为“AA”
[tt]>1	MessageBox	消息为“BB”
—	MessageBox	消息为“CC”

现设置宏 m 为窗体“fTes”上名为“bTest”按钮的单击事件属性，打开窗体“fTest”并运行后，在窗体上名为“tt”的文本框内输入数字 1，然后单击“bTest”按钮，则______。

A．屏幕会先后弹出 3 个消息框，分别显示消息“AA”“BB”“CC”

B．屏幕会弹出一个消息框，显示消息“AA”

C．屏幕会先后弹出两个消息框，分别显示消息“AA”和“BB”

D．屏幕会先后弹出两个消息框，分别显示消息“AA”和“CC”

33．假设某数据库已建有宏对象“宏 1”，“宏 1”中只有一个宏操作 SetValue，其中第 1 个参数项目为“[Label0].[Caption]”，第 2 个参数表达式为“[Text0]”。窗体“fmTest”中有一个标签 Label0 和一个文本框 Text0，现设置控件 Text0 的更新后事件为运行“宏 1”，则结果是______。

A．将文本框清空

B．将标签清空

C．将文本框中的内容复制给标签的标题，使二者显示相同内容

D．将标签的标题复制到文本框中，使二者显示相同内容

测试题答案

1．B　2．A　3．B　4．D　5．A　6．D　7．A　8．B　9．C　10．B
11．A　12．A　13．D　14．C　15．A　16．C　17．A　18．C　19．A　20．A
21．B　22．A　23．D　24．D　25．A　26．A　27．D　28．B　29．D　30．A
31．C　32．B　33．C

第 7 章 VBA

7.1 模块的基本概念

1．在 Access 中，如果要处理具有复杂条件或循环结构的操作，应该使用的对象是______。

A．窗体　　B．模块　　C．宏　　D．报表

2．Access 包含两类模块：一种是类模块，另外一种是______。

A．标准模块　　B．宏模块　　C．过程模块　　D．函数模块

3．下列关于模块的叙述中，错误的是______。

A．标准模块包含的是不与任何对象相关联的通用过程和变量

B．标准模块中经常定义全局变量或公共过程

C．在 VBA 窗口中，可通过选择“插入”→“模块”命令创建模块

D．每个数据库中，只能插入一个模块

7.2 VBA 程序设计基础

4．下列属于通知或警告用户的命令是______。

A．PrintOut　　B．OutputTo　　C．MsgBox　　D．RunWarnings

5．如果 X 是一个正的实数，保留两位小数并将千分位四舍五入的表达式是______。

A．0.01*Int(X+0.05)　　B．0.01*Int(100*(X+0.005))

C．0.01*Int(X+0.005)　　D．0.01*Int(100*(X+0.05))

6．InputBox( )函数的返回值类型是______。

A．数值　　B．字符串

C．变体　　D．由输入的数据而定

7．若要将一个数字字符串转换成对应的数值，则应使用的函数是______。

A．Val( )　　B．Single( )　　C．Asc( )　　D．Space( )

8．下列变量名中，合法的是______。

A．4A　　B．A-1　　C．ABC_1　　D．private

9．表达式“B=INT(A+0.5)”的功能是______。

A．将变量 A 保留小数点后 1 位　　B．将变量 A 四舍五入取整

C．将变量 A 保留小数点后 5 位　　D．舍去变量 A 的小数部分

10．VBA 语句“Dim NewArray(10) as Integer”的含义是______。

A．定义 10 个整型数构成的数组 NewArray

B．定义 11 个整型数构成的数组 NewArray

C．定义 1 个值为整型数的变量 NewArray(10)

D．定义 1 个值为 10 的变量 NewArray

11．随机产生[10,50]中的整数的正确表达式是______。

A．Round(Rnd*51)　　B．Int(Rnd*40)+10

C．Round(Rnd*50)　　D．10+Int(Rnd*41)

12．函数 InStr(1,"eFCdEfGh","EF",1)执行的结果是______。

A．0　　B．1　　C．5　　D．6

13．Msgbox( )函数返回值的类型是______。

A．数值　　B．变体　　C．字符串　　D．逻辑值

14．下列逻辑运算中，结果为“true”的是______。

A．false or not true　　B．true or not true

C．false and not true　　D．true and not true

15．下列表达式中，能正确表示条件“x 和 y 都是奇数”的是______。

A．x Mod 2=0 And y Mod 2=0　　B．x Mod 2=0 Or y Mod 2=0

C．x Mod 2=1 And y Mod 2=1　　D．x Mod 2=1 Or y Mod 2=1

16．下列给出的变量名中，非法的是______。

A．Sum　　B．Integer_2　　C．Rem　　D．Form1

17．可以用 InputBox( )函数产生“输入对话框”。执行语句如下：

```
st=InputBox("请输入字符串","字符串对话框","aaaa")
```

当用户输入字符串“bbbb”，按“确认”按钮后，变量 st 的内容是______。

A．aaaa　　B．请输入字符串　　C．字符串对话框　　D．bbbb

18．a 和 b 中有且只有一个为 0，则下列表达式中，正确的是______。

A．a=0 or b=0　　B．a=0 Xor b=0

C．a=0 And b=0　　D．a*b=0 And a+b<>0

19．将一个数值转换成相应字符串的函数是______。

A．Str( )　　B．String( )　　C．Asc( )　　D．Chr( )

20．VBA 中定义符号常量使用的关键字是______。

A．Const　　B．Dim　　C．Public　　D．Static

21．能返回当前系统年份的表达式为______。

A．Date( )　　B．Month(Date( ))　　C．Year(Now( ))　　D．Year( )

22．定义了二维数组 B(2 to 6,4)，则该数组的元素个数为______。

A．25　　B．36　　C．20　　D．24

23．VBA 中去除前后空格的函数是______。

A．LTrim( )　　B．RTrim( )　　C．Trim( )　　D．Ucase ()

24．用于获得字符串变量 Str 从第 2 个字符开始的 3 个字符的函数是______。

A．Mid(Str,2,3)　　B．Middle(Str,2,3)

C．Right(Str,2,3)　　D．Left(Str,2,3)

25．以下程序段定义了学生成绩的记录类型，由学号、姓名和 3 门课程成绩（百分

制）组成。

```
Type Stud
    no As Integer
    name As String
    score (1 to 3)  As  Single
End Type
```

若对某个学生的各个数据项进行赋值，则下列程序段中，正确的是______。

A.
```
Dim S As Stud
Stud.no=1001
Stud.name="舒宜"
Stud.score=78,88,96
```

B.
```
Dim S As Stud
S.no=1001
S.name="舒宜"
S.score=78,88,96
```

C.
```
Dim S As Stud
Stud.no=1001
Stud.name="舒宜"
Stud.score(1)=78
Stud.score(2)=88
Stud.score(3)=96
```

D.
```
Dim S As Stud
S.no=1001
S.name="舒宜"
S.score(1)=78
S.score(2)=88
S.score(3)=96
```

26．下列可以得到“2*5=10”结果的 VBA 表达式为______。

A．"2*5" & "=" & 2*5　　B．"2*5" + "=" + 2*5

C．2*5 & "=" & 2*5　　D．2*5 + "=" + 2*5

27．下列逻辑表达式中，结果为假的是______。

A．6 Mod 2=0　　B．3 Mod 2=0 Or 4 Mod 2=0

C．5 Mod 2=1 And 6 Mod 2=1　　D．Not 1 Mod 2=0

28．VBA 程序的多条语句可以写在一行中，其分隔符必须使用符号______。

A．:　　B．'　　C．;　　D．,

29．VBA 表达式 3*3\3/3 的输出结果是______。

A．0　　B．1　　C．3　　D．9

30．执行完语句 s=Int(100*Rnd)后，s 的值是______。

A．[0,99]的随机整数　　B．[0,100]的随机整数

C．[1,99]的随机整数　　D．[1,100]的随机整数

31．表达式 Fix(−3.25)和 Fix(3.75)的结果分别是______。

A．−3，3　　B．−4，3　　C．−3，4　　D．−4，4

32．下列 MsgBox( )函数的使用方法中，正确的是______。

A．MsgBox(提示信息[,标题] [,按钮类型])

B．MsgBox(标题[,按钮类型] [,提示信息])

C．MsgBox(标题[,提示信息] [,按钮类型])

D．MsgBox(提示信息[,按钮类型] [,标题])

33．如果 A 为布尔型数据，则下列赋值语句中，正确的是______。

A．A="true"　　B．A=.true.　　C．A=#TURE#　　D．A=3<4

34．Rnd( )函数不可能产生的值是______。

A．0　　B．1　　C．0.1234　　D．0.00005

35．下列数据类型中，不属于 VBA 的是______。

A．长整型　　B．布尔型　　C．变体型　　D．指针型

36．下列数组声明语句中，正确的是______。

A．Dim A[3,4] As Integer　　B．Dim A(3,4) As Integer

C．Dim A[3;4] As Integer　　D．Dim A(3;4) As Integer

37．字符运算符、算术运算符、关系运算符和逻辑运算符中运算优先级最低的是______。

A．字符运算符　　B．逻辑运算符

C．关系运算符　　D．算术运算符

38．用于获得字符串变量 S 最左边 4 个字符的函数表达式是______。

A．Left(S,4)　　B．Left(S,1,4)　　C．Leftstr(S,4)　　D．Leftstr(S,0,4)

39．在模块的声明部分使用“Option Base 1”语句，然后定义二维数组 A(2 to 5,5)，则该数组的元素个数为_____。

A．20　　B．24　　C．25　　D．36

40．表达式 X+1>X 是______。

A．算术表达式　　B．非法表达式　　C．关系表达式　　D．字符串表达式

41．若有数组声明语句 Dim a(2,-3 to 2,4)，则数组 a 包含元素的个数是______。

A．40　　B．75　　C．12　　D．90

42．删除字符串前导空格的函数是______。

A．trim( )　　B．Rtrim( )　　C．LTrim( )　　D．Lcase( )

43．在 VBA 中，如果没有显式声明或用符号来定义变量的数据类型，变量默认的数据类型为______。

A．Boolean　　B．Int　　C．String　　D．Variant

44．下列关于优先级比较中，正确的是______。

A．算术运算符>逻辑运算符>关系运算符

B．逻辑运算符>关系运算符>算术运算符

C．算术运算符>关系运算符>逻辑运算符

D．以上均不正确

7.3　VBA 流程控制语句

45．下列能够交换变量 X 和 Y 值的程序段是______。

A．Y=X:X=Y　　B．Z=X:Y=Z:X=Y

C．Z=X:X=Y:Y=Z　　D．Z=X:W=Y:Y=Z:X=Y

46．运行下列程序段的结果是______。

```
For m=10 To 1 Step 0
```

```
    k=k+3
Next m
```

A．形成死循环　　B．循环体不执行即结束循环

C．出现语法错误　　D．循环体执行一次后结束循环

47．窗体中有命令按钮 Command32，其单击事件代码如下。该事件的完整功能是接收从键盘输入的 10 个大于 0 的整数，找出其中的最大值和对应的输入位置。

```
Private Sub Command32_Click()
    max=0
    max_n=0
        For i=1 To 10
        num=Val(InputBox("请输入第" & i & "个大于 0 的整数:"))
        If ______ Then
            max=num
            max_n=i
        End If
        Next i
        MsgBox ("最大值为第" & max_n & "个输入的" &max)
End Sub
```

程序空白处应该填入的表达式是______。

A．num>i　　B．i<max　　C．num>max　　D．num<max

48．若变量 i 的初值为 8，则下列循环语句中循环体的执行次数为______次。

```
Do While i<=17
    i=i+2
Loop
```

A．3　　B．4　　C．5　　D．6

49．有以下程序段，则执行该程序段后的结果是______。

```
k=5
For I=1 to 10 step 0
    k=k+2
Next I
```

A．语法错误　　B．形成无限循环

C．循环体不执行直接结束循环　　D．循环体执行一次后结束循环

50．下列语句中，可以将变量 A、B 的值互换的是______。

A．A=B:B=A　　B．A=C:C=B:B=A

C．A=(A+B)/2:B=(A−B)/2　　D．A=A+B:B=A-B:A=A−B

51．由“For i=1 To 16 Step 3”决定的循环结构的执行次数是______次。

A．4　　B．5　　C．6　　D．7

52．执行下列程序段后，变量 c 的值是______。

```
a=24
b=328
select case b\10
    case 0
        c=a*10+b
    case 1 to 9
        c=a*100+b
    case 10 to 99
        c=a*1000+b
end select
```

A．537　　B．2427　　C．24328　　D．240328

53．当条件为 5<x<10 时，x=x+1，则下列语句中，正确的是______。

A．if 5<x<10 then x=x+1　　B．if 5<x or x<10 then x=x+1

C．if 5<x and x<10 then x=x+1　　D．if 5<x xor x<10 then x=x+1

54．执行下列程序段后，x 的值为______。

```
x=5
For I=1 To 20 Step 2
    x=x+I\5
Next I
```

A．21　　B．22　　C．23　　D．24

55．执行下列程序并输入数据 8、9、3 和 0 后，窗体中显示结果是______。

```
Private Sub Form_Click()
    Dim sum As Integer,m As Integer
    sum=0
    Do
        m=InputBox("输入 m")
        sum=sum+m
    Loop Until m=0
    MsgBox sum
End Sub
```

A．0　　B．17　　C．20　　D．21

56．执行下列程序段，则当循环结束后，变量 i 的值为______，变量 s 的值为______。

```
S=0
For i=1 To 10 Step 2
    s=s+1
    i=i*2
Next i
```

A．10，4　　B．11，3　　C．22，3　　D．16，4

57. 假定有以下程序段，则 n 的值是______。

```
n=0
For i=1 To 3
    For j=-4 To -1
        n=n+1
    Next j
Next i
```

A. 0　　B. 3　　C. 4　　D. 12

58. 下列 4 种形式的循环设计中，循环次数最少的是______。

A.
```
a=5 : b=8
Do
    a=a+1
Loop While a<b
```

B.
```
a=5 : b=8
Do
    a=a+1
Loop Until a<b
```

C.
```
a=5 : b=8
Do Until a<b
    b=b+1
Loop
```

D.
```
a=5 : b=8
Do Until a>b
    a=a+1
Loop
```

59. 假定有以下循环结构，则下列叙述中，正确的是______。

```
Do Until 条件
    循环体
Loop
```

A. 如果“条件”值为 0，则一次循环体也不执行

B. 如果“条件”值为 0，则至少执行一次循环体

C. 如果“条件”值不为 0，则至少执行一次循环体

D. 不论“条件”是否为“真”，至少要执行一次循环体

60. 下列 Case 语句中，错误的是______。

A. Case 0 To 10　　B. Case Is>10

C. Case Is>10 And Is<50　　D. Case 3,5,Is>10

61. 在窗体中有一个命令按钮（名称为 run34），对应的事件代码如下，则该程序的输出结果是______。

```
Private Sub run34_Click()
    Sum=0
    For i=10 To 1 Step -2
        sum=sum+i
    Next i
    MsgBox sum
End Sub
```

A. 10　　B. 30　　C. 55　　D. 其他结果

62. 下列不是分支结构的语句是______。

A. If…Then…EndIf　　B. While…Wend

C．If…Then…Else…EndIf　　　D．Select…Case…End Select

63．设有如下窗体单击事件过程，则窗体运行后，单击窗体，消息框输出的结果是______。

```
Private Sub Form_Click()
  a=1
  For i=1 To 3
    Select Case i
      Case 1,3
        a=a+1
      Case 2,4
        a=a+2
    End Select
  Next i
  MsgBox a
End Sub
```

A．3　　B．4　　C．5　　D．6

64．执行下列程序，显示的结果是______。

```
Private Sub Command34_Click()
  i=0
  Do
    i=i+1
  Loop While i<10
  MsgBox i
End Sub
```

A．0　　B．1　　C．10　　D．11

65．在 VBA 中，下列循环结构中，错误的是______。

A．Do While 条件式
　　循环体
　Loop

B．Do Until 条件式
　　循环体
　Loop

C．Do Until
　　循环体
　Loop 条件式

D．Do
　　循环体
　Loop While 条件式

66．VBA 程序流程控制的方式是______。

A．顺序控制和分支控制　　B．顺序控制和循环控制

C．循环控制和分支控制　　D．顺序、分支和循环

67．执行下列程序，则输出结果为______。

```
s=0
For i=1 To 5 Step 2
  s=s+i
Next i
Debug.Print s
```

A. 9　　B. 6　　C. 0　　D. 16

68. 设有如下过程，要求循环体执行 3 次后结束循环，则空白处应填入的语句是______。

```
x=1
Do
    x=x+2
Loop Until ______
```

A. x<=7　　B. x<7　　C. x>=7　　D. x>7

7.4 自定义过程与函数

69. 如果在调用的过程中改变了形参变量的值，但又不影响实参变量本身，这种参数传递方式称为______。

A. 按值传递　　B. 按地址传递　　C. ByRef 传递　　D. 按形参传递

70. 已定义有参函数 f(m)，其中形参 m 是整型变量。调用该函数，传递实参为 5，将返回的函数数值赋给变量 t，下列表达式中，正确的是______。

A. t=f(m)　　B. t=Call f(m)　　C. t=f(5)　　D. t=Call f(5)

71. 在设计有参函数时，要想实现某个参数的“双向”传递，应当说明该形参为“传址”调用形式，其设置选项是______。

A. ByVal　　B. ByRef　　C. Optional　　D. ParamArray

72. 在代码中定义了如下子过程，则下列调用该过程的语句中，正确的是______。

```
Sub P(a,b)
  …
End Sub
```

A. P(10,20)　　B. Call P　　C. Call P 10,20　　D. Call P(10,20)

73. 在 VBA 中，下列用实际参数 a 和 b 调用有参过程 Area(m,n)的语句中，正确的是______。

A. Area m,n　　B. Area a,b　　C. Call Area(m,n)　　D. Call Area a,b

74. 假定有以下两个过程，则下列叙述中，正确的是______。

```
Sub S1(ByVal x As Integer, ByVal y As Integer)
    Dim t As Integer
    t=x
    x=y
    y=t
End Sub
Sub S2(x As Integer, y As Integer)
    Dim t As Integer
    t=x
```

```
    x=y
    y=t
End Sub
```

A．用过程 S1 可以实现交换两个变量的值的操作，S2 不能实现
B．用过程 S2 可以实现交换两个变量的值的操作，S1 不能实现
C．用过程 S1 和 S2 都可以实现交换两个变量的值的操作
D．用过程 S1 和 S2 都不能实现交换两个变量的值的操作

75．假定有如下的 Sub 过程：

```
Sub sfun(x As Single,y As Single)
  t=x
  x=t/y
  y=t Mod y
End Sub
```

在窗体上添加一个命令按钮 Command1，然后编写如下事件过程：

```
Private Sub Command1_Click()
    Dim a as single
    Dim b as single
    a=5
    b=4
    sfun a,b
    MsgBox a & chr(10)+chr(13) & b
End Sub
```

则打开窗体运行后，单击命令按钮，消息框的两行输出内容分别为______。

A．1 和 1　　　　B．1.25 和 1　　　　C．1.25 和 4　　　　D．5 和 4

76．下列叙述中，正确的是______。

A．Sub 过程无返回值，不能定义返回值类型
B．Sub 过程有返回值，返回值类型只能是符号常量
C．Sub 过程有返回值，返回值类型可在调用过程时动态决定
D．Sub 过程有返回值，返回值类型可由定义时的 As 子句声明

77．若要在调用子过程 Procl 后返回两个变量的结果，下列过程定义语句中，正确的______。

A．Sub Procl(n, m)　　　　　　　　B．Sub Procl(ByVal n, m)
C．Sub Procl(n, ByVal m)　　　　　D．Sub Procl(ByVal n, ByVal m)

78．Sub 过程与 Function 过程最根本的区别是______。

A．Sub 过程的过程名不能返回值，而 Function 过程能通过过程名返回值
B．Sub 过程可以使用 Call 语句或直接使用过程名调用，而 Function 过程不可以
C．两种过程中的参数的传递方式不同
D．Function 过程可以有参数，Sub 过程不可以

79．使用 Function 语句定义一个函数过程，其返回值的类型______。

A．只能是符号常量　　B．是除数组之外的简单数据类型

C．可在调用时由运行过程决定　　D．由函数定义时 As 子句声明

80．在过程定义中有如下语句：

```
Private Sub GetData(ByRef f As Integer)
```

其中，“ByRef”的含义是______。

A．传值调用　　B．传址调用　　C．形式参数　　D．实际参数

81．在窗体上有一个命令按钮 Command1，编写事件代码如下：

```
Private Sub Command1_Click()
   Dim x As Integer, y As Integer
   x=12:y=32
   Call Proc(x,y)
   Debug.Print x;y
End Sub
Public Sub Proc(n As Integer, ByVal m As Integer)
   n=n Mod 10
   m=m Mod 10
End Sub
```

则打开窗体运行后，单击命令按钮，“立即窗口”中输出的结果是______。

A．2　32　　B．12　3　　C．2　2　　D．12　32

82．若想在调用过程 Proc 后，返回形参 x 的结果，但不返回 y 的结果，下列定义语句中，正确的是______。

A．Sub Proc(x as Integer, ByVal y as Integer)

B．Sub Proc(ByVal x as Integer,y as Integer)

C．Sub Proc(x as Integer, y as Integer)

D．Sub Proc(ByVal x as Integer,ByVal y as Integer)

7.5　面向对象程序设计

83．下列不属于类模块对象的基本特征的是______。

A．事件　　B．属性　　C．方法　　D．函数

84．在 VBA 中，构成对象的三要素是______。

A．属性、事件、方法　　B．控件、属性、事件

C．窗体、控件、过程　　D．窗体、控件、模块

85．有下列命令按钮 test 的单击事件过程，当运行窗体并单击命令按钮时，在名为 bResult 的窗体标签内将显示的是______。

```
Private Sub test_Click()
  Dim I,R
```

```
   R=0
   For I=1 To 5 Step 1
     R=R+I
   Next I
   bResult.Caption=Str(R)
End Sub
```

A．15　　B．5　　C．0　　D．25

86．在窗口中有一个标签 Label0 和一个命令按钮 Command1，Command1 的事件代码如下，则打开窗口并单击命令按钮的结果是______。

```
Private Sub Command1_Click()
  Label0.Left=Label0.Left+100
End Sub
```

A．标签向左加宽　　B．标签向右加宽
C．标签向左移动　　D．标签向右移动

87．“能被对象所识别的动作”和“对象可执行的活动”分别称为对象的______。
A．方法和事件　　B．事件和方法　　C．事件和属性　　D．过程和方法

88．对象可以识别和响应的行为称为______。
A．属性　　B．方法　　C．继承　　D．事件

89．在 VBA 中，实现窗体打开操作的命令是______。
A．DoCmd.OpenForm　　B．OpenForm
C．Do.OpenForm　　D．DoOpen.Form

90．若想在 VBA 中要打开名为“学生信息录入”的窗体，应使用的语句是______。
A．DoCmd.OpenForm "学生信息录入"
B．OpenForm "学生信息录入"
C．DoCmd.OpenWindow "学生信息录入"
D．OpenWindow "学生信息录入"

测试题答案

1．B	2．A	3．D	4．C	5．B	6．B	7．A	8．C	9．B	10．B
11．D	12．B	13．A	14．B	15．C	16．C	17．D	18．D	19．A	20．A
21．C	22．A	23．C	24．A	25．D	26．A	27．C	28．A	29．D	30．A
31．A	32．D	33．D	34．B	35．D	36．B	37．B	38．A	39．A	40．C
41．D	42．C	43．D	44．C	45．C	46．B	47．C	48．C	49．B	50．D
51．C	52．C	53．C	54．A	55．C	56．C	57．D	58．C	59．B	60．C
61．B	62．B	63．C	64．C	65．C	66．D	67．A	68．C	69．A	70．C
71．B	72．D	73．B	74．B	75．B	76．A	77．A	78．A	79．D	80．B
81．A	82．A	83．D	84．A	85．A	86．D	87．B	88．D	89．A	90．A

附录1 全国计算机等级考试二级 Access 数据库程序设计考试大纲（2016年版）

基 本 要 求

1）掌握数据库系统的基础知识。
2）掌握关系数据库的基本原理。
3）掌握数据库程序设计方法。
4）能够使用 Access 建立一个小型数据库应用系统。

考 试 内 容

1. 数据库基础知识

1）基本概念。
数据库、数据模型和数据库管理系统等。
2）关系数据库基本概念。
关系模型、关系、元组、属性、字段、域、值和关键字等。
3）关系运算基本概念。
选择运算、投影运算和连接运算。
4）SQL 命令。
查询命令和操作命令。
5）Access 系统基本概念。

2. 数据库和表的基本操作

1）创建数据库。
2）建立表。
（1）建立表结构。
（2）字段设置、数据类型及相关属性。
（3）建立表间关系。
3）表的基本操作。
（1）向表中输入数据。
（2）修改表结构，调整表外观。
（3）编辑表中数据。
（4）表中记录排序。

（5）筛选记录。
（6）汇总数据。

3. 查询

1）查询的基本概念。
（1）查询分类。
（2）查询条件。
2）选择查询。
3）交叉表查询。
4）生成表查询
5）删除查询。
6）更新查询。
7）追加查询。
8）结构化查询语言 SQL。

4. 窗体

1）窗体基本概念。
窗体的类型与视图。
2）创建窗体。
窗体中常见控件，窗体和控件的常见属性。

5. 报表

1）报表基本概念。
2）创建报表。
报表中常见控件，报表和控件的常见属性。

6. 宏

1）宏基本概念。
2）事件的基本概念。
3）常见宏操作命令。

7. VBA 编程基础

1）模块基本概念。
2）创建模块。
（1）创建 VBA 模块：在模块中加入过程，在模块中执行宏。
（2）编写事件过程：键盘事件、鼠标事件、窗口事件、操作事件和其他事件。
3）VBA 编程基础。
（1）VBA 编程基本概念。

(2) VBA 流程控制：顺序结构、选择结构、循环结构。
(3) VBA 函数/过程调用。
(4) VBA 数据文件读写。
(5) VBA 错误处理和程序调试（设置断点，单步跟踪，设置监视窗口）。

8. VBA 数据库编程

1) VBA 数据库编程基本概念。
ACE 引擎和数据库编程接口技术，数据访问对象（DAO），ActiveX 数据对象（ADO）。
2) VBA 数据库编程技术。

考 试 方 式

上机考试，考试时长 120 分钟，满分 100 分。

1. 题型及分值

单项选择题 40 分（含公共基础知识部分 10 分）。
操作题 60 分（包括基本操作题 18 分、简单应用题 24 分及综合应用题 18 分）。

2. 考试环境

操作系统：中文版 Windows 7。
开发环境：Microsoft Office Access 2010。

附录2　全国计算机等级考试二级 Access 数据库程序设计样题及参考答案

样　　题

一、选择题

1．设数据结构 B=(D,R), 其中

```
D={a,b,c,d,e,f}
R={(f,a),(d,b),(e,d),(c,e),(a,c)}
```

该数据结构为______。

A．线性结构　　B．循环队列　　C．循环链表　　D．非线性结构

2．下列叙述中，错误的是______。

A．若二叉树没有叶子结点，则为空二叉树

B．循环队列空的条件是队头指针与队尾指针相同

C．带链栈的栈底指针是随栈的操作而动态变化的

D．若带链队列中只有一个元素，则队头指针与队尾指针必定相同

3. 某带链栈的初始状态为 top=bottom=NULL，经过一系列正常的入栈与退栈操作后，top=bottom=20，则该栈中的元素个数为______。

A．1　　B．0　　C．20　　D．不确定

4. 二叉树后序遍历序列是 dabec，中序遍历序列是 debac，则前序遍历序列是______。

A．decab　　B．acbed　　C．cedba　　D．deabc

5．下列叙述中，错误的是______。

A．模块的独立性与模块的信息隐蔽和局部化无关

B．内聚性和耦合性是模块独立程度的定性标准

C．一个模块的内聚性越高则该模块的独立性越强

D．一个模块的耦合性越高则该模块的独立性越弱

6．下列属于黑盒测试方法的是______。

A．错误推测法　　B．基本路径测试　　C．判定覆盖　　D．条件覆盖

7．下列模型中，属于概念模型的是______。

A．网状模型　　B．层次模型　　C．关系模型　　D．实体-联系模型

8．学生关系模式中有 D(D#,Dn,Dl,DAddr) (其属性分别为系编号、系名称、系主任和系地址) 和 S(S#,Sn,SG,Date,MAj,D#) (其属性分别为学号、姓名、性别、入学日期、专业和系编号)两个关系，关系 S 的主键是 S#，关系 S 的外键是______。

A．D#　　B．Maj　　C．Dl　　D．Dn

9．关系的实体完整性要求关系中不能为空的属性是______。

A．主键属性　B．外键属性　C．全部属性　D．候选属性

10．学生选修课程的关系模式为 SC(S#,Sn,Sd,Sa,C#,G)（其属性分别为学号、姓名、所在系、年龄、课程号和成绩）；C(C#,Cn,P#)（其属性分别为课程号、课程名、先选课）。关系模式中包含对主属性部分依赖的是______。

A．S#→Sd　B．(S#,C#)→G　C．C#→Cn　D．C#→P#

11．某学校有“教师”（教师号、教师名）、“学生”（学号、学生名）和“课程”（课程号，课程名）3 个表，若规定一名教师可主讲多门课程，一名学生可选修多门课程，则教师与学生之间形成了多对多的关系。为反映这样的多对多关系并减少数据冗余，在数据库中应设计新表。下列关于新表的设计中，最合理的设计是______。

A．增加两个表：学生-选课表（学号、课程号），教师-任课表（教师号、课程号）

B．增加两个表：学生-选课表（学号、课程号、课程名），教师-任课表（教师号、课程号、课程名）

C．增加一个表：学生-选课-教师表（学号、课程号、教师号）

D．增加一个表：学生-选课-教师表（学号、学生名、课程号、课程名、教师号、教师名）

12．下列与表创建操作相关的叙述中，错误的是______。

A．创建表之间的关系时，必须要关闭所有打开的表

B．使用表设计视图定义字段时，必须定义字段名称

C．使用表设计视图定义字段时，不能设置索引字段

D．使用表设计视图可以对备注型字段设置格式属性

13．打开“学生表”，其中包括“特长”字段，使用“查找和替换”功能，若设置的内容如下图所示，则查找的结果是______。

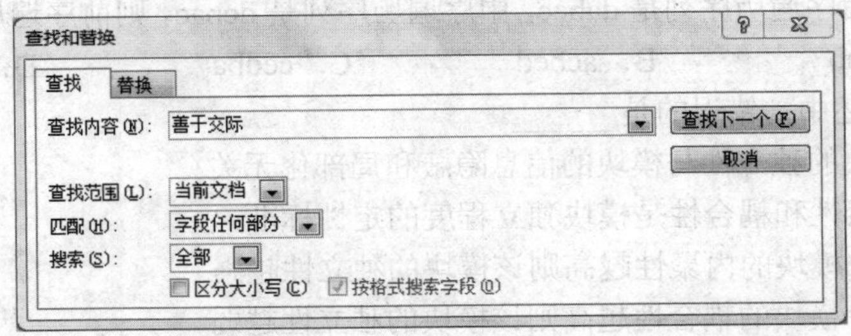

A．定位到字段值仅为“善于交际”的一条记录

B．定位到字段值包含了“善意交际”的一条记录

C．显示字段值仅为“善于交际”的一条记录

D．显示字段值包含了“善于交际”的所有记录

14．在 Access 数据库中已有“教师”表，若查找“教师编号”是“T2013001”或“T2013012”的记录，应在查询设计视图的“条件”行中输入______。

A．"T2013001" and "T2013012"　B．In("T2013001","T2013012")

C．Like("T2013001"," T2013012") D．Like "T2013001" and Like "T2013012"

15．下列关于交叉表查询的叙述中，错误的是______。

A．交叉表查询可以在行与列的交叉处对数据进行统计

B．建立交叉表查询时要指定行标题、列标题和值

C．在交叉表查询中只能指定一个列字段和一个总计类型的字段

D．交叉表查询的运行结果是根据统计条件生成一个新表

16．已知数据库中有三个表，“班级设置”表（年级，学院，班级，班级编码），“学生表”（学号，姓名，学院，专业，入学时间），“班级”表（班级编码，学号）。查询设计如下图所示，该查询显示的结果是______。

字段:	年级	班级编码	班级	学号	姓名
表:	班级设置	班级	班级设置	学生表	学生表
排序:					
显示:	☑	☑	☑	☑	☑
条件:	[?]				
或:					

A．按班级顺序显示全校学生名单 B．按指定的年级显示学生名单

C．按指定的班级显示学生名单 D．按年级显示全校学生名单

17．在 Access 中，通过窗体对表进行操作，不能完成的功能是______。

A．输入新记录 B．修改原有记录 C．存储记录数据 D．查询表中记录

18．下列不属于窗体组成部分的是______。

A．窗体页眉 B．窗体页脚 C．主体 D．窗体设计器

19．在设计窗体时，若要求职称字段只能输入“教授”“副教授”“讲师”“助教”“其他”，则可以使用的控件是______。

A．组合框 B．复选框 C．切换按钮 D．文本框

20．为窗体上的控件设置 Tab 键的顺序，应选择属性表中的______。

A．格式选项卡 B．数据选项卡 C．事件选项卡 D．其他选项卡

21．下列关于窗体上的控件的叙述中，错误的是______。

A．从“字段列表”窗口拖动字段到窗体添加控件时，控件会自动绑定到字段

B．使用“控件”组中的按钮添加控件，添加的控件是未绑定的，并有默认名称

C．创建控件后，控件可以更改为其他类型，比如选项按钮、切换按钮和复选框是可以互换的

D．创建控件后，某些类型的控件不可以更改，比如文本框和组合框不可以互换

22．要在报表每一页的底部输出指定内容，应设置的是______。

A．报表页脚 B．页面页脚 C．组页脚 D．表页脚

23．报表的页面页脚节区有一个文本框，其控件来源属性为=[page]&"页/"&[pages]&"页"，该报表共 6 页，则打印预览报表时第 1 页报表的页码输出为______。

A．1 页/6 页 B．1 页，6 页 C．1/6 页 D．第 1 页，共 6 页

24．要在报表的组页脚中给出计数统计信息，可以在文本框中使用的函数是______。

A．MAX() B．SUM() C．AVG() D．COUNT()

25．在下列程序段中，如果变量 a 中保存的字符是逗号“,”，则执行程序段后，变量 str 的值是______。

```
Select Case a
    Case "A" To "Z"
        Str="Upper Case"
    Case "0" To "9"
        Str="Number"
    Case "!", "?", ",", ")", ";"
        Str="Punctuaton"
    Case ""
        Str="Null String"
    Case Is < 32
        Str="Special Character"
    Case Else
        Str="Unknown Character"
End Select
```

A．Unknown Character　　B．Special Character
C．Upper Case　　D．Punctuaton

26．在 VBA 中，要引用“学生”窗体中的控件对象，格式错误的是______。

A．Forms!学生!控件名称[.属性名称]　　B．Forms.学生.控件名称[.属性名称]
C．Forms!学生!控件名称[!属性名称]　　D．Forms!学生.控件名称[.属性名称]

27．调用宏中子宏的格式是______。

A．宏名.子宏名　　B．宏名!子宏名　　C．宏名→子宏名　　D．宏名@子宏名

28．宏操作 SetProperty 实现的功能是______。

A．设置表中字段的值　　B．设置当前系统时间
C．设置窗体中控件的属性　　D．设置某个宏操作的参数

29．如果要求在被调用过程中改变形式参数的值的同时会影响到实参变量的值，这种参数传递方式是______。

A．ByVal　　B．按值传递　　C．ByRef　　D．参数传递

30．使用鼠标关闭当前窗体，首先触发的事件是______。

A．卸载（Unload）　　B．停用（Deactivate）
C．关闭（Close）　　D．成为当前（Current）

31．在窗体上有一个按钮，若要实现单击该按钮时，将窗体标题改为“学生信息窗体”的功能，则设计该宏时应选择的宏操作是______。

A．AddMenu　　B．RepaintObject　　C．SetMenuItem　　D．SetProperty

32．下列关于宏的叙述中，错误的是______。

A．可以进行针对窗体和报表的嵌入宏设计
B．宏支持嵌套的 If…Then 结构
C．可以对宏进行简单调试

D．宏的设计不能包含子宏内容

33．函数 Sgn(4.25)的返回值是______。

A．-1　　B．0　　C．1　　D．4

34．统计职称（duty）为“副教授”或“教授”的人数，下列语句中，错误的是______。

A．If InStr(duty,"教授")>0 Then n=n+1

B．If Left(duty,"教授")>0 Then n=n+1

C．If Right(duty,2)="教授" Then n=n+1

D．If duty="教授" Or duty="副教授" Then n=n+1

35．Access 将内置函数分类进行管理，下列不属于 Access 内置函数分类的是______。

A．备注　　B．算术　　C．转换　　D．检查

36．若在北京时间 12 点 00 分运行以下代码，则程序输出的是______。

```
Sub Procedure()
    If Hour(Time())>=8 And Hour(Time())<=12 Then
        Debug.Print "上午好！"
    ElseIf Hour(Time())>12 And Hour(Time())<=18 Then
        Debug.Print "下午好！"
    Else
        Debug.Print "欢迎下次光临！"
    End If
End Sub
```

A．无输出　　B．上午好！　　C．下午好！　　D．欢迎下次光临！

37．在窗体中有命令按钮 Command1 和文本框 Text1，编写如下程序：

```
Function result(x as Integer) As Boolean
    If x Mod 2=0 Then
        Result=True
    Else
        Result=False
    End If
End Function
Private Sub Command1_Click()
    X=Val(InputBox("请输入一个整数"))
    If ______ Then
        Text1=Str(x)&"是奇数"
    Else
        Text1=Str(x)&"是偶数"
    End If
End Sub
```

执行程序后，单击命令按钮，在输入对话框中输入 119，则在“Text1”中显示“119 是奇数”。在空白处应填写的表达式是______。

A．result(x)="偶数"　　B．result(x)

C．result(x)="奇数"　　D．Not result(x)

38. 如果字段“评价”的取值范围为 0~10，下列有效性规则选项中，错误的是______。

A. >=0 and <=10　　　　B. [评价]>=0 and [评价]<=10

C. 评价>=0 and 评价<=10　　　　D. 0<=[评价]<=10

39. 若有以下窗体单击事件过程：

```
Private Sub Form_Click()
    Result=1
    For i=1 To 6 step 3
        Result= Result*i
    Next i
    MsgBox Result
End Sub
```

运行程序并单击窗体，则弹出的消息框中显示______。

A. 1　　B. 4　　C. 15　　D. 120

40. 窗体中有命令按钮 Command1，其事件过程如下：

```
Public Function f(x as Integer) As Intege
    Dim y As Integer
    X=20
    Y=2
    F=x*y
End Function
Private Sub Command1_click()
    Dim y As Integer
    Static x As Integer
    X=10
    Y=5
    Y=f(x)
     Debug.Print x; y
End sub
```

运行程序并单击命令按钮，则“立即窗口”中显示的内容是______。

A. 10　5　　B. 10　40　　C. 20　5　　D. 20　40

二、基本操作题

在考生文件夹下的“samp1.accdb”数据库文件中已建立好表对象“tStud”和“tScore”、宏对象“mTest”和窗体“fTest”。具体操作如下。

（1）分析并设置“tScore”表的主键，冻结“tStand”表中的“姓名”字段列。

（2）将“tStand”表中的“入校时间”字段的默认值设置为下一年度的 9 月 1 日，要求：本年度的年号必须使用函数获取。

（3）根据“tStand”表中“所属院系”的字段值修改“学号”，“所属院系”为“01”将“学号”的第 1 位改为“1”，“所属院系”为“02”，将“学号”的第一位改为“2”，依次类推。

（4）在“tScore”表中增加一个字段，字段名为“总评成绩”，字段值为总评成绩=平时成绩*40%+考试成绩*60%，计算结果的“结果类型”为“整型”，“格式”为“标准”，“小数位数”为“0”。

（5）将窗体“fTest”的“标题”属性设置为“测试”，窗体中命令按钮“bt2”的宽度设置为 2cm，左边界设置为左边对齐“bt1”命令按钮。

（6）将宏“mTest”重命名并保存为自动执行的宏。

三、简单应用题

考生文件夹下存在一个数据库文件“samp2.accdb”，其中已设计好三个关联表对象“tStud”、“tCourse”、“tScore”和一个空表“tTemp”。按以下要求完成设计。

（1）创建一个查询，查找并输出姓名是 3 个字的男女学生各自的人数，字段显示标题为“性别”和“NUM”，所建查询命名为“qT1”。要求：按照学号来统计人数。

（2）创建一个查询，查找“02”院系还未选课的学生信息，并显示其“学号”和“姓名”两个字段内容，所建查询命名为“qT2”。

（3）创建一个查询，计算有运动爱好学生的平均分及其与所有学生平均分的差，并显示“姓名”“平均分”“平均分差值”，所建查询命名为“qT3”。注意：“平均分”和“平均分差值”由计算得到。

（4）创建一个查询，查找选修了没有先修课程的学生，并将成绩排名前 5 位的学生记录追加到表“tTemp”对应字段中，所建查询命名为“qT4”。

四、综合应用题

考生文件夹下存在一个数据库文件“samp3.accdb”，其中已设计好表对象“tEmp”、查询对象“qEmp”、窗体对象“tEmp”、报表对象“rEmp”和宏对象“mEmp”。请在此基础上按照以下要求补充设计。

（1）消除报表的“性别”排序，重新按照职工姓氏进行排序，并在合适页脚区域添加一个文本框控件（命名为 tmAge），输出不同姓氏职工的最小年龄值。

说明：这里不考虑复姓情况。

（2）将报表页面页脚区域内名为“tPage”的文本框控件设置为“页码/总页数”形式的页码显示（如 1/35、2/35、…）。

（3）将“fEmp”窗体中名为“bTitle”的标签上移到距“btnP”命令按钮 0.5cm 的位置（即标签的下边界距命令按钮的上边界 0.5cm）。同时，将命令按钮“btnP”的单击事件属性设置为宏“mEmp”。

（4）在“fEmp”窗体的左侧有一个名称为“Combo1”的组合框和两个名称分别为“btitle1”和“btitle2”的标签。“btitle1”标签用于显示组合框左侧的标题，“btitle2”标签用于显示计算的平均年龄。“Combo1”组合框中列出性别值“男”和“女”，当在组合框中选择某一性别值后，计算该性别的平均年龄，并将计算的结果显示在“btitle2”标签中，显示内容及格式如下图所示。请按照 VBA 代码中的指示将代码补充完整。

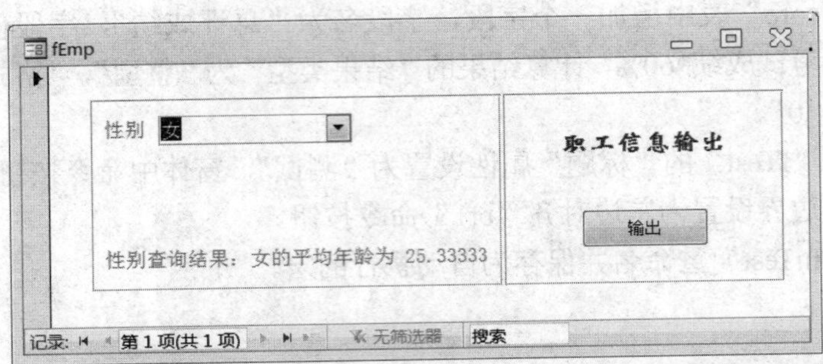

注意：不允许修改数据库中的宏对象“mEmp”，不允许修改窗体对象“fEmp”和报表对象“rEmp”中未涉及的控件和属性，不允许修改表对象“tEmp”和查询对象“qEmp”中未涉及的字段和属性。程序代码只允许在“*******Add*******”与“*******Add*******”之间的空行内补充一行语句、完成设计，不允许增删和修改其他位置已存在的语句。

参考答案

一、选择题

1. A	2. B	3. A	4. C	5. A	6. A	7. D	8. A	9. A	10. A
11. A	12. C	13. B	14. B	15. D	16. B	17. C	18. D	19. A	20. D
21. D	22. B	23. A	24. D	25. D	26. C	27. A	28. C	29. C	30. A
31. D	32. D	33. C	34. B	35. A	36. B	37. D	38. D	39. B	40. D

二、基本操作题

（略）

三、简单应用题

（略）

四、综合应用题

（略）

参 考 文 献

崔洪芳，2014．Access 数据库应用技术实验教程[M]．3 版．北京：清华大学出版社．

教育部考试中心，2016．全国计算机等级考试二级教程：Access 数据库程序设计[M]．北京：高等教育出版社．

教育考试研究中心，2014．全国计算机等级考试真考题库与同源考点透析：二级 Access [M]．北京：高等教育出版社．

吕英华，刘莹，2017．Access 数据库技术及应用实验指导[M]．北京：科学出版社．

全国计算机等级考试命题研究中心，未来教育教学与研究中心，2016．全国计算机等级考试上机考试题库二级 Access[M]．成都：电子科技大学出版社．

全国计算机等级考试命题研究组，2013．全国计算机等级考试南开题库：二级 Access 数据库程序设计[M]．天津：南开大学出版社．

王雁霞，张雷，2014．Access 2010 数据库程序设计基础实验指导[M]．北京：科学出版社．